新能源发电技术与电气工程

王虎　台畅　王惠　著

吉林科学技术出版社

图书在版编目（CIP）数据

新能源发电技术与电气工程 / 王虎，台畅，王惠著
. -- 长春：吉林科学技术出版社，2024.3
ISBN 978-7-5744-1141-8

Ⅰ. ①新… Ⅱ. ①王… ②台… ③王… Ⅲ. ①新能源—发电②新能源—电工技术 Ⅳ. ① TM61

中国国家版本馆 CIP 数据核字 (2024) 第 063843 号

新能源发电技术与电气工程

著　　王　虎　台　畅　王　惠
出 版 人　宛　霞
责任编辑　王凌宇
封面设计　周书意
制　　版　周书意
幅面尺寸　185mm × 260mm
开　　本　16
字　　数　330 千字
印　　张　17.5
印　　数　1~1500 册
版　　次　2024年3月第1版
印　　次　2024年12月第1次印刷

出　　版　吉林科学技术出版社
发　　行　吉林科学技术出版社
地　　址　长春市福祉大路5788 号出版大厦A 座
邮　　编　130118
发行部电话/传真　0431-81629529 81629530 81629531
81629532 81629533 81629534
储运部电话　0431-86059116
编辑部电话　0431-81629510
印　　刷　三河市嵩川印刷有限公司

书　　号　ISBN 978-7-5744-1141-8
定　　价　90.00元

前言

Preface

能源既是社会经济发展的原动力，又是人类赖以生存的重要物质基础。人类对能源的利用，从薪柴时代到运用以化石能源为主的煤炭时代、油气时代、电气时代，再到现在以风能、太阳能、水能、生物质能等为代表的清洁能源时代。每一次变迁，都伴随着人类文明的重大进步和社会经济生产力的巨大飞跃。社会发展及科技进步使得人类对能源的依赖程度越来越高。因此，以第三次工业革命为契机，建立安全高效、经济环保的新型能源供应模式已成为当前人类社会可持续发展面临的巨大挑战。

不同于传统的常规发电形式，新能源发电不仅具有储量大、污染小的特点，还能实现国家能源战略目标。但受自然条件和科技发展的制约，新能源发电电源的并网会对大电网包括电能质量控制、系统的安全稳定运行和电网的优化运行控制等方面产生一系列影响。能否针对新能源发电的技术特点，采取有效的措施来消除其中的消极因素，扩大其对系统的积极影响，实现规模化经济，成为决定未来新能源发电技术发展是否顺利的重要因素之一。

如今，随着我国社会经济的迅速发展，我国各方面的技术水平也得到了相应的提高，电气自动化技术在我国电气工程中的应用越来越广泛，这不仅使我们对电气工程中各个电气系统的自动化调节和自动化控制得到了很好的实现，更使相关电气设备运行及其管理的安全性、稳定性和高效性得到了切实的保障；同时进一步推动了我国工业的生产、进步和发展，最终促进我国社会经济水平和人们生活水平进一步提高。然而，我国社会的生产发展及人们的日常生活、工作、生产对电力的需求量日益增大，这就使我们必须运用先进的、自动化的技术来提供最大限度的电力以及最优质的服务，以达到提供足量且高质量电力的目标。

本书围绕“新能源发电技术与电气工程”这一主题，以新能源发电基本理论和方法为切入点，由浅入深地阐述了风能发电的基本理论、太阳能发电的基本理论、燃料电池发电的基本理论，并系统地分析了新能源发电相关技术、风电场电气系统，诠释了电气工程新技术的发展、电力系统大电网互联技术、电工制造技术最新发展、智能电网前沿技术等内容，以期为读者理解与践行新能源发电技术与电气工程提供有价值的参考和借鉴。本书内容翔实、条理清晰、逻辑合理，兼具理论性与实践性，适用于从事相关工作与研究的专业人员。

由于学识和能力有限，书中难免存在不当之处，恳请各位学者、专家和读者不吝批评指正，以便使本书不断完善。

作者

目录

Contents

第一章　新能源发电基本理论和方法

第一节　发电原理

一、电磁感应定律

目前，除了燃料电池和光伏发电，其他主要发电形式的发电原理都是根据电磁感应定律来发电的，如蒸汽、燃气、水或空气流经涡轮叶片产生旋转转矩来发电。发电机的功能就是把涡轮的旋转转化为电力，发电机的基本原理基于1831年法拉第提出的电磁感应定律。电磁感应定律表明，当穿过导电回路所限定的面积中的磁通发生变化时，在该导电回路中就产生感应电势及感应电流。感应电势的大小与磁通对时间的变化率成正比，其真实方向可由楞次定律确定。楞次定律指出，感应电势及其所产生的电流总是企图阻止与回路相交链的磁通的变化。

实际上，回路中磁通的变化可以分为三种情况：其一，导电回路或部分导电回路和恒定磁场有相对运动（这可用构成回路的导线切割磁力线来形象地说明）。其二，导电回路虽不运动，但与该回路相交链的磁通却随时间而变，由此引起的电势在工程上称为变压器电势。其三，是上述两种情况的复合，这时回路中的感应电势应表示成两部分的总和。

虽然电磁感应现象是在导电回路的情况下发现的，但感应电势的大小与构成导电回路的材料的电导率无关。其后，麦克斯韦将电磁感应定律的使用范围推广到非导电回路甚至任何假想回路的情况中。回路既可在介质中，也可在真空中，只要穿过由它所限定面积中的磁通发生变化，沿着该回路将会产生感应电势。

简单地讲，发电机实际上就是设计各组件，使得磁场和导体之间产生相对位移，从而感应出电动势。感应出电流的导体，称为电枢。大多数发电机的电枢绕组安装在发电机的定子部分，而所需的相对位移是由旋转磁场产生的。

二、光生伏打效应

（一）光生伏打效应的概念

光伏发电是基于半导体的光生伏打效应，将太阳光辐射直接转换为电能的一种发电形式。太阳能光伏发电的能量转换器就是太阳能电池，也叫光伏电池。早在1839年，法国科学家贝克勒尔发现，用两片金属浸入溶液构成的伏打电池，受到阳光照射时会产生额外的伏打电动势，他把这种现象称为“光生伏打效应”，简称“光伏效应”。然而，直到一个多世纪后的1954年，美国贝尔实验室才研制成功了第一个单晶硅光伏电池。从20世纪70年代中后期开始，光伏电池技术不断完善，成本不断降低，带动了光伏产业的蓬勃发展。光伏效应是指物体吸收光能后，其内部能传导电流的载流子分布状态和浓度发生变化，由此产生电流和电动势的效应。在气体、液体和固体中均可产生这种效应，然而半导体光伏效应的效率最高。

（二）半导体基础

太阳能电池是以半导体为基础的一种具有能量转换功能的半导体器件。迄今为止，与集成电路一样，占绝对主导市场的太阳能电池也是以硅材料为主的。下面就以硅材料为例介绍太阳能光伏发电的原理。

纯硅是半导体，即与具有良好导电性的金属（银、铜、铝等）相比导电率很低的材料。硅原子在外电子层具有4个电子，即本质上决定物理性能和化学性能的价电子。通过用杂质原子，如加入磷或者硼有控制地掺杂，就可以达到改变纯硅导电性的目的。

若在硅中掺杂磷元素，磷的外电子层有5个价电子，与硅晶体键合仅需要4个电子。剩余的那个电子是准自由的，所以在晶体中能够移动而形成电流。由于磷原子在晶体中起施放电子的作用，所以把磷等5价元素称为施主型杂质，也叫作N型杂质。因此，掺有5价元素的硅称为N型硅。

而在硅中掺杂3价元素硼，其外电子层有3个价电子，当硼和硅键合时，还缺少1个电子，所以要从其中1个硅原子的价键中获取1个电子来填补。这样，就在硅中产生了1个空位，称为“空穴”。一个空穴的行为与N型导电硅中的多余电子完全类似；它在晶体中移动并形成电流。严格地讲，并不是空穴移动，而是一个电子从相邻键合处跳到空穴处，在它原来的位置形成一个空穴，这个空穴的运动方向与电子相反。而硼原子由于接受了1个电子而称为带负电的硼离子，硼原子在晶体中起接受电子而产生空穴的作用，所以叫作受主型杂质，也叫作P型杂质。人们称这样掺杂的硅为P型硅。

当P型硅和N型硅相接，将在晶体中P型硅和N型硅之间形成界面，即P-N结。P-N结附近的电子和空穴将发生扩散运动，N型区域中的电子向P型区域扩散，相对地P型区域的空穴也向N型区域扩散。P–N结既是半导体器件，也是太阳能电池的核心。

（三）太阳能光伏发电原理

太阳能电池的基本结构就是一个大面积屏幕PN结。由于在结区附近电子和空穴互相扩散，从而在结区形成一个由N区指向P区的内建电场。如果光线照射在太阳能电池上并且光在界面层被吸收，被吸收的光能激发被束缚的高能级状态下的电子，产生电子–空穴对，在PN结的内建电场作用下，电子、空穴相互运动，N区的空穴向P区运动，P区的电子向N区运动，使太阳能电池的受光面有大量负电荷（电子）积累，而在电池的被光面有大量正电荷（空穴）积累。这个过程也就是上面所说的光生伏打效应。若在电池两端接上负载，只要太阳光照不断，负载上就一直有电流通过，如此就实现了光电转换。在这种发电过程中，太阳能电池本身既不发生任何化学变化，也没有机械磨耗；在使用过程中，既无噪声，也无气无味，对环境无污染。

在光照条件下，只有具有足够能量的光子进入PN结区附近才能产生电子–空穴对。对晶体硅太阳能电池来说，太阳光谱中波长小于1.1MM的光线都可以产生光伏效应。

当发生燃烧反应时，氢气与氧气直接接触，释放出的是热能。而在燃料电池中，氢气和氧气并无直接接触，它们的氧化和还原在各自的电极上进行，由于两个电极反应的电势不同，从而在两个电极间产生电势差，其推动电子从电势低的阳极向电势高的阴极流动，并释放出电能。这一过程就与水从高处流往低处时势能转化为动能是一个道理。从燃料电池的工作原理可以看出，燃料电池是一个能量转化装置，只要外界源源不断地提供燃料和氧化剂，燃料电池就能持续发电。

从燃料电池的工作原理中不难发现，可以作为燃料电池的燃料和氧化剂的物质有很多种。但目前常用的燃料是氢气，氧化剂是来自空气中的氧气。主要原因是氢气电化学氧化反应快，空气无成本且可直接取自电池周围的环境中；电池的唯一排放物为水，从而实现了零污染排放，符合当今社会对洁净能源转换技术的要求。但是自然界中并不存在氢气，氢以化合物的形式存在于水、石油、天然气等中。如何能够经济环保地从这些物质中提取氢气，对燃料电池技术的大规模应用是非常重要的。

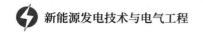

第二节 风能发电的基本理论

一、风能捕获理论

在分析风电机组的空气动力学过程中，分别应用了一维动量理论、叶素–动量理论（BEM）和涡流理论。这些理论以及对气流流过风机风轮时更复杂的运动状态的研究，本质上都是以气体的动量守恒为基础，来研究更接近于气流真实流动状态下叶片转换能量的效率和作用在叶片上的载荷。

（一）流体力学

1.风的动能

风是空气流动的现象。流动的空气具有能量，在忽略化学能的情况下，这些能量包括机械能（动能、势能和压力能）和热能。风电机组将风的动能转化为机械能进，而转化为电能。从动能到机械能的转化是通过叶片来实现的，而从机械能到电能反转化则是通过发电机实现的。对于水平轴风电机组，在这个转换过程中，风的势能和压力能保持不变。因此，主要考虑风的动能的转换（以下将风的动能简称为风能）。

2.不可压缩流体

无论是液体还是气体，都是流体，流体都具有可压缩性。可压缩性是指在压力作用下，流体的体积会发生变化。通常情况下，液体在压力作用下体积变化很小。对于宏观的研究，这种变化可以忽略不计。这种在压力作用下体积变化可以忽略的流体称为不可压缩流体。气体在压力作用下，体积会发生明显变化。这种在压力作用下体积发生明显变化的流体称为可压缩流体。但是在一些情况下，比如远低于音速的空气流动过程（风），气体压力和温度的变化可以忽略不计，因而可以将空气作为不可压缩流体进行研究。

3.流体黏性

黏性是流体的重要物理属性，是流体抵抗剪切变形的能力。流体运动时，如果相邻两层流体的运动速度不同，在它们的界面上会产生切应力。速度快的流层对速度慢的流层产生拖动力，速度慢的流层对速度快的流层产生阻力。这个切应力叫作流体的内摩擦力或黏性切应力。

在研究过程中，如果流体内的速度梯度很小，黏性剪切应力相比于其他力可以忽略时，可以将研究的流体称为无黏性流体，简称无黏流，在研究时将假设没有黏性的流体称为理想流体。

4.阻力

在流动空气中的物体都会受到相对于空气运动所受的逆物体运动方向或沿空气来流速度方向的气体动力的分力，这个力称为流动阻力。在低于音速的情况下，流动阻力分为摩擦阻力和压差阻力。由于空气的黏性作用，在物体表面产生的全部摩擦力的合力称为摩擦阻力。与物体面相垂直的气流压力合成的阻力称为压差阻力。

5.层流与湍流

流体运动分为层流和湍流两种状态。层流流动是指流体微团（质点）互不混掺、运动轨迹有条不紊的流动形态。湍流流动是指流体的微团（质点）做不规则运动、互相混掺、轨迹曲折混乱的形态。层流和湍流传递动量、热量和质量的方式不同。层流的传递过程通过分子间相互作用，湍流的传递过程主要通过质点间的混掺。湍流的传递速率远大于层流的传递速率。

6.雷诺数

1983年，英国科学家雷诺（O.Reynolds）通过圆管实验发现了流体运动的层流和湍流两种形态，同时发现这两种形态可以用一个无量纲数进行判别，这个数称为雷诺数。雷诺数的物理学本质是表征流体运动的惯性力与黏性剪切应力的比值。

7.边界层

边界层是流体高雷诺数流过壁面时，在紧贴壁面的黏性剪切应力不可忽略的流动薄层，又称为流动边界层或附面层。

在边界层内，紧贴壁面的流体由于分子引力的作用，完全黏附于物面上，与壁面的相对速度为零。由壁面向外，流体速度迅速增大至当地自由流速度，一般与来流速度为同量级。因而速度的法向垂直表面的方向梯度很大，即使流体黏度不大，黏性力相对于惯性力仍然很大，起着显著作用，因而属黏性流动。而在边界层外，速度梯度很小，黏性力可以忽略，流动可视为无黏性或理想流动。在高雷诺数下，边界层很薄，其厚度远小于沿流动方向的长度，根据尺度和速度变化率的量级比较，可将纳维–斯托克斯方程简化为边界层方程。

（二）风力机的稳态数学模型

以一定速度前进的风吹在静止的风力机叶片上做功并驱动发电机发电，将风能有效地转变成电能。风力发电机就是由风力机驱动的发电机。叶片是风轮的重要构件，风轮是接受风能的构件，并将风能传递给发电机的转子，使之旋转切割磁力线而发电。

1.贝兹理论

空气的流动就形成了风，风是由于地球自转及纬度温差等致使空气流动形成的。风能在这里指的是风的动能。

世界上第一个关于风力机风轮叶片接受风能的完整理论是1919年由贝兹（Betz）建立的。该理论所建立的模型是考虑若干假设条件的简化单元流管，主要用来描述气流与风轮的作用关系。为了进行贝兹理论的推导，首先需建立以下假定。

（1）风轮叶片无限多，是一个圆盘，轴向力沿圆盘均匀分布且圆盘上没有摩擦力。

（2）气流是不可压缩且水平均匀的定常流，风轮尾流不旋转。

（3）风轮前后远方气流静压相等。

这时的风轮称为理想风轮。

2.经典理论

风轮设计的方法很多，其中最常用的是Glauert方法与Willson方法。Willson方法是对Glauert方法的进一步优化，研究了叶尖损失和升阻比对叶片最佳性能的影响并适当考虑了风力机在非设计工况下的运行状况。目前，水平轴风力机的气动分析基础理论除了贝兹理论，还有涡流理论、叶素理论、动量理论等，并且设计的过程是这些理论的综合应用。

二、传动链数学模型

传动链是机械上连接空气动力子系统和电磁子系统的一套装置。风转矩和电磁转矩是输入量，转速是输出量。假定在整个变速范围内有恒定的机械传动效率，可以认为结构特性（如振动、齿轮种类、齿隙等）对其性能的影响可以忽略不计。

对于典型的风电机组，组成传动链的部件有风轮、齿轮箱和发电机转子。增速器将传动链分为与风轮直接耦合的低速轴和与发电机相连的高速轴两部分。高速轴和低速轴之间的连接部分既可以是刚性的，也可以是柔性的。刚性传动链模型认为，传动系统的扭转刚度足够大，即低速轴、齿轮箱的传动轴，高速轴是刚性的，转子和发电机只有一个旋转自由度，高速轴与低速轴按定传动比变化。发电机和风力机转子的加速来自气动转矩与发电机响应转矩的不平衡。柔性传动链模型认为低速轴和高速轴是柔性的。允许风力机转子和发电机转子有各自的旋转自由度。风力机转子的加速度依赖于气动转矩和低速轴转矩之间的不平衡。发电机转子的加速度依赖于高速轴扭矩和发电机响应转矩之间的不平衡。在柔性连接中，高速轴与低速轴具有不同的瞬间转速。这种解耦用来减少由风速或电磁转矩变化而引起的机械应力。由此，它的兼容性和传动的可靠性都大大提高，不容易受暂态负载和机械疲劳的影响。

第三节　太阳能发电的基本理论

一、太阳能电池的短路电流

短路电流就是将太阳能电池置于标准光源照射下，在输出端短路时，流过太阳能电池两端的电流。测量电流短路的方法是，用内阻小于1Ω的电流表接到光伏电池的两端进行测量。

二、太阳能电池的开路电压

开路电压是把光伏电池置于100mW/cm^{2}的光源照射下，在两端开路时，太阳能电池的输出电压值，可用高内阻的直流毫伏计测量电池的开路电压。

三、太阳能电池的伏安特性

当太阳能电池（组件）的电压上升时，如通过增加负载的电阻值或电池（组件）的电压从0（短路条件下）开始增加时，电池（组件）的输出功率亦从0开始增加；当电压达到一定值时，功率可达到最大，若阻值继续增加，功率将跃过最大点，并逐渐减少至0，即电压达到开路电压。电池的（组件）输出功率达到最大的点，称为最大功率点；该点所对应的电压，称为最大功率点电压，又称为最大工作电压；该点所对应的电流，称为最大功率点电流，又称最大工作电流；该点的功率，则称为最大功率。

四、太阳能电池的填充因子

太阳能电池的填充因子是指太阳能电池的最大输出功率与开路电压和短路电流乘积的比值。填充因子是评价太阳能电池输出特性好坏的一个重要参数，它的值越高，表明太阳能电池输出的特性越趋近于矩形，电池的光电转换效率就越高。

五、太阳能电池的光谱响应

太阳光谱中，不同波长的光具有的能量是不同的，所含光子数目也是不同的。因此，太阳能电池接受光照射所产生的光子数目也就不同。为反映太阳能电池的这一特性，引入了“光谱响应”这一参量。

太阳能电池在入射光中每一种波长的光的作用下，所收集到的光电流与相对于入射到电池表面的该波长光子数之比，称为太阳能电池的光谱响应，又称为光谱灵敏度。光谱响应有绝对光谱响应和相对光谱响应之分。分析光伏电池的光谱响应，通常是讨论它的相对光谱响应，而当各种波长以一定等量的辐射光子束入射到光伏电池上，所产生的短路电流与其中最大的短路电流相比较，按波长的分布求其比值变化曲线即为太阳能电池的相对光谱响应。而太阳能电池的绝对光谱响应指的是，当各种波长的单位辐射光能或对应的光子入射到光伏电池上，将产生不同的短路电流，按波长的分布求出对应短路电流的变化曲线。

六、光电转换效率（输出效率）

太阳能电池的光电转换效率是指电池受光照时的最大输出功率与照射到电池上的入射光电功率的比值。太阳能电池的光电转换效率是衡量电池质量和技术水平的重要参数，它与电池的结构、特性、材料性质、工作温度、放射性粒子辐射损伤和环境变化等有关。

第四节　燃料电池发电的基本理论

燃料电池发电是一个电化学过程，它的发电效率取决于化学反应的吉布斯（Gibbs）自由能变换和反应热，不受卡诺循环的限制，可直接把燃料的化学能转化为电能，同时释放一些可利用的热量。

一、可逆热电动力过程

当体系处于可逆条件下时，电极及电池的反应都是可逆的，本质上是无净电流通过时。燃料电池的各种电化学反应都同时产生电和热。对燃料电池来说，可以从化学反应的自由能变化来获得电力，而热机过程则主要依靠焓的变化来实现能量的转换。因此，燃料电池的电动势取决于反应物和生成物的活性，反应物的活性越强，生成物的活性越弱，产生的电动势就越大。反应温度的变化对燃料电池的电动势有很大的影响。

二、不可逆的热电动力过程

只有当燃料电池与负荷组成闭合回路时，化学反应产生的电能才能转化为有用功。但是在闭合回路中，由于存在许多不可逆的损失，所以达到平衡时的燃料电池的电动势比开路时的电动势要小。这种不可逆的损失主要有欧姆极化损失（U_{ohm}）、浓度极化损失（U_{con}）、活性极化损失（U_{act}）。

（1）欧姆极化损失主要是指离子在电解质中移动的阻力和电子在电极中移动的阻力造成的电压损失。可通过增强电解质的导电性和减小电极的接触电阻来控制欧姆极化损失。

（2）浓度极化损失是指反应物在电化学反应中迅速消耗时，会在电池内建立一定的浓度梯度，形成浓度极化损失。浓度极化损失主要由以下过程形成：在电极的微孔中气相缓慢扩散；进入和离开电解质的反应物或生成物的溶解和解析；通过电解质进入或离开电化学反应区域的反应物或生成物的扩散。在实际过程中，反应物或生成物进入或离开电化学反应区域时的缓慢地传输是浓度极化的主要原因。

（3）活性极化损失是指电极表面的电化学反应活性减弱，活性极化直接影响着电化学反应的速率，电化学反应的活性极化同一般化学反应一样，必须通过加入催化剂予以克服。

一般$U_{act} \geqslant 50 \sim 100\text{mV}$。简而言之，反应物的吸收、电子的传输、生成物的解析以及电极表面的特性都会造成活性极化。活性极化和浓度极化在燃料电池的阴极和阳极会同时存在，那么，电极的总极化损失就是活性极化损失和浓度极化损失之和。极化的结果使得电极的电动势减小。

在有电流产生的情况下，由于极化损失和电阻的存在，电池的电压减小。为了使电池的运行电压接近开路电压，可采取多种措施，例如，调整运行参数（如提高运行压力、运行温度及改变气体成分等）；改变电极的结构、提高电解质的导电性能；采用更好的电催化剂等。然而，通过改变操作参数来提高性能会带来电池设备可靠性降低和寿命缩短的问题。除上述几种损失外，还存在接触损失和内部电流交换损失。接触损失是指电极和连接件之间的电阻，可以被归结到欧姆极化损失中。电流交换损失是指电子在电解质中的移动造成的电阻，即使在开路情况下，电池内部由于有电动势差，也有电子迁移到阴极。

第二章　新能源发电相关技术

第一节　机械动力技术

一、风力机

（一）风力机的分类

风力机是把风的动能转换为机械能的装置，鉴于风力机的结构形式繁多，因此分类方法也多种多样的。

（1）按风轮轴与地面的相对位置，可分为水平轴式、垂直轴（竖轴）式。

（2）按叶片的工作原理，可分为升力型、阻力型。

（3）按风轮相对塔架的位置，可分为上风向（前置式）和下风向（后置式）。

（4）按叶片的数量，可分为单叶片、双叶片、三叶片、四叶片和多叶片式。

（5）按叶片的材料，可由木质、金属或复合材料制成。

（6）按叶片的形状，可分为螺旋桨式H形、S形等。

（7） 按风力机的容量大小，可分为微型（1kW 以下）、小型（1 ~ 10kW）、中型（10 ~ 100kW）、大型（100 ~ 1000kW）和巨型（1000kW 以上）。国际上一般只分为三类，即小型（100kW 以下）、中型（100 ~ 1000kW）和大型（1000kW 以上）。

（8）按风力机的用途，可分为风力发电机、风力提水机、风力饲料粉碎机等。

（9）按风轮叶片叶尖速度与对应风速之比的大小，可分为高速风力机（比值大于3）和低速风力机（比值小于3），也有将此比值在2 ~ 5者称为中速风力机。

关于风力机的牌号，通常用“FD”表示风力发电机，如FD4–500W型风力发电机，其风轮直径为4m，额定功率为500W；用“FS”表示风力提水机，如FS–8型风力提水机，其风轮直径为8m。

（二）风力机的组成及各部件的功用

下面以水平轴风力机为例介绍常见风力机的基本组成和各部件的功用。风力机一般由风轮、控制系统、传动装置、做功装置、蓄能装置、塔架、附属装置等组成。

1.风轮

风轮是风力机最重要的部件，是风力机区别于其他动力机的主要标志，其作用是捕捉和吸收风能，并将其转变为机械能，由风轮轴将能量送至传动装置。后面会对风轮进行详细介绍。

2.控制系统

（1）调速（限速）机构。风轮的转速随风速的增大而变快，而转速超过设计允许值后，将导致机组的毁坏或寿命的降低，有了调速（限速）机构，即使风速很大，风轮的转速仍能维持在一个较稳定的范围内，可防止超速乃至飞车的发生。

（2）调向机构。垂直轴风力机可接受任何方向吹来的风，因此不需要调向机构。而水平轴的风力机为了获得较高的效率，应使它的风轮经常对准风向，大多数水平轴风力机都有调向机构。

3.传动装置

将风轮轴的机械能送至做功装置的机构称为传动装置。对于风力发电机，其传动装置为增速机构。风力机的传动装置与一般的传动装置没有什么区别，多为齿轮、皮带、曲柄连杆等机械传动。

4.做功装置

由传动装置送来的机械能供给工作机械按既定意图做功，称相应的机械为风力机的做功装置，如发电机、水泵、粉碎机、草机等。

5.蓄能装置

由于风时大时小、时有时无，因而风力机的输出功率不可能一直是稳定的，这样能量的储备就十分必要。可以把在有风或大风时获得的能量的一部分储存起来，供无风和小风时使用。风力发电机的蓄电池和风力提水机的蓄水罐就是蓄能装置。

6.塔架

风轮、控制系统和机舱（内有传动机构）等组成了风力机的机头，用塔架将其支撑到设计的高空。

7.附属装置

风力机还有一些附属装置，如机舱、机座、回转体、停车机构等，它们配合主要部件工作，以保证风力机的正常运行。

（三）风轮

风轮一般由叶片、叶柄、轮毂及风轮轴等组成。风力机的风轮叶片是接受风能的最主要部件。叶片的设计要求要有高效地接受风能的翼型，合理的安装角（或迎风），科学的升阻比、尖速比和叶片型线扭曲。由于叶片直接迎风获得风能，所以要求叶片有合理的结构、先进的材料和科学的工艺，使叶片能可靠地承担风力、叶片自重、离心力等给予叶片的各种弯矩、拉力，而且还要求叶片重量轻、结构强度高、疲劳强度高、运行安全可靠、易于安装、维修方便、制造容易、制造成本和实用成本低。另外，叶片表面要光滑，以减少叶片转动时与空气的摩擦阻力。

1.叶片的材料和结构

叶片的基本形式有三种，即平板型、弧板型和流线型。在相同条件下，产生的升力值：流线型>弧板型>平板型；而阻力值：平板型>弧板型>流线型。

风力发电机的叶片横截面的形状接近于流线型；而风力提水机的叶片多采用弧板型，也有采用平板型的。风轮叶片是由一个由复合材料制成的薄壳结构。叶片根部材料一般为金属结构；外壳一般为玻璃钢；龙骨（加强筋或加强框）一般为玻璃纤维增强复合材料或碳纤维增强复合材料。随着风力机的大型化，叶片的材料也在不断改进和发展，采用强度更高、比重（相对密度）更轻、抗蚀性更好以及更耐久的新型材料是叶片材料发展的方向，现就较常用的叶片结构做简要介绍。

（1）木制叶片及布蒙皮叶片。近代的微、小型风力机也有采用木制叶片的，由于木制叶片不易做成扭曲型，所以常被用作安装角叶片。整个叶片由几层模板粘压而成，与轮毂连接，用金属板做成法兰，用螺栓可靠地连接。大、中型风力机很少用木制叶片，即使采用木制叶片也是用强度很好的整体木方做叶片纵梁来承担叶片在工作时所必须承担的力和弯矩。叶片肋梁模板与纵梁木方用胶与螺钉可靠地连接在一起，其余叶片空间用轻木或泡沫塑料填充，用玻璃纤维覆面，外涂环氧树脂。叶片也有采用金属纵梁、钢板肋梁，内填硬泡沫塑料，用布蒙皮、外涂环氧树脂或涂漆结构的。

（2）钢梁玻璃纤维蒙皮叶片。目前在较多采用钢管或D形钢做纵梁、钢板、肋梁，内填充泡沫塑料，外覆玻璃蒙皮的结构形式，往往在大型风力机上使用。可变桨距叶片的根部可做成能与轮毂做俯仰转动的轴与轮毂连接，几个叶片可同步旋转的机构设在轮毂内。叶片纵梁的钢管及D形钢从叶根至叶尖的截面应逐渐变小，以满足扭曲叶片的要求并减轻叶片重量，即做成等强度梁。

（3）铝合金等弦长挤压成型叶片。用铝合金挤压成型的等弦长叶片易于制造，可连续生产，将其截成所需要的长度，又可按设计要求进行扭曲加工，叶根与轮毂连接的轴及法兰可通过焊接或螺栓连接来实现。铝合金叶片重量轻、易于加工，但不能制成从叶根至叶尖渐缩的叶片，因为到目前为止，世界各国尚未解锁这种挤压工艺。

钢梁玻璃蒙皮叶片及铝合金挤压成型的等弦长叶片和其他金属叶片的风力机在正常运行时对电视等能形成重影或条状纹干扰，设计时应注意这一点。

（4）玻璃钢叶片。所谓玻璃钢就是环氧树脂、不饱和树脂等塑料渗入长度不同的玻璃纤维或碳纤维面做成的增强塑料。增强塑料强度高、重量轻、耐老化，表面可再缠玻璃纤维及涂环氧树脂，既可增加轻度，又能使叶片表面光滑。

（5）玻璃钢复合叶片。至20世纪末，世界工业发达国家的大、中型商品的风力机的叶片基本采用D形钢纵梁、夹层玻璃钢肋梁及叶根与轮毂连接用金属结构的复合材料做叶片。

2.叶片结构的设计要点

叶片的设计难点包括：叶型的空气动力学设计；强度、疲劳、噪声设计；复合材料铺层设计。在风力机组设计中，叶片外形的设计尤为重要，它涉及机组能否获得所希望的功率。

叶片的疲劳特性也十分突出，由于要承受较大的风负载，而且是在地球引力场中运行，所以重力变化相当复杂。以600kW风力机组为例，其额定转速大约为27r/min，在20年寿命期内，大约转动2×10^8次。叶片由于自重而产生相同次数的弯矩变化。对复合材料叶片来说，每种复合材料或多或少都存在疲劳特性问题，当它受到交变负载时，会产生很高的负载变化次数。如果材料所承受的负载超过其相应的疲劳极限，它将限制材料的受力次数。当材料出现疲劳失效时，部件就会疲劳断裂。疲劳断裂通常从材料表面开始，然后是截面，最后材料彻底破坏。

在叶片的结构强度设计中，要充分考虑所用材料的疲劳特性。首先要了解叶片所承受的力和力矩以及在特定的运行条件下风负载的情况。受力最大的部位最危险，在这些地方，负载很容易达到材料承受极限。

叶片的重量完全取决于其结构形式。目前生产的叶片，多为轻型叶片，承载好而且很可靠。轻型结构叶片的优点是：在变距时驱动质量小，在很小的叶片机构动力作用下，可以产生很高的调节速度；减少风力机组的总重量；风轮的机械刹车力矩很小，周期振动弯矩由于自重减轻而很小，减少了材料成本；运费减少；便于安装。但是轻型结构叶片也有缺点：要求叶片结构必须可靠，制造费用高；所用材料成本高；风轮推力小，风轮在阵风时反应敏感，因此要求功率调节要快；材料特性及负载计算必须很准确，以免超载。

（四）齿轮箱

风力机组中的齿轮箱是一个重要的机械部件，其主要功用是将风轮在风力作用下所产生的动力传递给发电机并使其得到相应的转速。通常风轮的转速很低，远达不到发电机发电所要求的转速，必须通过齿轮箱齿轮副的增速作用来实现，故也将齿轮箱称为增速箱。根据机组的总体布置要求，有时将与风轮轮毂直接相连的传动轴（俗称大轴）与齿轮箱合为一体，也有将大轴与齿轮箱分别布置，其间利用胀紧套装置或联轴节连接的结构。为了增加机组的制动能力，常常在齿轮箱的输入端或输出端设置刹车装置，配合叶尖制动（定桨距风轮）或变桨距制动装置共同对机组传动系统进行联合制动。

由于机组多安装在高山、荒野、海滩、海岛等风口处，受无规律的变向、变负荷的风力作用以及强阵风的冲击，常年经受酷暑严寒和极端温差的影响，加之所处的自然环境、交通不便、齿轮箱安装在塔顶的狭小空间内，一旦出现故障，修复起来非常困难，故对其可靠性和使用寿命都提出了比一般机械高得多的要求。例如，对构件材料的要求，除常规状态下的机械能外，还应该具有低温状态下抗冷脆性等特性；应保证齿轮箱平稳工作，防止振动和冲击；保证充分的润滑条件等。对冬夏温差较大的地区，要配置合适的加热和冷却装置，还要设置监控点，对运转和润滑状态进行遥控。因此，齿轮箱的设计要考虑的问题有：选用的基本类型，齿轮箱与主轴轴承是分离型还是集成型，增速比、级数，齿轮箱的重量和成本，齿轮箱的载荷、润滑及断续运行时的效率、噪声等因素。

不同形式的风力机组有不一样的要求，齿轮箱的布置形式以及结构也因此而异。水平轴风力机组以固定平行轴齿轮传动和行星齿轮传动最为常见。

风力机组齿轮箱的种类很多，按照传统类型可分为圆柱齿轮增速箱、行星增速箱以及它们互相组合起来的齿轮箱；按照传动的级数可分为单级齿轮箱和多级齿轮箱；按照传动的布置形式又可分为展开式、分流式、同轴式及混合式等。

二、水轮机

（一）水轮机的分类

水轮机是将水能转换成机械能的水力原动机。根据水轮机能量转换的特征不同，水轮机可分为反击式水轮机和冲击式水轮机两大类。反击式水轮机的转轮能量转换是在有压管流中进行的；冲击式水轮机的转轮能量转换是在无压大气中进行的。各类水轮机因其结构的不同又有多种不同的形式。反击式水轮机有混流式、轴流式（轴流转桨式、轴流定桨式）、贯流式（贯流转桨式、贯流定桨式）和斜流式；冲击式水轮机有水斗式、斜击式和双击式。

1.混流式水轮机

混流式水轮机的水流进入转轮前沿主轴半径方向，在转轮内转为斜向，最后沿主轴轴线方向流出转轮。水流在转轮内做旋转运动的同时，还进行径向运动和轴向运动，所以称为“混流式”。这类水轮机适用于30～800m水头的水电站，属于中等水头、中等流量机型。

2.轴流式水轮机

轴流式水轮机的水流在进入转轮前已经转过90°弯角，水流沿主轴轴线方向进入转轮，又沿主轴轴线方向流出转轮。水流在转轮内同时做旋转运动和轴向运动，没有径向运动，所以称为“轴流式”。这类水轮机适用于3～80m水头的水电站，属于低水头、大流量机型。轴流式水轮机又分为轴流定桨式和轴流转桨式两种。

3.斜流式水轮机

斜流式水轮机其转轮内的水流运动与混流式水轮机的转轮一样，但其转轮叶片又与轴流转桨式水轮机的转轮叶片一样。因此，这种水轮机吸取了上两种水轮机的优点，适用于40～200m水头的水电站，属于中等水头、中等流量机型。但其叶片转动机构的结构和工艺复杂、造价高。

4.贯流式水轮机

贯流式水轮机的转轮结构及转轮内的水流运动与轴流式的转轮完全一样，也有贯流定桨式和贯流转桨式两种形式。与轴流式水轮机不同的是，贯流式水轮机的水流从进入水轮机到流出水轮机几乎始终与主轴线平行贯通，“贯流式”由此而得名。由于水流进出水轮机几乎贯流畅通，因此水轮机的过流能力很大，只要有0.3m的水位差就能发电。这种水轮机适用于30m水头以下水电站，特别是潮汐电站，属于超低水头、超大流量机型。按结构形式贯流式水轮机还可以分为轴伸贯流式、灯泡贯流式、竖井贯流式和虹吸贯流式四种。

5.水斗式水轮机

这种水轮机的水流由喷嘴形成高速运动的射流，射流沿着转轮旋转平面的切线方向冲击转轮斗叶，所以又称为切击式水轮机。这种水轮机适用于100～1700m水头的水电站，属于高水头、小流量机型。

6.斜击式水轮机

这种水轮机的水流由喷嘴形成高速运动的射流，射流沿着转轮旋转屏幕的正面约22.5°的方向冲击转轮叶片，再从转轮旋转屏幕的背面流出转轮。该水轮机适用于25～400m水头的小型水电站。

7.双击式水轮机

双击式水轮机的应用水头较低，没有水斗式和斜击式水轮机中的喷嘴，而是在压力管道末端接了一段与转轮宽度相等的矩形断面的喷嘴。它形成的水流流速比较小，水流流出喷管后，首先从转轮外圆柱面的顶部向心地进入转轮流过叶片，将70%～80%的水能转换成机械能，然后从转轮内腔下落，绕过主轴从转轮的内圆柱面离心地离开转轮，所谓“双击”，是指水流两次流过转轮叶片。它的结构虽然简单，但效率低，适用于5～100m水头的乡村小水电站。

8.可逆式水轮机

可逆式水轮机是一种新型的水轮机，当抽水蓄能电站中的可逆式水轮机正转时可作为水泵运行抽水蓄能，在反转时可作水轮机运行放水发电；应用在潮汐电站中的可逆式水轮机正反转都可作水泵运行抽水蓄能，也都可作水轮机运行放水发电。可逆式水轮机有可逆混流式、可逆斜流式、可逆轴流式和可逆贯流式四种。

（二）水轮机的布置形式

与蒸汽机相同，水轮机与发电机是用联轴器连接在一起同速转动的。根据机组轴线布置形式的不同，水轮发电机组有立式布置和卧式布置两大类。

大中型水轮发电机组特别是低转速机组常采用立式布置，即机组的主轴垂直布置，发电机位于水轮机的上部。立式机组轴承受力好、机组占地面积小、运行平稳，但是厂房分发电机层和水轮机层，因此厂房高、面积大、机组安装检修不方便、厂房投资大。小型水轮机大都采用卧式布置，即机组的主轴水平布置，发电机同水轮机一般布置在同一高度上。卧式机组安装、检修和运行维护方便，厂房投资小，但是机组占地面积较大，水轮机、发电机的噪声对运行人员干扰大，夏天室温高。

（三）水轮机的基本结构

1.反击式水轮机的主要结构

反击式水轮机的结构主要由四大过流部件（引水部件、导水部件、工作部件和泄水部件）及四大非过流部件（主轴、轴承、密封和飞轮）组成。由于水流直接作用于四大过流部件，其性能的好坏直接影响水轮机的水力性能，因此这里只介绍四大过流部件。

（1）引水部件。引水部件就是引水室，其作用是以最小的水力损失将水流均匀、轴对称地引向工作部件，并使水流形成一定的旋转量，以减小水流对转轮叶片头部的进口冲角。引水室的类型有金属蜗壳引水室、混凝土蜗壳引水室、明槽引水室和贯流式引水室四种。

①金属蜗壳引水室。其蜗牛壳形状的结构使得加工制作难度大、工艺要求高、制作成本高，但蜗形流道的包角达345°，进入转轮的水流流态较好，水力性能最佳。它广泛应用在混流式水轮机、斜流式水轮机和中高水头轴流式水轮机中。金属蜗壳引水室，通常卧式机组的蜗壳进口轴线垂直向下，使得来自压力钢管的水流进入蜗壳时必定要转90°，这样会使水头损失加大。如果保持水轮机其他部分不动，只将卧式布置的蜗壳绕水轮机轴线转到蜗壳进口轴线成为水平方向，则卧式水轮机的这一缺点就可以克服。国内外已经有这样的电站，该类型电站将水轮机的蜗壳进口轴线按水平方向布置。

②混凝土蜗壳引水室。当水轮机的工作流量较大时，全部流量都需通过金属蜗壳引水

室的进口断面，这样使得蜗壳进口断面的直径增大，从而造成蜗壳的总宽度增大、机组间距增大，进而要求厂房面积增大、投资增加。因此，在工作水头较低的轴流式水轮机中，为了节省机组和厂房的投资，采用部分蜗形流道的混凝土蜗壳引水室，蜗形流道的包角为180° ~225° ，从非蜗形流道进入工作部件的水流流态较差，水头损失较大。混凝土蜗壳引水室的水力性能比金属蜗壳引水室的差，但比明槽引水室的好。混凝土蜗壳引水室应用在中低水头轴流式水轮机中。

③明槽引水室。为了减少投资，在500kW以下的低水头小容量轴流定桨式水轮机中常采用明槽引水室。明槽引水室是引水渠道的末端渠道，结构简单，水流进入转轮前的水流流态较差，引水室的水头损失较大。

④贯流式引水室。贯流式引水室只能应用在贯流式水轮机中。贯流式引水室又分为灯泡式、轴伸式、竖井式和虹吸式四种形式，其中灯泡式引水室应用最广泛。

（2）导水部件。导水部件主要由导叶转动机构组成，所以又称导水机构。导水部件的作用是根据负荷调节进入转轮的水流量及开机、停机。其类型有径向式、轴向式和斜向式三种。

①径向式导水机构的特点：水流沿着与水轮机主轴垂直的径向流过导叶，导叶转轴线与水轮机主轴线平行，大部分反击式水轮机采用的是径向导水机构。

立式水轮机径向式导水机构，该机构主要由推拉杆，控制环，连杆，主、副拐臂，导叶，顶盖，底环，套筒和剪断销九个零件组成，其中推拉杆、控制环、连杆、拐臂构成导叶转动机构。调速器通过调速轴带动推拉杆来回移动，推拉杆带动控制环来回转动，控制环通过连杆、拐臂带动所有导叶同步来回转动，从而调节进入转轮的水流量，并调节机组的转速或出力。由于控制环的转动平面与连杆的移动平面、拐臂的转动平面相互平行，三者之间可以方便地用销子进行铰链接，因此在传动的结构上最容易实现，结构性能最佳。

剪断销一般装在连杆与拐臂的铰链接处或主、副拐臂连接处。剪断销的作用是当导叶被异物卡住正遇导水部件做关闭操作时，使得被卡导叶的操作力急剧增大；当被卡导叶的操作力增大到正常操作力的1.3 ~ 1.4倍时，被卡导叶的剪断销被剪断，事故导叶退出导水机构，其他导叶继续关闭，从而防止事故扩大。

②轴向式导水机构的特点：水流沿着与水轮机主轴平行的轴向流过导叶转轴线与水轮机主轴线垂直，由于控制环的转动平面与连杆的移动平面、拐臂的转动平面相互不平行，因此三者之间的连接结构较复杂。这种导水机构主要应用在轴伸式贯流式水轮机中。

③斜向式导水机构的特点：水流沿着与水轮机主轴倾斜的方向流过导叶，导叶转轴线与水轮机主轴线倾斜，同样由于控制环的转动平面与连杆的移动平面、拐臂的转动平面相互不平行，因此三者之间的连接结构较复杂。这种导水机构主要应用在斜流式水轮机、灯泡式、竖井式水轮机和虹吸式贯流式水轮机中。

（3）工作部件。工作部件就是转轮，其作用是将水能转换成转轮旋转的机械能。工作部件是水轮机的核心部件，水轮机的水力性能主要由转轮决定。转轮的类型有混流式转轮、轴流式（贯流式）转轮和斜流式转轮。由于轴流式水轮机的转轮与贯流式水轮机的转轮完全一样，因此反击式水轮机的机型有四种，而转轮形式只有三种。

（4）泄水部件。泄水部件就是尾水管，所起作用有：将水流平稳地引向下游；回收转轮出口处水流相对下游水位的位能，形成转轮出口处的静力真空；部分回收转轮出口处水流的动能，形成转轮出口处的动力真空。

尾水管有直锥形尾水管、屈膝形尾水管和弯肘形尾水管三种形式。直锥形尾水管结构最简单、制作最方便，水流在管内平稳减速回收动能，水力性能最佳，主要应用在小型的灯泡式水轮机、竖井式水轮机及虹吸式贯流式水轮机中。屈膝形尾水管的主要特点是，水流一离开转轮，还来不及减速就经弯管段转过90°，主要的减速回收动能都在圆锥段内完成，弯管段的水头损失较大、水力性能最差，主要应用在卧式混流式水轮机和轴伸式贯流式水轮机中。弯肘形尾水管结构复杂、制作不便。水流离开转轮时在圆锥段中稍减速再转过90°后做水平减速运动，肘管段从垂直圆形断面转变为水平矩形断面，因此肘管段制造难度大、水流运动紊乱、水头损失较大、水力性能比直锥形尾水管差，但矩形扩散段水流的动能回收充分，因此性能比屈膝形尾水管好，主要应用在大中型立式水轮机中。

2.冲击式水轮机的主要结构

（1）水斗式水轮机的主要结构。水斗式水轮机主要由转轮、喷嘴、折向器和喷针–折向器协联操作机构组成。

①转轮是水斗式水轮机的工作部件，其作用是将射流的动能转换成转轮旋转的机械能，水流的能量转换在大气中进行。装配在主轴叶轮外圆上的均布斗叶与叶轮的链接方式有整体铸造结构、焊接结构和螺栓链接结构三种。现在大多采用整体铸造结构和焊接结构。

②喷嘴是水斗式水轮机的导水部件，其作用是将高压水流的压能转换成射流水柱高达100m/s以上的流速（动能），以冲动转轮旋转做功，并根据负荷调节冲击转轮斗叶的射流流量及开机、停机。喷嘴的结构，圆形管段末端为收缩段，水流在该段被不断加速流出喷嘴，称为高速运动的射流。支撑筋板中的导向管内装有喷针，轴向移动喷针可改变喷嘴口的过水面积，从而调节冲击转轮的射流流量及开机、停机。

③折向器的作用是当机组甩负荷时，在2～4s切入射流，将射流偏引到下游尾水渠，使射流不再冲击转轮斗叶，机组转速不至于上升过高。

④喷针–折向器协联操作机构。喷针–折向器协联操作机构有布置在流道内的内控式和布置在流道外的外控式两种形式。中小型水斗式水轮机的外控式喷针–折向器协联操作机构的结构，水轮机调速器通过调速轴同时带动两根喷针–折向器协联杠杆动作，协联杠

杆直接操作折向器，使得折向器对调速轴的动作始终为同步响应；协联杠杆通过喷针配压阀、喷针接力器操作喷针，调节配压阀与接力器之间的节流孔开度，就能使喷针只在15～30s将喷针从全开位置调到全关位置，达到缓慢关闭喷嘴的目的，使压力钢管的水击压力不至于上升过高，从而起到调节机组甩负荷时喷针对调速轴动作响应的滞后时间。喷针操作也可用操作手轮手动进行。

（2）斜击式水轮机的主要结构。斜击式水轮机的喷嘴与水斗式水轮机的一样，只是射流冲击转轮的方向不同，蘑菇伞状的转轮半径方向均匀分布着叶片，由于叶片在半径方向很长，因此，为防止叶片振动，用外环将所有叶片的头部连为一片，这样可提高叶片的刚度。水流的能量转换在大气中进行。

（3）双击式水轮机的主要结构。双击式水轮机的转轮是一个均匀分布圆弧状断面长叶片的滚筒，叶片的长度方向与水轮机主轴线平行，滚筒中心有一个圆柱体空间。双击式水轮机的喷嘴与水斗式水轮机及斜击式水轮机的完全不同，双击式水轮机的喷嘴就是压力钢管末段的一段矩形断面的管道，因此称喷管。喷管内部有一个单导叶或闸板，调节单导叶或闸板可调节冲击转轮的流量。转轮将水能转换成机械能的工作原理类似于混流式水轮机转轮，但是水流能量在大气中进行转换又类似于水斗式水轮机转轮。水流在喷管中由水平运动转为垂直向下运动，穿过转轮后，从尾水槽排入下游。

各种形式的冲击式水轮机都没有严格意义上的尾水管，只有汇集水流的尾水槽，而尾水槽用来把水流顺利引向下游排水渠。

第二节　发电机技术

发电机是电能生产的主要设备，其主要作用是将机械能转换成电能。现代发电机根据拖动它的原动机的不同，主要分为汽轮发电机、风力发电机及水轮发电机三大类。当发电机以汽轮机作为原动机时称为汽轮发电机，以风力机作为原动机时称为风力发电机，以水轮机作为原动机时称为水轮发电机。

一、风力发电机

风力发电机的运行方式不同，一般所用的发电机也不同。独立运行的风力发电机组中所用的发电机主要有直流发电机、永磁式交流发电机、硅整流自励式交流发电机及电容式自励异步发电机。并网运行的风力发电机组中使用的发电机主要有同步发电机、异步发电机、双馈发电机、低速交流发电机、无刷双馈发电机、交流整流子发电机、高压同步发电机及开关磁阻发电机等。下面分别介绍这两种运行方式中一些主要发电机。

（一）独立运行风力发电机组中的发电机

独立运行的风力发电机一般容量较小，与蓄电池的功率交换器配合实现直流电和交流电的持续供给。通过控制发电机的励磁、转速及功率变换器以产生恒定电压的直流电或恒压恒频的交流电。

1.直流发电机

直流发电机从磁场产生（励磁）的角度来分类，可分为永磁式直流发电机和电磁式直流发电机。永磁式直流发电机的定子磁极采用永磁体建立磁场，转子绕组在磁场中转动切割磁场产生感应电动势，由电动势产生的电流经电刷和换向器输出直流电。电压一般为12V、24V、36V，主要用于微型及小型风力发电机组中。电磁式直流发电机的定子磁极由几组绕在主磁极上的绕组（励磁绕组）通以直流电流形成。根据励磁绕组与转子绕组的连接方式不同，分为他励式、并励式、串励式及复励式等，其直流电输出与前者相同，主要用于大型及中型风力发电机组中。直流发电机可直接将电能输送给蓄电池蓄能，可省去整流器，随着永磁材料的发展及直流发电机的无刷化，永磁直流发电机的功率不断增大、性能得到提高。

2.永磁式交流同步发电机

永磁式交流同步发电机的转子采用永磁材料励磁，转子磁极有凸极式和爪极式两种。定子同普通交流电机，由定子铁心和定子绕组组成，在定子铁心槽内安放有三相绕组或单相绕组。

当风轮带动发电机转子旋转时，旋转的磁场切割定子绕组，在定子绕组中产生感应电动势，由此产生交流电流输出。定子绕组中交流电流建立的旋转磁场的转速与转子的转速同步，属于小型同步发电机。

永磁式交流同步发电机的转子上没有励磁绕组，因此无励磁绕组的铜损耗，发电机的效率高；转子上无集电环，发电机运行更可靠；永磁材料一般有铁氧体和钕铁硼两种，其中钕铁硼的剩余磁场强度和矫顽力高、磁能积大，采用钕铁硼制造的发电机体积更小、重量更轻、制造工艺简单，因此广泛应用于小型及微型风力发电机中。

3.硅整流自励式交流同步发电机

硅整流自励式交流同步发电机的定子由定子铁心和三相定子绕组组成，定子绕组为星形连接，放在定子铁心的内圆槽内；转子由转子铁心、转子绕组（励磁绕组）集电环和转子轴等组成，转子铁心有凸极式和爪极式两种，转子上的励磁绕组通过集电环和电刷与整流器的直流输出端相连，以获得直流电流励磁。硅整流自励式交流同步发电机一般带有励磁调节器，通过自动调节励磁电流的大小，来抵消风速变化导致的发电机转速变化对发电机端电压的影响，延长蓄电池的使用寿命，提高供电质量。

4.电容自励式异步发电机

电容自励式异步发电机是在异步发电机定子绕组的输出端接上电容，以产生超前于电压的容性电流产生磁场，从而建立电压。自励式异步发电机建立电压的条件有两个：一是发电机必须有剩磁（若无剩磁，可用蓄电池对其充磁）；二是发电机的输出端上有足够的电容。

独立运行的异步发电机带负载运行时，负载的大小和性质对发电机输出的电压及频率都有影响。异步发电机的负载为感性负载，当负载增大时，感性电流将抵消一部分容性电流，导致励磁电流减小，使发电机的端电压下降。因此，随着感性负载的增大，必须增加并接的电容数量，以维持励磁电流的大小不变；为了维持发电机的频率不变，当发电机的负载增大时，还必须相应地提高发电机转子的转速。

（二）并网运行风力发电机组中的发电机

1.异步发电机

（1）异步发电机的结构。异步发电机的定子为三相绕组，可采用星形或三角形连接；转子绕组为笼型或绕线型，与电容自励式异步发电机相同，也是采用定子绕组并接电容器来提供无功电流建立磁场，发电机转子的转速略高于旋转磁场的同步转速，并且恒速运行，发电机运行在发电状态。因风力机的转速较低，在风力机和发电机之间需经增速齿轮箱传动来提高转速以达到适合异步发电机运转的转速。一般与电网并联运行的异步发电机为四极或六极发电机，当电网频率为50Hz时，发电机转子的转速必须高于1500r/min或1000r/min，才能运行在发电状态，向电网输送电能。

（2）异步发电机的工作原理。根据电机学的理论，当异步电机接入频率恒定的电网时，面对电网同步转速，在风力机拖动下的异步发电机转速，须以高于同步转速的速度运行，才能运行在发电状态。此时，电机中的电磁转矩为制动转矩，阻碍电机旋转，发电机需从外部吸收无功电流建立磁场（如由电容器提供无功电流），而将从风力机中获得的机械能转化为电能提供给电网。

在风力异步发电机并入电网运行时，只要发电机的转速接近同步转速就可以并网，对机组的调速要求不高，不需要同步设备和整步操作。异步发电机的输出功率与转速近似呈线性关系，可通过转差率来调整负载。风力异步发电机与电网的并联可采用直接并网、降压并网和通过晶闸管软并网三种方式。

2.同步发电机

（1）普通同步发电机

①同步发电机的结构。同步发电机是目前使用最多的一种发电机。同步发电机的定子由定子铁心和三相定子绕组组成；转子由铁心，即励磁绕组、集电环和转轴等组成，转子上的励磁绕组经集电环、电刷与支流电源相连，通以直流励磁电流来建立磁场。同步发电机的转子有凸极式和隐极式两种。隐极式的同步发电机转子呈圆柱体状，其定、转子之间的气隙均匀，励磁绕组为分布绕组，分布在转子表面的槽内。凸极式转子具有明显的磁极，绕在磁极上的励磁绕组为集中绕组，定、转子间的气隙不均匀。凸极式同步发电机结构简单，制造方便，一般用于低速发电场合；隐极式的同步发电机结构均匀对称，转子机械强度高，可用于高速发电。

②同步发电机的工作原理。同步发电机在风力机的拖动下，转子（含磁极）以转速n旋转，旋转的转子磁场切割定子上的三相对称绕组，在定子绕组中产生频率为f的三相对称的感应电动势和电流输出，从而将机械能转化为电能。由定子绕组中的三相对称电流产生的定子旋转磁场的转速与转子转速相同，即与转子磁场相对静止。因此，发电机的转速、频率和极对数之间有着严格不变的固定关系。

当发电机的转速一定时，同步发电机的频率稳定、电能质量高；同步发电机运行时，可通过调节励磁电流来调节输出的无功功率，因此被电力系统广泛接受。但在风力发电时，由于风速的不稳定性使得发电机获得不断变化的机械能，给风力机造成冲击和高负载，对风力机及整个系统不利。

（2）新型同步发电机

①低速同步发电机。低速同步发电机的转子极数很多、转速较低、径向尺寸较小、轴向尺寸较大、发电机呈圆盘形，可以直接与风力机相连接，省去了齿轮箱，减小了机械噪声和机组的体积，从而提高了系统的整体效率和运行可靠性，但其功率变换器的容量较大，成本较高。

②高压同步发电机。高压同步发电机的定子绕组采用高压圆形电缆取代普通同步发电机中的扁绕组，以提高耐压等级，其电压可提高到10～20kV，甚至可达40kV以上，因此可不用升压变压器而与电网直接相连，避免了变压器运行时的损耗，同时提高了运行可靠性；转子用永磁材料制成，且为多极式，转速较低，可省去齿轮传动机构而直接与风力机连接，减小了齿轮传动的机械噪声和机械损耗，降低了机械维护工作量。此外，转子上的无励磁绕组，不需要集电环，无励磁铜损耗和集电环的摩擦损耗，使系统的效率提高。但这种发电机为满足绕组匝数的要求，定子铁心槽形为深槽形，定子齿的抗弯强度下降，必须采用新型坚固的槽楔来压紧定子齿；发电机采用永磁转子，需要大量稳定性高的永磁材料；与电网并联的高压同步发电机对风电场也提出了较高的要求。

风电场中每台高压同步发电机发出的交流电，可以先经整流器变换为高压直流电输出，并接到直流母线上，实现并网，再将直流电由逆变器转化为交流电，输送到地方电网；若远距离输电时，可采用升压变压器接入高压输电线路。

3.双馈异步发电机

（1）双馈异步发电机的结构是由一台带集电环的绕线转子异步发电机和变频器组成的，变频器有AC–AC变频器、AC–DC–AC变频器及正弦波脉宽调制双向变频器三种。AC–DC–AC变频器中的整流器通过集电环与转子电路相连接，将转子电路中的交流电整成直流电，经平波电抗器滤波后再由逆变器逆变成交流电回馈电网。发电机向电网输出功率。

（2）双馈异步发电机的工作原理。异步发电机中定子和转子电流产生的旋转磁场始终是相对静止的。双馈异步发电机的转子通过双向变频器与电网连接，可实现功率的双向流动，功率变换器的容量小、成本低；既可以亚同步运行，也可以超同步运行，因此调速范围宽；可跟踪最佳叶尖速比，实现最大风能捕获；可对有功功率和无功功率进行控制，提高功率因数；能吸收阵风能量，减小转矩脉动和输出功率的波动，因此电能质量高，是目前很有发展潜力的变速恒频发电机。但系统的控制部分复杂，转子上的电刷和集电环降低了系统运行的可靠性，增大了系统维护的工作量。为解决其不足，出现了无刷双馈异步发电机。

4.无刷双馈异步发电机

无刷双馈异步发电机的基本原理与双馈异步发电机相同，不同之处是取消了电刷和集电环，系统运行的可靠性增大，但系统的体积也相应增大，常用的有级联式和磁场调制式两种类型。

级联式无刷双馈异步发电机由两台绕线转子异步发电机同轴相连，一台作为主发电机（功率电机），一台作为励磁电机（控制电动机），由于两个电机的磁路彼此独立，很容易实现有功功率和无功功率的解耦控制，但系统体积增大，损耗也增大。

磁场调制式无刷双馈异步发电机的定子侧有两套极对数不同的绕组，极对数为pp的定子绕组称为功率绕组，极对数为pc的定子绕组称为控制绕组；转子采用不同的磁阻转子，通过限制磁通路径以产生交、直轴方向上的磁阻差别，来调制定子绕组产生不同技术的气隙磁场，两套定子绕组在电路和磁路方面是解耦的。

5.开关磁阻发电机

开关磁阻发电机又称为双凸极式发电机（SRG），定、转子的凸极均由普通钢片叠压而成，定子的极数一般比转子的极数多，转子上无绕组，定子凸极上安放有彼此独立的集中绕组，径向独立的两个绕组串联起来构成一相。与三相电机不同，各相绕组在物理空间上是彼此独立的。

开关磁阻发电机作为风力发电机时，其系统一般由风力机、开关磁阻发电机及功率变换器、控制器、蓄电池、逆变器、负载及辅助电源等组成。对于开关磁阻发电机来说，机械能转化为电能是利用控制器使相电流与转子位置合适地进行同步来实现的。通过功率变换器使相绕组中获得励磁电流。发电工作时，相励磁电流通常在定、转子磁极重合的附近加入，以得到与转速方向相反的电磁转矩，实现机械能向电能的转换。当可控开关器件关断时，相绕组中的能量通过续流二极管流回电源，该返回的能量比励磁期间相绕组吸收的能量大得多。开关磁阻发电机的结构简单、控制灵活、效率高而且转矩大，在风力发电系统中可用于直接驱动、变速运行。

二、水轮发电机

水电厂中发动机均为同步发电机，它把水轮机的机械能转变为电能，通过变压器、开关、输电线路等设备送往用户。水轮发电机的工作原理是：当导线切割磁力线时可产生感应电动势，将导线连接成闭合回路，就有电流流过，同步发电机就是利用电磁感应原理将机械能转变为电能的。水轮发电机按照单机容量可分为大型、中型和小型机组。单机容量大于300MW的为大型机组，单机容量100～300MW的为中型机组，单机容量30～100MW的为中小型机组，单机容量30MW以下的为小型机组。目前国内最大单机容量已达700MW，在建最大单机容量为800MW，也是世界上最大的单机容量。

（一）水轮发电机的分类

（1）立式与卧式。按水轮发电机转轴布置方式的不同可分为立式与卧式两种。转轴与地面垂直布置为立式；转轴与地面平行布置为卧式。一般小型水轮发电机和贯流灯泡式、冲击式机组都设计成卧式。现代大、中型水轮发电机，由于尺寸大，如果设计成卧式机组不仅不经济，反而造成结构上困难重重，所以通常设计成立式结构。立式水轮发电机也可以按轴承布置的位置不同，分为悬式和伞（半伞）式两种不同形式。

（2）空冷与内冷。按照冷却方式的不同，水轮发电机可分为空气冷却和内冷却两种。利用空气循环来冷却水轮发电机内部所产生的热量，这种冷却方式称为空气冷却。空气冷却水轮发电机一般分为三种类型：封闭式、开启式和空调冷却式。大、中型水轮发动机多数采用封闭式，小型水轮发电机采用开启式通风冷却，空调冷却式现在很少采用，仅在一些特殊条件下采用。内冷却水轮发电机目前有两种，一种是采用水冷却，即将经处理的冷却水通入定子和转子线圈的空心导线内部，直接带走电极所产生的损耗进行冷却。定子、转子线圈都进水冷却的电机称为双水内冷却水轮发电机，由于该种冷却方式转子设计制造技术比较复杂，所以一般不采用。目前，大容量水轮发电机都采用定子线圈水冷却，发电机转子仍采用空气通风冷却，称为半水冷却水轮发电机。另一种方式为蒸发冷却，即将冷却介质（液态）通入定子空心铜线，通过液体介质的蒸发，利用汽化热传输热量进行电机冷却。这种冷却技术是我国自主知识产权的一项新型冷却方式。

（3）常规与非常规。按照水轮发电机的功能不同，可分为常规水轮发电机和非常规的蓄能式水轮发电机（发电电动机）两种。常规水轮发电机为一般同步发电机，能使水轮发电机用于蓄能电站，这种发电机具有两种功能，既可作为水轮机和发电机组合发出电能供给电力系统，又可作为水泵和电动机组合，将下游水库的水抽回到上游蓄水库。在此种情况下，它的转动方向与发电机运行时相反，为了配合水轮机作为水泵运行，通常要求具有较高的转速。有时还需要有两种不同的转速，即通过改变转子极对数和定子接线来实现。

（二）水轮发电机的结构

水轮发电机一般由定子、转子、轴承、机架、冷却器、制动系统等组成。

（1）定子是发电机产生电磁感应，进行机械能与电能转换的主要部件。水轮发电机的定子主要由机座、铁心、线圈、端箍、铜环引线、基础板及基础螺杆组成。

①定子机座是水轮发电机定子部分的主要结构部件，是用来固定定子铁心的，也是水轮发电机的固定部件。小容量水轮发电机的机座，一般采用铸铁整圆机座或钢板焊接机座。中、大型容量水轮发电机定子机座采用钢板焊接结构。定子机座按电机结构类型分为立式和卧式机座。立式机座的主要零件有缝合板、支撑零件和机座壁等。

②定子铁心既是定子的重要部件，也是电机磁路的主要组成部分。它由扇形片、通风槽片、定位筋、上下齿压板、拉紧螺栓及托板等零件组成。定子铁心是采用硅钢片冲成扇形片叠装于定位筋上，定位筋通过托板焊于机座环板上，并通过上、下齿压板用拉紧螺栓将铁心压紧成整体而成。

③绕组是构成发电机的主要部件，属于发电机的导电元件。也是发电机产生电磁作用必不可少的零件，所以绕组是电机的重要部件之一。

定子绕组的固定，对确保水轮发电机的安全运行及延长绕组的使用寿命有着十分重要的作用。如固定不牢，在电磁力和机械振动力的作用下，容易造成绝缘损坏、匝间短路等故障，因而槽内线棒用槽楔压紧，端部用端箍结构固定。电机绕组型式，可按电机相数、绕组层数、每极下每相所占槽数和绕法来分类。按电机相数来划分，可分成单相和多相绕组；根据槽内绕组的布置来划分，可分为单层绕组和双层绕组；按绕组在每个极下每相所占槽数等于整数或分数，则绕组又可分为整数槽绕组和分数槽绕组；按照绕组的制作和绕法，绕组可分为多匝圈式叠绕组和单匝条式波绕组。目前，水轮发电机的定子绕组大多为三相、双层多匝圈式或单匝条式绕组。

大、中型水轮发电机的定子绕组是由多股导线组成的。实践证明，在这种绕组中存在两种环流。第一种环流，流动于每一股线导体中，产生集肤效应（挤流）使导体内的各点电流密度分布不均匀，从而使附加铜耗及交流电阻增加。如果采用较薄的股线，实际上就解决了这种环流。第二种环流，存在于任意两根股线所组成的回路之中，它叠加在由负载电流决定的平均值之上，使各股线电流呈现不均匀现象，其原因是各并联股线处在不同位置，它们的磁链也不相同，因而产生的电势也就不同，因此在各股线回路中形成了电势差，出现了环流。由计算表明，如果没有采取专门的措施，它可能比第一种环流要大得多（因为回路中限制环流的阻尼很小）。这种环流既增加了定子附加铜耗，又使股线出现过热点，将直接危害线圈绝缘的寿命，限制电极出力的提高。因此，这个问题引起了国内外的普遍关注。为了消除或减少环流所引起的损耗，通常电机绕组采用不同方式的换位，实践证明是行之有效的方法。

④定子基础部件。立式水轮发电机的定子，主要通过定子基础部件着落固定在发电机的基础混凝土的基础上。定子基础部件包括基础板、楔形板、螺栓、销钉、基础螺杆及套管等。

（2）转子结构部件是水轮发电机的转动部件，也是水轮发电机最为重要的组成部分。转子的主要作用是产生磁场，主要由磁极、磁轭、转子支架和转轴等部件组成。

①磁极。磁极是水轮发电机产生磁场的主要部件，属于转动零件。因此，它不但要具备一般转动部件应有的机械性能，而且还必须有良好的电磁性能。磁极主要由磁极铁心、磁极线圈、阻尼绕组等零部件组成。

磁极铁心主要由磁极冲片、压板、螺杆（拉杆）或铆钉等零件组成。磁极铁心极靴表面为圆弧面，并有穿阻尼绕组的槽。磁极铁心有实心磁极和叠片磁极两种。中等容量高速水轮发电机的转子，为了满足机械强度的要求和改善发电机的特性，尤其是高速发电电动机的转子，为了适应频繁的启动，采用实心磁极。实心磁极铁心通常由整体锻钢和铸钢件制成；叠片磁极铁心是水轮发电机转子磁极最常见的一种结构，在不同容量的发动机上均有采用。叠片磁极的铁心是用铁心冲片叠成的，对定子采用开口槽的发电机，考虑到降低磁极表面的齿脉振损耗，选用叠片式磁极是有利的。

磁极线圈也叫转子绕组或励磁绕组，小容量水轮发电机的磁极线圈，是由多层漆包或玻璃丝包圆线、漆包或玻璃丝包扁线绕成的。而大多数水轮发电机由于其圆周速度高，一般都采用扁铜排的形式，立绕在磁极铁心的外表面上，匝与匝之间用石棉板绝缘，整个磁极线圈与磁极铁心之间用云母板绝缘。线圈绕好后经浸胶热压处理，形成坚固的整体。

一般来讲，在稳态运行时由水轮机带动的水轮发电机在转子上可以不设阻尼绕组，因原动机（水轮机）与内燃机不同，在每一周的旋转过程中均产生均匀的转矩。但是从水轮发电机组系统考虑，当励磁调节器及调速器失去控制或发生故障时，水轮机转矩出现不均匀以及外部负荷不稳定都有可能导致水轮发电机发生振荡现象。振荡时，发电机的转速、电压、电流、功率以及转矩等均将发生周期性变动，严重时会造成水轮发电机与电力系统失去同步。水轮发电机设置阻尼绕组即可抑制转子的自由振荡，提高电力系统运行的稳定性。同时在不对称运行中，阻尼绕组起着削弱负序气隙旋转磁场的作用。在有阻尼绕组的同步电机里，其负序电抗值要小得多。因此，水轮发电机设置阻尼绕组，由于负序电抗减小，不对称负载所引起的电压不对称度也随之减小；由于负序气隙磁场的削弱，转子的损耗及发热也随之降低；同理，交变力矩及振动也减小了。此外，转子纵、横轴的差异缩小，也减小了高频干扰的幅度。实践证明，设置阻尼绕组能使发电机担负不对称负荷的能力大大提高，同时能加速发电机自同期并入系统。水轮发电机转子阻尼绕组主要由阻尼条、阻尼环和阻尼环连接片等组成。

②磁轭。磁轭也叫轮环。它的作用是产生转动惯量和固定磁极，同时是磁路的一部分。磁轭由扇形磁轭冲片、通风槽片、定位销、拉紧螺杆、磁轭上压板、磁轭键、锁定板、卡键、下压板等零部件组成。

磁轭在运转时承受扭矩和磁极与磁轭本身离心力。大、中型发电机转子的磁轭由扇形冲片交错叠成整体，再用螺杆拉紧，然后固定在转子支架上。磁轭外缘的T形槽用以固定磁极。为防止超速时磁轭径向膨胀，造成磁轭与转子支架分离而产生偏心振动支架，常采用磁轭热打键加以固定。

③转子支架。转子支架是大、中型水轮发电机转子体的主要组成部分，也是连接磁轭和转轴成一体的中间部分。在机组运行中，转子支架可承受扭矩、磁轭和磁极的重力力矩、转子自身的离心力，由于磁轭热打键而产生的径向配合力，当转子支架与主轴采用热套结构时还要承受由此而引起的径向配合力等。转子支架主要有以下几种类型：以磁轭圈为主体的转子支架、整体铸造或焊接转子支架、简单圆盘式转子支架、支臂式转子支架、多层圆盘式转子支架等。

④转子的固定。通常水轮发电机的磁极根据其容量的大小、转速的高低，可做成不同类型的磁极型式。如实心磁极、叠片极靴的实心磁极以及整片式叠片磁极等。同样，磁极的极身也可与磁轭做成整体或部分极身与磁轭做成一体。由于这些因素，构成了磁极不同的固定方式，有螺栓固定方式、极靴用螺栓固定方式、梳齿形固定方式、T尾和鸽尾固定方式等。

⑤主轴。主轴的主要作用是中间连接、传递转矩，承受机组转动部分的重量及轴向推力。主轴有一根轴结构、分段轴结构、轴法兰结构和轴身结构等形式。

一根轴结构。悬式水轮发电机，特别是中、小型发电机都选用一根轴结构。其优点是结构简单、加工精度高，有利于机组轴线的处理与调整工作。在这种结构中，水轮机的主动力矩传递是通过主轴与转子轮毂之间的键和借助主轴与轮毂的过盈配合来实现的。一般小型水轮发电机用键结构，大、中型水轮发电机多用热套和键结构。

分段轴结构。分段轴结构通常由上端轴、转子支架中心体和下端轴三部分组成。该结构的中间段是转子支架中心体，没有轴，所以称为无轴结构。分段轴的优点是：主轴便于锻造、运输和轮毂不需要热套等，同时可减轻转子起吊重量和降低机组起吊高度。在伞式结构中还可以将推力头与大轴做成一体，保证推力头与大轴之间的垂直度和同心度，同时可以消除推力头与大轴之间的配合间隙，免去镜板与推力头配合面的研刮和加垫，避免给安装调试带来不便，也解决了发电机大轴测摆度难的问题。此外，这种结构不需热套轮毂，大大地改善了轴的受力。分段轴结构适用于中、低速大容量伞式水轮发电机。

轴法兰结构。轴法兰是连接轴与转子支架中心体和水轮机轴的过渡部分。轴法兰有两种型式：外法兰结构和内法兰结构。外法兰结构一般用于中、小型悬式水轮发电机，内法兰结构广泛应用于大型分段轴结构的水轮发电机。

轴身结构。小型水轮发电机采用整锻的实心轴结构。大、中型容量水轮发电机常采用锻钢整锻空心轴结构。空心轴可以除去锻造时在轴中心部分的残存杂质和克服组织疏松等缺陷。此外，还可用作混流式水轮机的补气孔或轴流式水轮机操作油管的通道。近年来，大型水轮发电机轴还采用焊接结构，轴身与法兰采用电渣焊工艺，将锻造法兰和锻造轴身焊成整体。目前，一些特大型发电机轴身采用钢板卷焊结构。此种轴常为薄壁结构，与整锻的厚壁轴身有差别。轴身的薄壁和厚壁的选择，主要通过轴的刚强度计算来获得。

（3）轴承。水轮发电机的轴承与其他机械的轴承在原理上并无区别。然而，由于水轮发电机的转速、结构等因素具有其特殊性，所以需对轴承作专门的论述。

①轴承分类。轴承按照结构可分为滚动轴承（滚柱和球轴承）和滑动轴承；按照轴承的导向性可分为径向轴承（径向负荷）和轴向轴承（轴向负荷）；按照轴承的作用可分为推力轴承和导轴承。用于立式电机的轴承也称为推力轴承或止推轴承。

滚动轴承一般为中、小型轴承。它具有小的轴承游隙和低的摩擦系数（0.002 ~ 0.003）以及启动摩擦比运行摩擦小20% ~ 50%的优点。其次，在相当程度上与维护无关，尤其采用润滑树脂润滑时。滚动轴承的缺点是寿命短，要求使用的材料具有较高的疲劳强度和静止状态抗冲击的灵敏度，且易产生噪声。滚动轴承的特点决定了它在电机中的应用。因此，这种类型的轴承只能应用在小型的卧式水轮发电机上，此处由于篇幅有限不作叙述。

滑动轴承可制成各种大小尺寸的轴承，在正确装配和维护下，轴承寿命长，能阻尼冲击和低噪声运行。缺点是启动摩擦较高、游隙比较大，在运行时，滑动轴承的摩擦系数与滚动轴承的摩擦系数的数量级相同，为0.002 ~ 0.004。相反，滑动轴承的启动摩擦系数其最大值在0.1 ~ 0.2。滑动轴承在水轮发电机中应用比较广泛，无论是卧式或是立式水轮发电机，根据电机结构的特点，都可选用不同类型的滑动轴承。

②推力轴承。推力轴承常被称为水轮发电机的心脏，由此可见其重要性。因此，推力轴承工作性能的好坏将直接影响到水轮发电机能否长期、安全、可靠运行。目前，水轮发

电机的单机容量不断增大，推力轴承的负荷也随之增大。因而对大负荷推力轴承的要求就更高了。典型的水轮发电机推力轴承结构主要由卡环、轴承支撑、推力轴瓦、镜板、推力头、轴承座和冷却器等部件组成。

③导轴承。水轮发电机导轴承主要承受机组转动部分的径向机械和电磁的不平衡力，使机组在规定的摆度和振动范围内运行。导轴承可以布置在推力轴承镜板工作面或推力头工作面的外圆处。若认为布置在这两个位置的导轴承圆周速度大，会引起过大的损耗，则可以设计在推力头的轴颈外圆处或直接布置在轴上的滑转子处。

（4）机架是发电机安置轴承的主要支撑部件。常规卧式发电机的轴承一般采用座式支架支撑。在立式电机中机架用来支撑推力轴承、导轴承及制动器等部件。所以，机架是水轮发电机的重要结构部件。

机架结构形式一般决定于水轮发电机的总体布置。不同类型的总体布置（如悬式、伞式或半伞式结构）将匹配不同类型的机架形式。机架系由中心体和数个支臂组成的钢板焊接结构。主要的机架结构形式有：整体辐射型机架、井字形机架、桥形机架、斜支臂机架、多边形机架、三角环形机架等。

第三节　电源变换技术

一、能源转化过程与变流技术

各种资源从其原始状态转化为可供人类实际应用的过程，均与变流技术密不可分，它也是实现节能降耗的关键技术和转变经济增长方式的一个有力推进器。变流技术不仅可以促进发电、输电和配电系统的现代化，推广清洁能源实用化，并且可以在广泛应用领域内使电能得到最佳利用。一般来说，资源的利用必须经历如下过程：资源转化、存储、能量转化、辅助能量存储、功率控制。各种资源转化为能源的方式不同，将其送到用户或电网时，必须通过变流技术进行调整。

天然气和柴油虽然不是可再生资源，但它们通过燃烧转化为电能的过程，对生物质能（沼气）同样适用；同时天然气通过提炼生成氢气制成燃料电池，也是清洁能源之一。可再生能源产生的能量大多是不稳定的，如一年四季或日夜之间风力不同、太阳辐照强度差异，导致其直接产生的能量通常是不稳定的。以风能为例，并网型风力发电是许多台大容量风力发电机并联工作的，由于风场风力的不稳定性，如果在并网时不进行控制调节，可能对电网造成冲击。同时，为了保证把尽可能多的有功能量送入电网，风力发电系统中必须重视储能环节和解决存储能量再次转化的问题。这些过程都必须利用电力电子变流技术对其进行控制。此外，可再生能源分布在不同领域，可以就近建成分布式发电单元并通过电力电子变流器接口连成微电网（<10 MW）供给特定地区（如偏僻山区）的用户或与大电网连接并参与电能质量调节。

因为可再生能源既可能是直流电，也可能是不稳定的交流电，所以必须通过变流器产生与电网或用户适配的电能形式，以并入电网或直接使用。可以说，几乎所有可再生资源发电系统都涉及一系列大功率、高效、高品质的能量转换、存储与控制。

除电能的产生以外，电能的传输与分配也需要变流技术。传统的交流输电技术与变流输电技术相结合，催生了柔性交流输电技术（FACTS）。FACTS对电网的运行参数（电压、电流、功率、品质因数、损耗角、阻抗等）或运行状态（异步互联、潮流控制、短路电流限制）从刚性控制（断续动作、慢速、欠准确和不够灵活的机电型）提升为柔性控制（快速、准确、平滑、灵活的电力电子装置），从而使得在规模不断拓大、运行条件复杂和运行难度加大的情况下，提高电力系统的稳态性能，而且极大地改善了动态的响应能力。

二、电源变换系统结构

电源变换系统结构根据供电电源和用电设备的不同分为以下七种类型。

（一）AC-DC变换系统

AC-DC变换系统的供电电源是交流电源，用电设备是直流电。此系统目前主要采用常规的二极管整流或晶闸管可控整流技术。近年来研究的高频PWM整流电路可提高功率因数，但输出直流电压高于输入交流电压的峰值近两倍，而且控制复杂，给实际应用带来一定的困难。二极管整流加功率因数校正电路，同样可以提高功率因数，也有输出直流电压高的问题。单相小功率电路已得到实际应用，三相大功率电路还处于应用研究阶段。

（二）DC-DC变换系统

DC-DC变换系统的供电电源是固定电压的直流电源，用电设备要求电压可变，或者另一种电压等级。这种供电电源一般是蓄电池，变换电路根据用电设备的要求可采用降压型或升压型DC-DC变换电路。降压型可采用Buck直流斩波电路，升压型可采用Boost直流斩波电路，也可采用软开关DC-DC变换电路。

（三）DC-AC变换系统

DC-AC变换系统的供电电源是固定电压的直流电源，用电设备是交流电。这种供电电源一般是蓄电池，用电设备是工频交流电，一般用在不间断电源（UPS）中。DC-AC变换电路一般采用全桥逆变电路，正弦波脉宽调制（SPWM），输出加LC滤波电路，在负载上可得到正弦波电压。

（四）AC-DC-AC变换系统

AC-DC-AC变换系统的供电电源是交流电源，用电设备是某一频率范围的交流电。这种变换系统的供电电源是电网，AC-DC-AC变换系统主要采用常规二极管整流，DC-AC变换一般采用全桥逆变电路，功率调节在逆变电路中实现，有脉宽调制方式、移相脉宽调制方式、负载谐振调频调功方式、负载谐振脉冲密度调制方式等，并将软开关技术应用到逆变过程中。

（五）DC-AC-DC变换系统

DC-AC-DC变换系统的供电电源是固定电压的直流电源，用电设备要求电压可变，或者另一种电压等级。这种变换系统和DC-DC变换系统的主要区别是通过插入AC环节，加入高频变压器隔离，使输入和输出电压之间完全隔离。这种变换电路有正激式、反激式、推挽式、半桥式、全桥移相变换式等。

（六）AC-DC-AC-DC变换系统

AC-DC-AC-DC变换系统的供电电源是交流电源，用电设备是直流电。这种系统目前主要采用常规二极管整流，即AC-DC变换，然后经DC-AC变换，变成高频交流电源，经高频变压器变压，高频整流电路整流，变换成需要的直流电压。这种变换电路主要是为了减小变压器的体积。开关电源就是采用了这种变换系统。

（七）AC-DC-DC-AC 变换系统

AC-DC-DC-AC变换系统的供电电源是交流电源，用电设备是某一频率范围的交流电。这种变换系统的供电电源是电网，AC-DC变换主要采用常规的二极管整流，DC-DC变换电路采用Buck直流斩波电路，DC-AC变换一般采用全桥逆变电路，功率调节在直流斩波电路中实现，采用脉宽调制方式，并将软开关技术应用到斩波电路中。

三、逆变电路系统的结构

逆变电路是所有新能源转换系统中最重要的电能变换电路，其主要作用是将直流电经DC-AC逆变器变换成与电网同频率的交流点，为实现并网供电奠定基础。根据直流母线采用的储能组件，逆变电路又分为电流源型和电压源型两大类。下面以太阳能光伏发电为例，介绍几种典型的逆变电路。

（一）电流源逆变器

直流母线采用电感储能。采用三相桥式逆变电路，功率半导体器件是全控型IGBT开关器件。逆变器输出经电容滤波后，与电网并网后向电网输送三相交流电流，一般电流源逆变器的控制策略采用电流滞环PWM模式（CHB-PWM）。对于电流源逆变器，适当调节桥式逆变电路输出电流的相位和幅值，就可以使光伏发电系统输出有功功率，实现并网供电的目的。

（二）电压源逆变器

直流母线采用电容储能。中、小容量的电压源光伏并网逆变器（几百kW及以下）采用IGBT的PWM-VSC（脉宽调制-电压源变换器）结构，输出经三相滤波电感并入电网系统。

电压源逆变器的控制策略一般为正弦波PWM（SPWM），经低通滤波器滤波后输出电流波形基本为正弦波，在负载中只有很少的谐波损耗，对通信设备干扰小，整机效率高。

（三）复杂逆变器

为降低大容量光伏电压源并网逆变器（MW级）的损耗和输出电流等级，应采用6kV以上的中高压并网供电模式。可采用高压IGBT或多电平结构，钳位型多电平逆变器起源于三电平中性点钳位电路。这种钳位形式成为中性点钳位形式。在需要多电平时，可以使用多级二极管钳位变换器。一个m级二极管钳位变换器在直流母线侧包含m-1个稳压电容，从而产生每相m个电平。在同等容量下，通过提升逆变器输出电压等级，成倍减小了输出电流。这种电路的优点是输出波形质量高、谐波分量小，单只开关器件的电压低；缺点是存在中性点平衡问题、电路控制复杂、成本高。

（四）级联式逆变器

级联式多电平逆变器的拓扑结构，由n个结构和参数完全相同的单相逆变桥在输出侧首尾串接、每个逆变桥的输入直流母线分别并接到n个光伏阵列，构成n级电平结构。每个独立直流电源和一个单相全桥变换器相连，各个单相变换器输出以串联方式给负载供电，形成负载侧的多电平电压。级联式多电平变换器不存在电容平衡问题，但输入需要多个相互隔离的直流电源。新型多电平拓扑结构能够以较少的器件实现更多电平，通过合理选择开关管的导通状态，可以获得多达九级电压，是一种较为合适的用于小功率光伏发电系统的逆变器拓扑结构。多电平逆变器虽然可根据光伏阵列的组合，方便地组合成多电平光伏逆变器，但由于各级电平中对应的光伏阵列可能存在不均衡，电平平衡控制仍然是一个难题，限制了其广泛应用。

第四节　系统控制管理技术

一、风力发电机组的控制技术

风力发电系统中的控制技术和伺服传动技术是其中的关键技术。这时因为自然风速的大小和方向是随机变化的，风力发电机组的切入（电网）和切出（电网）、输入功率的限制、风轮的主动对风以及对运行过程中故障的检测和保护必须能够自动控制。同时，风力资源丰富的地区通常都在海岛或边远地区甚至海上，分散布置的风力发电机组通常要求无人值班运行和远程监控，这就对风力发电机组控制系统的可靠性提出了很高的要求。与一般工业控制系统不同，风力发电机组的控制系统是一个综合性复杂控制系统。尤其是对于并网运行风力发电机组，控制系统不仅要监视电网、风况和机组的运行数据，还要对机组进行并网与脱网控制，以确保运行过程的安全性和发电质量。而这正是风力发电机组控制中的关键技术，现代风力发电机组一般都采用微机控制。风力发电机组的微机控制属于离散型控制，是将风向标、风速计、风轮转速，发电机的电压、频率、电流，电网的电压、电流、频率，发电机和增速齿轮箱等的温升，机舱和塔架等的振动，电缆过缠绕等传感器的信号经过数/模转换输送给微机，由微机根据设计程序发出各种控制指令，实现自动起停、自动调向、自动调速、自动并网、自动功率因数补偿、自动电缆解绕、自动故障诊断和保护等功能。

（一）风力发电机组的特点及控制要求

风能是一种能量密度低、稳定性较差的能源，由于风速和风向的随机性、不确定性及阵风性，会产生风力发电中的一些特殊问题，例如：导致风力机叶片攻角不断变化，使叶尖速比偏离最佳值，风能的利用率偏低，对风力发电系统的发电效率产生影响；引起叶片的振动与剪切、塔架的弯曲与抖振等力矩传动链中的力矩波动，影响系统运行的可靠性和使用寿命；使发电机发出的电能的电压和频率随风速而变，从而影响电能的质量和风力发电机的并网。风力发电机机组的控制主要是为了解决上述相关问题。

由于风力发电的特点，风力发电机组是一个复杂的多变量非线性系统，且有不确定性和多干扰等特点。风力发电系统控制的目标主要有四个：保证系统的可靠运行、能量利用率最大、电能质量高、机组寿命延长。风力发电系统常规的控制功能有七个：在运行的风速范围内，确保系统的稳定运行；低风速时，跟踪最佳叶尖速比，获取最大风能；高风速时，限制风能的捕获，保持风力发电机组的输出功率为额定值；减小阵风引起的转矩波动峰值，减小风轮的机械应力和输出功率的波动，避免共振；减小功率传动链的暂态响应；控制器简单，控制代价小，对一些输入信号进行限幅；调节机组的功率，确保机组输出电压和频率的稳定。

（二）变桨距风力发电机组的控制技术

变桨距风力发电机的整个叶片可以绕叶片中心轴旋转，使叶片攻角在一定范围（0~90°）变化，变桨距调节是指通过变桨距机构改变安装在轮毂上的叶片桨距角的大小，使风轮叶片的桨距角随风速的变化而变化，一般用于变速运行的风力发电机，主要目的是改善机组的启动性能和功率特性。根据其作用可分为三个控制过程：启动时的转速控制、额定转速以下（欠功率状态）的不控制和额定转速以上（额定功率状态）的恒功率控制。

传统的变桨距风力发电机的控制系统，在启动时实现了转速控制，由速度控制器起作用，启动结束后，在额定风速以下，转速环开环，系统不进行控制。当风速达到或超过额定风速时，切换到功率控制，功率控制器根据给定与反馈的功率信号比较后进行功率控制，以维持额定功率不变。由于风速变化很快，变桨距系统的动态响应难以达到要求，因此在功率控制的过程中，对于绕线转子异步发电机采用了新型控制系统，变桨距系统由风速的低频分量和发电机转速控制。风速的低频分量通过功率控制实现，风速的高频分量产生的机械能波动，通过控制发电机中的转子电流对发电机的转差进行控制，从而快速改变发电机的转速。当风速高于额定风速时，允许发电机的转速升高，将瞬变的风能以风轮的动能储存起来，当转速降低时再将动能释放出来，使功率曲线更加平稳。

新型控制系统与传统控制系统的主要区别是采用了两个速度控制器并增加了转子电流的控制。其中，一个速度控制器的作用与传统速度控制器相同，即启动时对同步转速附近的转速进行控制。另一个速度控制器的作用是在并网后，和功率控制器一起通过转子电流的控制实现电极转差，即转速的控制。该控制器受发电机的转速和风速的双重控制，在达到额定值之前，速度给定值随功率给定值增大；当风速高于额定风速时，发电机的转速通过改变风力机的节距来跟踪响应的速度给定值，维持功率恒定。

（三）变速恒频风力发电机组的控制技术

变速恒频是指发电机的转速随风速变化，通过适当的控制得到输出频率恒定的电能。其叶片一般采用变桨距结构，是当前和未来主要发展和研究的方向。与恒速恒频发电机组相比，变速恒频的优越性在于：可大范围地调节转速，使功率系数保持在最佳值，从而最大限度地吸收风能，使系统效率提高；能吸收和储存阵风能量，减少阵风冲击对风力发电机产生的疲劳损坏、机械应力和转矩脉动，延长机组寿命，减少噪声；还可以控制有功功率和无功功率，电能质量高。但控制起来复杂、成本高，需要避免共振的发生。

变速恒频风力发电机组的调节控制一般分为三个阶段：启动时通过调节桨距控制发电机的转速，使发电机转速在同步转速附近，寻找最佳时机并网；并网后，在额定风速以下，通过调节发电机的电磁制动转矩使发电机转子的转速跟随风速的变化，保持最佳叶尖速比，确保风能的最大捕获，表现为跟踪控制问题；在额定风速以上，采用发电机转子变速和桨叶节距双重调节，利用风轮转速的变化，储存或释放部分能量，限制风力发电机获取能量，提高传动系统的柔性，使风力发电机在额定值下持续发电，保证发动机的输出功率更加平稳，减轻了桨距调节的频繁动作，获得了良好的动态性能。

变速恒频风力发电机组中的发电机主要有交流异步和同步发电机，其中异步发电机中的双馈发电机性能最好。双馈异步发电机变速恒频风力发电系统所用的发动机为双馈异步发电机。发电机定子直接连接在电网上，转子绕组通过集电环经AC-AC或AC-DC-AC变频器与电网相连，通过控制转子电流的频率、幅值、相位和相序实现变速恒频控制。为实现转子中能量的双向流动，应采用双向变频器。其中，AC-AC变频器的输出电压谐波多，输入侧功率因数低，使用的功率器件数量多，目前已被电压型AC-DC-AC变频器代替。随着电力电子技术的发展，最新应用的是双PWM变频器，通过SPWM控制技术，可以获得正弦波转子电流，以减小发电机中的谐波转矩，同时实现功率因数的调节。变频器一般用微机控制。双馈异步发电机系统中的变频器采用双PWM变频器，发电机根据风力机转速的变化调节转子励磁电流的频率，实现恒频输出；再通过矢量变换控制实现发电机的有功和无功功率的独立调节，进而通过控制发电机组的转速实现最佳风能的捕获。

（四）风力发电机组的并网运行和功率补偿

由于风能是一个不稳定的能源，风力发电本身难以提供稳定的电能输出，因此风力发电必须采用储能装置或与其他发电装置互补运行。为解决风力发电稳定供电的问题，目前一般采用的方法是：1000kW以上的大型风力发电机组并网运行；几十至几百千瓦的风力发电机组可以并网运行，或者与其他发电装置互补运行（如风光互补、风力–柴油发电联合运行）；10kW以下的小型风力发电机组主要采用直流发电系统并配合蓄电池储能装置独立运行。大、中型风力发电机组主要是并网运行，由于发动机并网过程是一个瞬变过程，它受制于并网前的发电状况，影响并网后发电机的运行和电网电能的质量，在并网运行方式中主要解决的问题是并网控制和功率调节问题。对于并网运行的不同风力发电机组，其控制方法和控制重点各有不同。

1.风力同步发电机组的并网运行和功率补偿

同步发电机的转速和频率之间有着严格不变的固定关系，同步发电机在运行过程中，可通过励磁电流的调节，实现无功功率补偿，其输出电能频率稳定、电能质量高，因此在发电系统中，同步发电机的应用最普遍。

（1）同步发电机的并网方法。风力同步发电机组与电网并联运行的电路，同步发电机的定子绕组通过断路器与电网相连，转子励磁绕组由励磁调节器控制。同步发电机的并网方法主要有自动准同步并网和自同步并网。

①自动准同步并网。同步发电机与电网并联合闸前，为了避免电流冲击和转轴受到突然的扭矩，需要满足一定的并联条件：风力发电机的端电压大小等于电网的电压，并且电压波形相同；风力发电机的频率等于电网的频率；并联合闸的瞬间，风力发电机与电网的回路电势为零；风力发电机的相序与电网的相序相同。

满足上述理想并网条件的并网方式称为准同步并网方式，在这种并网方式下，并网瞬间不会产生冲击电流，电网电压既不会下降，也不会对定子绕组和其他机械部件造成冲突。但对风力驱动的同步发电机而言，要准确地达到这种理想并网条件实际上并不容易，在实际并网操作时，电压、频率及相位往往会有一些偏差，因此并网时仍会产生一些冲击电流。一般规定发电机与电网系统的电压差不超过5%～10%，频率差不超过0.1%～0.5%，使冲击电流不超出其允许范围。但如果电网本身的电压及频率也经常存在较大的波动，则这种通过同步发电机整步实现准同步就更加困难。

风力同步发电机组的启动与并网过程：偏航系统根据风向传感器测量的风向信号驱动风力机对准风向，当风速达到风力机的启动风速时，桨距控制器调节叶片桨距角使风力机启动。当发电机在风力机的带动下转速接近同步转速时，励磁调节器给发电机输入励磁电流，通过励磁电流的调节使发电机输出的端电压与电网电压相近。在风力发电机的转速几乎达到同步转速、发电机的端电压与电网电压的幅值大致相同，且断路器两端的电位差为零或很小时，控制断路器合闸并网。风力同步发电机并网后通过自整步作用牵入同步，使发电机电压频率与电网一致。以上检测与控制过程一般通过微机实现。

②自同步并网。自同步并网的方法是，同步发电机在转子励磁绕组先通过限流电阻端接，发电机中无励磁磁场，用原发电机将发电机转子拖到同步转速附近（差值小于5%）

时，将发动机并入电网，再立刻给发电机励磁，在定、转子之间的电磁力作用下，发电机自动牵入同步。由于发电机并网时，转子绕组中无励磁电流，因而电动机定子绕组中没有感应电动势，不需要对发电机的电压和相角进行调节和校准，控制简单，并且从根本上排除不同步合闸的可能性。这种并网方法的缺点是合闸后有电流冲击和电网电压的短时下降现象。

（2）有功功率的调节。风力同步发电机中，风力机输入的机械能首先克服机械阻力，通过发电机内部的电磁作用转化为电磁功率，电磁功率扣除发电机绕组的铜损耗和铁损耗后输出的电功率，若不计铜损耗和铁损耗，可认为输出功率近似等于电磁功率。同步发电机内部的电磁作用可以看成转子励磁磁场和定子电流产生的同步旋转磁场之间的相互作用。

当由风力驱动的同步发电机并联在无穷大电网时，要增大发电机输出的电能，必须增大风力机输入的机械能。当发电机输出功率增大即电磁功率增大时，若励磁不做调节，发电机的功角也增大，对隐极机而言，功率角为90°（凸极机功率角小于90°）时，输出功率达最大，这个最大的功率称为失步功率，又称为极限功率。因为达到最大功率后，如果风力机输入的机械功率继续增大，功率角超过90°，发电机输出的电功率反而下降，发电机转速持续上升而失去同步，机组无法建立新的平衡。例如，一台运行在额定功率附近的风力发电机，可能因为突然的一阵剧风，导致发电机的功率超过极限功率而使发电机失步，这时可以增大励磁电流，以增大功率极限、提高静态稳定度，这就是有功功率调节。

并网运行的风力同步发电机当功率角变为负值时，发电机将运行在电动机状态，此时风力发电机相当于一台大风扇，发电机从电网吸收电能。为避免发电机电动运行，当风速降到临界值以下时，应及时地将发电机与电网脱开。

（3）无功功率的补偿。电网所带的负载大部分为感性的一部电动机和变压器，这些负载需要从电网吸收有功功率和感性无功功率，如果整个电网提供的无功功率不够，电网的电压就会下降；同时，同步发电机带感性负载时，由于定子电流建立的磁场对电机中的励磁磁场有去磁作用，发电机的输出电压也会下降，因此，为了维持发电机的端电压稳定和补偿电网的无功功率，需适当调节同步发电机的转子励磁电流。当发电机的功率因数为1时，发电机励磁电流为额定值，此时定子电流为最小；当发电机励磁电流大于额定励磁电流（过励）时，发电机的功率因数为滞后的，发电机向电网输出滞后的无功功率；而当发电机励磁小于额定励磁电流（欠励）时，发电机的功率因数为超前的，发电机从电网吸引滞后的无功功率。同步发电机一般工作在过励状态下，以补偿电网的感性无功功率需求。

（4）带变频器的风力同步发电机组的并网。通过调节励磁电流，实现同步发电机无功功率的宽幅调节，是该机种对电网十分“友好”的一个方面，也可理解为与电网的“柔性联系”。这是其他发电机难以与其相比的优点。但恒速恒频的风力发电系统中，同步发电机和电网之间为“刚性连接”，发电机输出频率完全取决于原动机的转速，并网之前发电机必须经过严格的整步和（准）同步，并网后也必须保持转速恒定，因此对控制器的要求高，使得控制器的结构复杂。

在变速恒频风力发电系统中，同步发电机的定子绕组通过变频器与电网相连接，交流发电机为同步发电机，变频器为AC-DC-AC变频器。当风速变化时，为实现最大风能捕获，风力机和发电机的转速随之变化，发电机发出的电流为变频交流电，通过变频器转化后获得恒频交流电输出，再与电网并联。由于同步发电机与电网之间通过变频器相连接，发电机的频率和电网的频率彼此独立，并网时一般不会因频率偏差而产生较大的电流冲击和转矩冲击，并网过程比较平稳。缺点是电力电子装置价格较高、控制较复杂，同时非正弦逆变器在运行时产生的高频谐波电流流入电网，将影响电网的电能质量。

2.风力异步发电机组的并网运行和功率补偿

异步发电机具有结构简单、价格低廉、可靠性高、并网容易、无失步现象等优点，在风力发电系统中应用广泛。但其主要缺点是需吸收20%～30%额定功率的无功电流以建立磁场，为提高功率因数必须另加功率补偿装置。

（1）风力异步发电机组的并网。风力异步发电机组的并网方式主要有三种：直接并网、降压并网和通过晶闸管软并网。

①直接并网。直接并网要求在并网时发电机的相序与电网的相序相同，当风力驱动的异步发电机转速接近同步转速时即可自动并入电网；自动并网的信号由测速装置给出，而后通过自动空气开关合闸完成并网过程。这种并网方式比同步发电机的准同步并网简单，但并网前由于发电机本身无电压，并网过程中会产生5～6倍额定电流的冲击电流，引起电网电压下降。因此，这种并网方式只能用于异步发电机容量在百千瓦级以下，且电网的容量较大的场合。

②降压并网。降压并网是在发电机与电网之间串接电阻或电抗器，或者接入自耦变压器，以降低并网时的冲击电流和电网电压的幅度。当发电机稳定运行时，将接入的电阻等元件迅速从线路中切除，以免消耗功率。这种并网方式的经济性较差，适用于百千瓦级以上、容量较大的机组。

③晶闸管软并网。晶闸管软并网是在异步发电机的定子和电网之间每相串入一只双向晶闸管连接起来，三相均由晶闸管控制。通过控制晶闸管的导通角来控制并网时的冲击电流，从而得到一个平滑的并网暂态过程。晶闸管软并网是目前一种先进的并网技术，其应用时对晶闸管器件和相应的触发电路提出了严格的要求，即要求器件本身的特性要一致、稳定；触发电路工作可靠，控制极触发电压和触发电流一致；开通后晶闸管压降相同，只有这样才能保证每相晶闸管按控制要求逐渐开通，发电机的三相电流才能保证平衡。

在晶闸管软并网的方式中，目前触发电路有移相触发和过零触发两种方式。其中，移相触发的缺点是发电机中每相电流为正负半波的非正弦波，含有较多的奇次谐波分量，对电网造成谐波污染，因此必须加以限制和消除；过零触发是在设定的周期内，逐步改变晶闸管导通的周波数，最后实现全部导通，因此不会产生谐波污染，但电流波动较大。

（2）并网运行时无功功率补偿。风力异步发电机在向电网输出有功功率的同时，还必须从电网中吸收滞后的无功功率来建立主磁场和满足漏磁的需求。占到其额定电流20%～30%份额的无功励磁电流，将加重电网无功功率的负担，使电网的功率因数下降，同时引起电网电压下降和线路损耗增大，影响电网的稳定性。因此，并网运行的风力异步发电机必须进行无功补偿，以提高功率因数及设备利用率，改善电网电能的质量和输电效率。目前，调节无功的装置主要有同步调相机、有源静止无功补偿器、并联补偿电容器等，其中并联电容器应用得最多，因为前两种装置的价格较高，结构、控制比较复杂，而并联电容器的结构简单、经济，控制和维护方便，运行可靠。并网运行的异步发电机并联电容器后，其所需要的无功电流由电容器提供，从而减轻了电网的负担。

在无功功率的补偿过程中，发电机的有功功率和无功功率随时在变化，普通的无功功率补偿装置难以根据发电机无功电流的变化及时地调整电容器的数值，因此补偿效果受到了一定的影响。为了实现无功功率及时和准确的补偿，必须计算出任何时期的有功功率、无功功率，并计算出需要投入的电容值来控制电容器的投入数量，而这些大量和快速的计算及适时的控制，目前可通过DSP和计算机来实现。

二、太阳能光伏发电的控制技术

太阳能光伏发电系统的控制器一般包括光伏电池最大功率点跟踪控制器、蓄电池充放电控制器、直流升压或降压型变换器及逆变器等。

（一）最大功率点跟踪控制技术

在一般的电气设备中，如果负载电阻等于供电系统的内电阻，此时可以在负载上获得最大功率。可是太阳能电池本身是极不稳定的电源，即输出功率往往是变化的。这是因为太阳能电池工作时发出的功率随日照强弱、天空阴雨、环境温度（电池方阵表面的温度）而变化。因此，需要及时跟踪太阳，使太阳能电池获取最大功率或获得最大功率附近的值。

最大功率点控制方法（MPPT）是通过DC-DC变换器中的功率开关来控制太阳能电池阵列工作中的最大功率点，从而实现最大功率跟踪控制的。MPPT的实现是一个动态自寻优的过程，通过对光伏阵列当前的输出电压和电流的检测，得到当前阵列的输出功率，与已被存储的前一时刻功率进行比较，舍小存大、再检测、再比较，如此周而复始。MPPT

控制算法主要有定电压跟踪法、扰动观察法、电导增量法、模糊逻辑控制法等。

1.定电压跟踪法（CVT）

定电压跟踪法是对最大功率点曲线近似求得一个中心电压，并通过控制使光伏阵列的输出电压一直保持该电压值，从而使光伏系统的输出功率达到或接近最大功率输出值。

这种方法不但具有使用方便、控制简单、易实现、可靠性高、稳定性好等优点，而且输出电压恒定，对整个电源系统是有利的。但是，这种方法控制精度较差，忽略了温度对光伏阵列开路电压的影响，而环境温度对光伏电池输出电压的影响往往是不可忽略的。为了克服使用场所冬夏、早晚、阴晴、雨雾等环境温度变化给系统带来的影响，在CVT的基础上可以采用人工调节或微处理器查询数据表格等方式进行修正。

2.扰动观察法

扰动观察法的原理是先让光伏阵列工作在某一参考电压下，检测输出功率，在此工作电压的基础上加一正向电压扰动量，检测输出功率变化。若输出功率增加，表明光伏阵列最大功率点电压高于当前工作点，需继续增加正向扰动；若所测输出功率降低，则最大功率点电压低于当前工作点，需反向扰动工作点电压。

该方法的优点是控制的实现较简单，对传感器的精度要求不高，跟踪速度相对较快，对误判修正能力较强。其不足之处在于，工作点在最大功率点附近振荡运行，且需多次尝试设定最优扰动步长，无法兼顾控制精度与响应速度，光照强度剧烈变化时还会出现错误判断。

3.电导增量法

电导增量法是通过比较光伏阵列的电导增量和瞬间电导来改变控制信号，这种方法也需要对光伏阵列的电压和电流进行控制。由于该方法的控制精度高、响应速度快，因而适用于大气条件变化较快的场合。同样，由于整个系统的各个部分响应速度都比较快，故其对硬件的要求，特别是对传感器的精度要求比较高，导致整个系统的硬件造价比较高。

4.模糊逻辑控制法

由于受太阳光照强度的不确定性、光伏阵列温度的变化、光伏阵列输出特性的非线性及负载变化等因素的影响，实现光伏阵列的最大功率输出或最大功率点跟踪时，需要考虑的因素很多。模糊逻辑控制法不需要建立控制对象精确的数学模型，是一种比较简单的智能控制方法，采用模糊逻辑控制法进行MPPT控制，可以获得比较理想的效果。使用模糊逻辑的方法进行MPPT控制，通常需要确定以下几个方面：①确定模糊控制器的输入变量和输出变量；②拟定适合本系统的模糊逻辑控制规则；③确定模糊化和逆模糊化的方法；④选择合理的论域并确定有关参数。

以模糊控制为代表的智能控制技术不需要精确研究光伏电池的具体特性和系统参数，系统控制设计灵活、稳态精度较高、控制系统的鲁棒性强。但模糊控制在光伏系统

MPPT 控制应用中存在动态响应较慢、适应能力有限、特定条件下易振荡等固有问题；模糊控制算法复杂，其模糊推理和解模糊过程需要完成大量浮点运算，因此控制系统的实时性难以满足。

（二）蓄电池充电控制技术

蓄电池是光伏阵列发电系统中一个重要的蓄能中间环节，它担负着光伏电能在用电低峰时存储电能，在光伏电能较低时释放电能的任务，使发电系统能够比较平稳地进行。光伏阵列发电系统中，一般采用铅酸蓄电池，只有充分地应用铅酸蓄电池的充放电特性，对其实施充放电，才能使铅酸蓄电池处于最佳工作状态。

铅酸蓄电池的充电过程主要包括充电程度判断、从放电状态到充电状态的自动转换以及充电各阶段模式的自动转换和停止控制等方面。

充电过程一般分为主充、均充和浮充三个阶段，有时在充电末期以微小充电电流长时间持续地进行涓流充电。主充一般为快速充电，有两阶段充电、变流间歇式充电等模式；以慢充为主充模式的一般采用低充电电流的恒流充电模式。铅酸蓄电池在深度放电或长期浮充条件下，串联中的单体蓄电池的电压和容量都可能出现不平衡现象，而导致这种不平衡现象的充电方式称为均衡充电，简称均充。为保证蓄电池不过充，在蓄电池快速充电至80%～90%的容量后，一般转为浮充，即恒压充电模式，为适应充电后期蓄电池的可充电电流减小，当浮充电压值与蓄电池端电压相等时即自动停止充电。为防止可能出现的蓄电池充电不足，在此之后还可以用微小的充电电流进行涓流充电，使充电比较彻底。

判断充电程度有三种方法：检测蓄电池去极化后的端电压变化、检测蓄电池的实际容量、检测蓄电池的端电压。对于充电各个阶段的自动转换方法有三种：采用定时控制方式、比较充电电流或充电电压是否达到设定值、采用积分电路在线监测蓄电池的容量。控制蓄电池停止充电的方法有四种：蓄电池的定时控制、蓄电池的温度控制、蓄电池端电压负增量控制、蓄电池极化电压控制。

对蓄电池充电控制的实现方法有经典控制与智能控制两大类。

（1）经典充电控制。经典充电控制一般包括充电电流的检测与自动调整、消除极化放电、自动停止充电检测等功能。

（2）智能化充电控制。由于蓄电池的充电过程为非线性，为使充电过程最优，可采用各种智能控制方法，如模糊控制方法、神经元网络控制方法及自适应控制方法等。例如，智能模糊充电器，采用模糊控制方法对充电过程进行控制，可以实现对充电电流的高精度控制，并保证充电各个阶段动作的及时转换。

第五节　储能技术

一、抽水蓄能的应用

抽水蓄能电站利用可以兼具水泵和水轮机两种工作方式的蓄能机组，在电力负荷出现低谷（夜间）时做水泵运行，用基荷火电机组发出的多余电能将下水库的水抽到上水库储存起来，在电力负荷出现高峰（下午及晚间）时做水轮机运行，将水放下来发电。一座抽水蓄能电站具有几个基本组成部分：上水库、地面控制室、出线洞、压力管道、下水库、尾水隧道、尾水调压室、地下厂房、主阀室。抽水蓄能机组可以和常规水电机组安装在一座电站内，这样的电站既有电网调节作用又有径流发电作用，称为常蓄结合或混合式电站。

（一）抽水蓄能电站的分类

1.按建设类型分类

装有常规水轮发电和抽水蓄能两种机组的水电站称为混合式抽水蓄能电站，或称常蓄结合水电站。有的抽水蓄能电站会利用现有水库为上水库或下水库，人工新建另一个水库及引水系统和厂房。就抽水蓄能的功能而言，和径流发电无关，属于纯抽水蓄能电站类型。另一种纯抽水蓄能电站完全依靠人工修造上、下两个水库和引水系统，电站系统内的水体往复循环，只为抵消蒸发和渗漏需要补充少量水源，厂内安装的全是抽水蓄能机组。

2.按调节规律分类

如果抽水蓄能电站在夜间和午间系统负荷低谷时抽水，在上、下午及晚间负荷高峰时发电，每天都按此规律操作，则称为日调节电站。有的电力系统不呈现日循环规律而是周循环规律，在一周的5个工作日内，蓄能机组每天都有一定次数的发电和抽水，但是每天的发电量多于抽水量，故上水库的蓄水量逐天减少，到了周末水库近于放空，因周末工业负荷很少，这两天只抽水不发电。如利用径流式水电站丰水期的季节性电能将水抽到另一个水库中储存起来，到了枯水期再放下来发电，则称为季节调节抽水蓄能电站。在西欧一些国家，早年发展抽水蓄能电站就是从季节性蓄水开始的。

3.按利用水头分类

混合式蓄能电站受天然落差的限制，水头一般不超过150～200m，例如，我国在常规水电站增装蓄能机组的岗南、密云、潘家口、响洪甸等，都是水头100m以下的电站。

纯蓄能电站则趋向于使用高水头，因为在容量和蓄能量方面电站的造价随水头增加而逐渐降低。我国的高水头蓄能电站，如广州、十三陵、天荒坪等利用的水头已达到400～600m或者更高，国外使用单级水泵水轮机的蓄能电站已用到700m以上，使用多级水泵水轮机的蓄能电站已用到水头1300m。

（二）抽水蓄能电站的组成部分

抽水蓄能电站包括四个组成部分。

1.上下水库

混合式蓄能电站的上水库一般为已建成的水库，下水库可能是下一级电站的水库，或为用堤坝修建起来的新水库。纯抽水蓄能电站大多数是利用现有水库为下水库，而在高地或山间筑坝建成上水库。人工修筑的水库，其容量除应满足全天发电所需的水量外，另有一定的备用库容，以抵消蒸发和渗漏。据估计，大型蓄能电站每年损耗水量为100万～200万立方米，上水库的修筑工作量是巨大的，所形成的库容十分宝贵，库底及边壁都应有防渗保护，国内外广泛使用沥青混凝土全面铺盖，也有用混凝土板防护的，对上水库原来有水源的也应视具体情况决定是否采取防护措施。

2.引水系统（高压部分）

和常规水电站一样，蓄能电站引水系统的高压部分包括上库的进水口、引水隧洞、压力管道和调压室。上水库的进水口在发电时是进水口，但在抽水时是出水口，故称为进出水口。为满足双向水流的要求，进出水口应按两种工况的最不利条件设计。常规水电站在进出口都装有拦污栅。在蓄能电站中因水泵工况的出水十分湍急，对拦污栅施加了很大的推力和震动力，所以拦污栅是进出水口设计的重要项目。蓄能电站引水隧道上的分岔管在发电工况时是分流的，在抽水工况则是合流的，为使两个方向水流的损失都能最小，需要进行专门的试验研究。

3.引水系统（低压部分）

地下电站的尾水部分（低压部分）是有压的，通常也做成圆断面的隧洞。设计中要特别注意过渡过程中可能出现的负压，如现在趋向于将厂房向上游移动，也就是尾水隧洞将会更长，产生负压的可能性也就更大。

4.电站厂房

中低水头抽水蓄能电站分为坝后式和引水式，都可以使用地面厂房。水轮机工况的排水和水泵工况的吸水都直接连通到尾水渠。由于水泵的空化性能比水轮机要差，所以机组中心必须安放在比常规水轮机更低的高程，高水头蓄能电站一般都采用地下厂房，不少中低水头的蓄能电站也是用地下厂房。现在高水头蓄能电站机组中心已达尾水面以下

70～80m，厂房内所有管道都要承受很大的压力，厂房本身的防渗漏问题也需特别设计。多数地下电站都将变压器安装在地下，故需要专门开挖一个洞室放置变压器。例如，电站需要修建尾水调压井，则常常将几台机组的尾水闸门连通，形成第三洞室。

（三）抽水蓄能电站在电力系统中的作用

1.抽水蓄能机组对改善电网运行的作用

（1）抽水蓄能机组属于水电机组，启动快速，使用负荷范围广，在电力系统中能很好地替代火电机组担任调峰。

（2）作为水电机组，抽水蓄能机组有很强的负荷跟随能力，在电网中可起调频作用。

（3）抽水蓄能机组的利用时数不高，随时可以作为系统的备用机组。同时可以作为旋转备用，也就是在并列状况下在发电方向空转，必要时能快速地带上负荷，可以在很短的时间内转换为发电，其短时间的调节能力为装机容量的2倍。

2.抽水系统在能源利用上的作用

（1）降低电力系统燃料消耗。电力系统中的大型高温高压热力机组，包括燃煤机组和核燃料机组，均不适合于在低负荷下工作。由于电网调节需要而强迫降低负荷后，燃料消耗、核电厂用电都将增加，机组的磨损也将加速。在采用了抽水蓄能机组与燃煤机组及核电机组配合运行后，这些热力机组都得以在额定或较高出力下稳定运行，实现了较高的运行效率。

（2）改变能源结构。抽水蓄能机组所代替的热力机组中有一部分是燃油的蒸汽机组或燃气轮机组。抽水蓄能的动力来自燃煤，使用抽水蓄能以后就起到了以煤代油的作用，对改变燃料结构具有重要意义。

（3）提高火电设备的利用率。用燃煤机组调峰时要经常改变运行方式或频繁开停机，因而会导致机器磨损并经常发生事故。抽水蓄能机组可以替代这些热力机组的调峰任务，使这些机组可以担负更为稳定的负荷，设备的利用率因而得以提高，使用寿命延长。

（4）降低运行消耗。抽水蓄能机组是水力机组，厂用电消耗比常规水电站多些，但只有装机容量的2%～3%，而热力机组的厂用电一般在7%～8%。采用抽水蓄能机组后可以有效地降低运行消耗和辅助设备的投资。

3.抽水蓄能电站在提高水电效益方面的作用

（1）缓解发电与灌溉的用水矛盾。在缺水地区水库的运用一般是以保证灌溉用水为原则，水库上虽建有水电站，却不能按电力系统的要求来发电。在灌溉季节水电站需要连续发电，实际成为基荷电站。在非灌溉季节因水量不足而不能发电，根本起不到水电机组应有的调峰作用。在这样的水电站中如果装设抽水蓄能机组，则可以每天把顶尖峰放下来的水抽回去，往复循环，从而避免发电与灌溉争水，使水电机组得以发挥其调峰作用。而且装设了抽水蓄能机组后，其他常规水电机组可以多发电，因而提高了全厂的调峰能力。

（2）调节长距离输送的电力。将西部丰富的水力资源输送到东部沿海地区（西电东送）是我国电力建设的一个特点，今后将有很大发展。长距离输电的设备投资很高，因而要连续满容量输送，实际上大部分输送的是基荷电力。然而，受电地区的负荷每日要随时间早晚而变化，还需要在适当地点有一个调节环节。装设抽水蓄能电站是缓和电网与长距离输电矛盾的重要手段。

二、超导储电技术的应用

超导技术的进步为电能储藏开辟了一条新的技术途径。超导储能装置具有储能密度大、效率高、响应快的优点，而且也可以小型化、分散储能的形式应用，正在受到人们越来越多的关注。超导储能技术有超导磁储能和磁悬浮飞轮储能两种，前者将电能以磁场的形式储藏，后者将电能以机械能的形式储藏。

（一）超导磁储能技术

1.超导线圈储能的可行性

如果上述线圈没有电阻，那么电流可以达到很大的数量级，从而大大提高储电磁能的能力。随着在10T以上的磁场下仍然可以承载很高超导电流密度的超导材料的发展，使得利用超导线圈来储存更大的电磁能成为可能。随着供电系统的大容量化，一旦发生送电事故，超导线圈储能可作为能量“分洪”的装置。

根据上述原理，如果能建造能量密度在10^2kW/m^{2}以上的大容量超导线圈储能装置的话，在动力供能，消除供能地区差异、时序差异，减少能源浪费等方面都将拥有美好的前景。这种方式的电能是由一个超导磁环中的环流储存的，没有能量转换成其他形式（如机械、化学能）。因为使用了超导体线圈，电流在其中的流动几乎无损耗，能耗仅为保持超导冷却和少许辅助机械作用，所以其返回效率高达90%以上。超导磁储能还有以下四个优点。

（1）储能密度高，可以缩小储能设备的体积，不大受安装场地的限制，可以建造在任何地方。目前的超导材料可以获得10^7J/m^{2}以上的储能密度，随着强磁场超导材料的发展，还可以获得10^8J/m^{2}或更高的储能密度。

（2）可以节省送变电设备和减少送变电损耗。

（3）可以快速启动和停止，即可以瞬时储电和放电，从而也可以缩短停电事故的修复时间。

（4）因为在系统输入、输出端使用交流变换装置，短路容量的稳定度较高。唯一的限制是连接磁环与电网的固态元件的开关时间。超导磁储能做到在约10ms（或6个周波）内对电网暂态响应并达到全功率，超导磁储能既不像抽水蓄能和压缩空气储能那样容易受到地理条件的约束，也不像蓄电池储能那样宜于分散建设，积少成多，它可以根据实际需要在较大容量范围内设计制作，缺点是单元组件的最大储存电能没有抽水蓄能那样大，不能用作季节的负荷调节。

2.超导磁储能系统的组成及研究现状

（1）超导线圈。置于真空绝热冷却容器中的超导线圈，是整个超导磁储能系统的核心部件。超导线圈排列在圆周上的圆环形线圈。圆筒形结构比环形简单，适用于大型超导磁储能，但缺点是易产生漏磁场；环形线圈可以最大限度地减少螺旋管外的磁场，并可减少占地面积，尤其是环形多级结构是目前较为理想的线圈结构，特别适用于中小规模的超导磁储能。超导磁储能所用超导线圈中的电流很大，特别是调整负荷所用的大中型超导磁储能的额定电流要达到100kA以上，所以为保证超导稳定性及克服由于电流增大而产生的高电压，线圈耐压强度的提高是一项关键技术。此外，用于平衡负荷的超导磁储能的效率也很重要，为减少外部热量侵入冷却器，开发热系数低的电流导线也是一个重要的开发课题。

（2）深冷和真空泵系统。深冷系统维持超导磁储能线圈运行时所需要的是极低温状态，而真空低温容器的功能则是减少外部环境向深冷线圈内的热传导。

（3）超导线圈猝熄检测器。用于快速检测超导线由于失超而产生的“猝熄”，它与保护电阻一起作为保护系统，使储存于线圈内的能量安全释放。要降低超导磁储能超导线圈中的交流损失，必须将稳定性好的导体截面积降到最低限度，因此在发生猝熄时，要求能在短时间内准确检测出猝熄故障，在升温不致烧坏线圈之前迅速排除故障，因此需要有能从背景噪声中识别短路信号的高灵敏度检测器。

（4）电力调节系统（PCS）。PCS为超导磁储能与公用电网或其他用户之间提供了接口。在电网低负荷时，将多余的电力转换成直流电储存于超导磁储能中；而当在电网负荷高峰时，又将超导磁储能的直流电转换成交流电补充到电网中。另外，PCS也可调节电力系统的功率因数。

（5）永久电流开关。使超导线圈两端短路，以长期高效地储能。要提高超导储能系统中永久电流开关的效率，必须尽量减少储能损失，因而必须将开关闭合时的电阻减到最小。

（二）超导磁悬浮飞轮储能技术

在超导储能装置中，超导磁悬浮飞轮储能较磁储能起步晚，是在高质量、高温超导块材技术基本形成后才发展起来的，与超导磁储能装置相比较，超导磁悬浮飞轮储能密度更高、泄漏磁场较小。而且，超导储能的效率、单位容量成本与储存能量大小密切相关，储存能量太小则经济效益较差。在这方面，超导磁悬浮飞轮的储能效率、单位容量成本与储能容量的相关性较小，从而更容易实现小型化。

磁悬浮永久磁体承载储能装置中，飞轮用具有高抗张力强度的材料制成。电机以电动机的方式运行，带动处于磁悬浮状态的飞轮旋转，将电能转换成动能储藏起来；反过来，当电机以发电机的方式运行时，飞轮所储藏的动能将转换为电能。稳定飞轮轴向的轴承也可以使用磁性轴承。磁悬浮间隙的大小可以通过间隙调节电动机。调节磁悬浮间隙也可以改变磁悬浮力的大小。为了减小高速旋转飞轮上的风损，飞轮和磁悬浮轴承一般放置在真空环境中。真空环境也是维持超导体低温环境所必需的绝热手段，也有将飞轮直接置于空气中的试验样机。

随着超导磁悬浮飞轮储藏能量的减少，飞轮的转速逐步下降，因而它与电力系统的连接还存在变频问题。这既可以采用电力电子变频技术，也可以采用交流励磁可变速发电机技术。通过对发电机的控制，既可以使超导磁悬浮飞轮储能输出有功功率，也可以使之输出无功功率。因此，和超导磁储能系统一样，飞轮储能也具有调节电力系统有功功率和无功功率的能力。

三、电容器储能技术的应用

在脉冲功率设备中，作为储能元件的电容器在整个设备中占有很大的比重，是极为重要的关键部件，广泛应用于脉冲电源、医疗器材、电磁武器、粒子加速器及环保等领域。我国现有的大功率脉冲电源中采用的电容器基本上是按电力电容器的生产模式制造的箔式结构的电容器，其存在储能密度低、发生故障后易爆炸的缺陷。脉冲功率电源中所用电容器的储能密度一般为100～200J/L，少数达到500J/L。国际上所用脉冲电容器的储能密度水平在500～1000J/L，形成商品的电容器的储能密度约为500J/L。提高电容器的储能密度，将有效地减小大功率脉冲电源的体积。

（一）箔式结构脉冲电容器

现有的箔式结构脉冲电容器普遍采用纸膜负荷的介质结构。这种电容器主要利用纸盒聚酯膜的高介电常数及纸良好的浸渍性能。但纸的物理结构疏松，导致这种复合介质的击穿强度较低。因此，从现有水平来看，提高这种电容器的储能密度是很困难的。从提高介质的工作场强度出发，高储能密度电容器的介质材料应选择击穿强度较高的聚合物膜，而不是纸膜复合材料。

（二）自愈式高能储能密度电容器

金属化蒸镀技术在20世纪70年代应用于储能电容器。金属化膜电容器的电极是由蒸镀到有机薄膜上的很薄的一层金属组成的，其厚度仅20～100mm。膜在生产过程中存在缺陷或杂质，该处电流强度低于周围，称其为电弱点。随着外施电压的升高，电弱点处的薄膜先被击穿形成放电通道，放电电流引起局部高温，击穿点处的极薄金属层受热迅速蒸发、向外扩散并使绝缘恢复，因局部的击穿而不影响整个电容器，故称该过程为“自愈”。

金属化膜电容器有效地防止了单个电弱点引起的电容器失效，使用寿命大为延长，电极体积/质量的减小也大幅提高了储能密度。但薄电极结构和端部喷金的连接形式限制了通流能力，故不能应用于大电流、陡脉冲放电领域。加厚电极边缘及改进端部喷金可提高端部通流能力。

四、压缩空气储电技术的应用

（一）压缩空气储电技术的简介

压缩空气储能技术的概念是在20世纪50年代被提出来，它像蓄电池、抽水蓄能电站等技术一样，在电力供应方面作电力削峰填谷的工具。

压缩空气储能系统由两个独立的部分组成，即充气（压缩）循环和排气（膨胀）循环。压缩时，电动机/发电机作为电动机工作，使用相对较便宜的低谷电驱动压缩机，将高压空气压入地下储气室，这时膨胀机处于脱开状态。用电高峰时，合上膨胀端的联轴器，电动机/发电机作为发电机发电，这时从储气室出来的空气先经过热气预热（是用膨胀机排气作为加热起源），然后在燃烧室内进一步加热后进入膨胀系统。

（二）利用压缩空气储存电能的原理

压缩空气储存发电是这样一种技术：利用夜间多余的电力制造压缩空气，使之储存在地下空洞里，白天通过压缩空气使燃料燃烧，进而让燃气轮机发电。用一般的燃气轮机发电时，压缩机的动力占汽轮机动力输出的1/2～2/3，因此，发电机的额定输出比汽轮机的额定输出小，但在这种方式中，能使发电机的额定输出接近汽轮机的额定输出。燃气轮机发电启动时间短，只有几分钟，即便是压缩储存方法，也能充分发挥这一特点。如能充分利用空气压缩时产生的热能和膨胀时产生的冷、热能量，那么储存压缩空气的系统就变成了能同时提供冷热能和电能的发电供热联合循环系统。

五、蓄电池蓄能技术的应用

储能蓄电池主要是指用于太阳能发电设备和风力发电设备以及可再生能源储蓄能源

用的蓄电池，它能稳定系统中电压等的短时间波动，并在系统没有后备发电机组的情况下提供若干天的电力供应。蓄电池储能单元是影响可再生能源发电系统运行成本的最敏感因素之一，根据对风能、太阳能和风光互补发电系统的成本分析，蓄电池的投资占系统总投资的15%～20%。在正常情况下，主发电设备（风力发电机、太阳能电池等）平均使用寿命都在15年以上，甚至更长，达20年以上，但铅酸蓄电池的平均寿命为5年左右，也就是说，在可再生能源发电系统的运行寿命期内，除初投资中的蓄电池组外，还要更换两次。如此高的投资和折旧费用，使蓄电池对发电系统的运行成本影响很大。而蓄电池又是系统中最为薄弱的环节，而蓄电池的选型、使用和维护也十分重要，使用、维护不当会极大地缩短蓄电池的使用寿命。

在独立运行的新能源发电系统中，广泛使用蓄电池作为蓄能装置。以风力发电为例，蓄电池的作用是当风力较强或用电负荷减小时，可以将来自风力发电机发出的电能中的一部分储存在蓄电池中，也就是向蓄电池充电；当风力较弱、无风或用电负荷增大时，储存在蓄电池中的电能向负荷供电，以补足风力发电机所发电能的不足，起到维持向负荷持续稳定供电的作用。风力发电系统中常用的蓄电池有铅酸蓄电池（亦称铅蓄电池）和镍镉电池（亦称碱性蓄电池）。

（一）常用蓄电池介绍

1.铅酸蓄电池

铅酸蓄电池是最常用的蓄电池，单个铅酸蓄电池的电动势约为2V，单个碱性蓄电池的电动势约为1.2V，将多个单个蓄电池串联组成蓄电池组，可获得不同的蓄电池组电势，如12V、23V、36V等。当外电路闭合时，蓄电池正负两极间的电位差即为蓄电池的端电压（亦称电压），蓄电池的端电压在充电和放电过程中，电压不相同的，充电时蓄电池的电压高于其电动势，放电时蓄电池的电压低于其电动势，这是蓄电池有内阻的缘故，且蓄电池的内阻随温度变化比较明显。在可再生能源发电系统中，常用的铅酸蓄电池有AGM阀控电池、启动型富液式蓄电池、开口式富液蓄电池、胶体式阀控电池。

2.镉镍蓄电池

镉镍（Cd–Ni）充电电池，正极为氧化镍，负极为海绵状金属镉，电解液多为氢氧化钾、氢氧化钠等碱性水溶液。小型密封镉镍电池的结构紧凑、坚固，耐冲击、振动，成品电池自放电小，在使用上适合大电流放电，适用温度范围广，一般在–40℃～60℃。它的特点是循环寿命长，理论上有2000～4000次的循环寿命。常见外形有方形、扣式和圆柱形，其有开口、密封盒、全密封三种结构。按极板制造方式又分为有极板盒式、烧结式、压成式和拉浆式。镉镍蓄电池具有放电倍率高、低温性能好、循环寿命长等特点。

3.金属氢化物镍蓄电池

金属氢化物镍蓄电池是新开发出来的产品，负极为吸氢稀土合金，正极为氧化镍，电解液为氢氧化钾、氢氧化锂水溶液，比能量是镉镍蓄电池的1.5～2倍，具有可快速充电、优良的高倍率放电性能和低温放电性能、价格便宜、无污染的优点，被称为绿色环保电池。

（二）其他新型电池

由于一方面生产蓄电池的材料，如铅和酸，在废弃后会造成环境污染；另一方面，市场对大容量、高效率、深充深放蓄电池的需求，促进了许多新型蓄电池的发展。

1.硅能蓄电池

硅能蓄电池采用液态低钢硅盐化成液替代硫酸液作电解质，生产过程不会产生腐蚀性气体，实现了制造过程、使用过程以及废弃物均无污染，从根本上解决了传统铅酸蓄电池的主要缺点。该电池比能量特性、大电流放电特性、快速充电特性、低温特性、使用寿命及环保性能等各项性能，均大大优于目前国内外普遍使用的铅酸蓄电池。同时还克服了铅酸蓄电池不能大电流充放电等缺点，其大电流放电和耐低温优点突出。与其他多种改良的铅酸蓄电池比较，硅能蓄电池电解质改型带来的产品性能进步明显，它掀起了电解质环保和制造业环保的热潮，是蓄电池技术的标志性进步之一。

2.燃料电池

燃料电池的一般结构为，燃料电池的反应为氧化还原反应，电极的作用一方面是传递电子，形成电流；另一方面是在电极表面发生多相催化反应。反应不涉及电极材料本身，这点与一般化学电池中电极材料参与化学反应有很大区别。

第三章　风电场电气系统

第一节　风电场电气主接线

一、风电场电气部分的构成

风电场的电气部分由电气一次部分和电气二次部分共同组成。

根据在电能生产过程中的整体功能，风电场电气一次系统可以分为四个主要部分。

（1）风电机组：含电力电子变流器、机组升压变压器部分。

（2）集电系统：将风电机组输出电能（升压后）按组汇集起来，通过电缆线路输送给升压站。

（3）升压站：主变压器将集电系统汇集的电能再次升高送入电力系统。

（4）厂用电系统：包括生产用电（运行及检修维护）、生活用电等部分。目前，风电场的主流风力发电机的输出电压为690V，经过机组升压变压器将电压升高到10kV或35kV输送给升压站，升压达到110kV或220kV后送入电力系统。

二、风电场电气主接线

在风电场及其升压站中，各种电气设备必须被合理地组织连接以实现电能的汇集和分配，根据这一要求组织各种电气设备，并按照一定方式由导体连接而成的电路被称为电气主接线。风电场电气一次设备的连接由母线和开关电器实现，母线和开关电器采用不同的组织连接方式，构成了不同的主接线形式，主接线形式可以分为有汇流母线和无汇流母线两大类，有汇流母线的接线形式包括：单母线、单母线分段、双母线、双母线分段、带旁路母线等。

（一）风电机组的电气接线

风电场风电机组的接线大都采用单元接线，一般情况下，多采用一机一变，即一台风电机组配备一台变压器。

（二）集电环节及其接线

风电场集电系统将风电机组生产的电能按组汇集起来，一般将每组3～8台风电机组的集电变压器集中放在一个箱式变电所中，每组的多台风电机组输出，可在箱式变电所中各集电变压器的高压侧由电力电缆直接并联，风电场集电环节的接线多采用单母线分段接线。

（三）风电场场用电接线

风电场的场用电主要包括生产用电和生活用电两类，生产用电主要用于维持风电场的正常运行及安排检修维护等，生活用电是风电场运行维护人员在风电场内的生活所需用电等，风电场的场用电电压等级一般为400V。

（四）升压站的主接线

风电场升压站的主变压器将集电系统汇集的电能电压再次升高，大型风电场一般可将电压升高到110kV或220kV，甚至500kV后接入电力系统。风电场升压站的主接线多为单母线或单母线分段接线，这主要取决于风电机组的分组数目。对于规模很大的特大型风电场，还可以考虑双母线等接线形式。

（五）风电场电气主接线示例

风电场电气主接线图包含集中布置的升压站、风电机组和机电系统。由于风机组数及其台数较多，因此常在绘制集电系统时采用简化图形，即以发电机表示风电机组，再对风电机组进行单独的详细描述。

第二节　风电场的主要一次设备

一、变压器

（一）变压器的基本原理

变压器是利用电磁感应原理实现由一个电压等级的交流电变换到另一个电压等级交流电的电气设备。变压器的核心部件是铁芯和绕组，铁芯用于提供磁路，缠绕于铁芯上的绕组构成电路，与电源相连的一侧为一次绕组，与负荷相连的一侧为二次绕组。一次绕组和二次绕组一般没有电气上的连接，而是通过铁芯中的磁场建立联系。将每台变压器可以长期流过的最大功率，规定为它自身的额定容量，以kVA来标定。

（二）变压器的结构

大多数电力变压器均为油浸式变压器，即以油作为绝缘和冷却介质，所用的油一般为矿物油。油浸式变压器由其核心部件（实现电磁转换的铁芯和绕组）、调整电压变比的分接头、分接开关、油箱及辅助设备构成。

（三）风电场中的变压器

大型风电场中常采用二级或三级升压的结构，风电场中的变压器主要有三种：集电变压器、主变压器和场用变压器。

（1）集电变压器是指风机出口的变压器，一般归属于风电机组，需要将电能汇集后送给升压站，在风电机组出口装设满足其输送容量的变压器将690V电压提升至10kV或35kV，在汇集后送至风电场中心位置的升压站。

（2）主变压器是指升压站中的升压变压器，其功能是将风电场的电能经过升压站中的升压变压器变换为110kV或220kV后送给电力系统。如果风电场装机容量更大，达到几百万千瓦的规模，可能还要进一步升压到500kV或更高，才能送入电力主干网。

（3）场用变压器用于满足风电场和升压站自身用电的需求。

二、开关设备

在电力系统生产运行中，电气设备的相互联系及运行方式的转换，由开关电器的分合来实现，开关电器的分合实现了电路的有选择接通和断开。

常用的开关电器有断路器、隔离开关、熔断器等，它们的功能各不相同。

（一）电弧的基本知识

用开关电器断开电源电压大于10 ~ 20V、电流大于80 ~ 100mA的电路时，动静触头分离瞬间，触头间通常会出现电弧。电弧是导电体，只有电弧熄灭才能实现电路的开断，电弧的产生可能导致烧坏开关触头，在误拉隔离开关时还会造成相间短路和人身伤亡事故。

1.电弧的影响

电弧对于开关电器以及整个系统的安全运行都具有重要影响，这主要是因为以下几点。

（1）电弧是强功率放电，温度很高、能量很大，在电弧区的任何固体、液体或气体在电弧作用下都会产生强烈的物理及化学变化。

（2）电弧是一种自持放电，很低的电压就能维持相当长的电弧稳定燃烧。

（3）电弧是等离子体，质量很轻，在外力的作用下极容易变形。

（4）电弧是一种离子通道（载流通道），只有触头间的电弧熄灭后，电流才真正切断。

2.交流电弧的灭弧方法

（1）提高触头的分闸进度，迅速拉长电弧，电场强度下降，使电弧冷却与扩散。

（2）采用多断口灭弧，行程缩短、灭弧时间减少、提高灭弧能力。

（3）吹弧，可以采用加强冷却和扩散的方法灭弧，包括横吹和纵吹两种，横吹将电弧吹弯吹长，纵吹将电弧吹细。

（4）磁吹，利用电磁力驱动和拉长电弧至固体介质灭弧罩或金属栅灭弧罩中灭弧。

（5）高压气体介质灭弧，采用优质灭弧介质迅速拉长电弧，有利于迅速减小弧柱中的电位梯度，增加电弧与周围介质的接触面积，起到加强冷却和扩散的作用。

（6）真空灭弧，通过真空优良的绝缘性能迅速熄弧并抑制电流。

（二）断路器

断路器是电力系统中不可缺少的主要控制、保护设备，是电力系统中最重要的开关电器。在正常运行时，断路器可接通或断开有负荷电流的电路。在电气设备出现故障时，断路器能够在继电保护装置的控制下自动切断短路电流。为了可以熄灭电路分合时所产生的电弧，断路器都装有灭弧装置。

常用断路器的类型有油断路器、真空断路器和SF_6断路器等。

1.油断路器

油断路器的触头浸在油中，以具有绝缘能力的矿物油作为灭弧介质，触头分合时的电弧能量使四周的油蒸发和分解，在电弧周围形成气泡；气泡体积受油箱壁限制，压力较高，使电流过零后电弧弧隙介质强度很快恢复，熄灭电弧。

油断路器分为多油断路器和少油断路器。

（1）多油断路器中的油除作为灭弧介质外，还作为触头断开后间隙的绝缘介质和带电部分与接地外壳间的绝缘介质。

（2）少油断路器中的油只作为灭弧介质和触头断开后间隙的绝缘介质，不作为对地绝缘，其带电部分对接地之间采用固体绝缘（如瓷绝缘）。

多油断路器内部带有电流互感器，配套性强，在户外使用时，不易受大气条件的影响；缺点是油量多，钢材消耗也多，油量太多不仅给检修断路器带来困难，而且增加了爆炸和火灾的危险性。

少油断路器为积木式结构，可制成各种电压等级产品。一般高电压等级的少油断路器的结构细而高、稳定性较差，不宜在已发生强烈地震的地区使用。

2.真空断路器

真空断路器利用真空作为触头间的绝缘与灭弧介质，真空间隙内的气体稀薄，为$1.33\times10^{-5}\sim1.33\times10^{-2}$Pa，分子的自由行程大，发生碰撞的概率很小，碰撞游离不是真空间隙击穿产生电弧的主要因素。真空断路器中的电弧和气体电弧有明显的不同，真空中的电弧是由触头间电极蒸汽形成的，具有很强的扩散作用，因而使电弧电流过零后触头间隙的介质强度能很快恢复，使电弧迅速熄灭。

真空断路器的结构与其他断路器大致相同，主要由操动机构、支撑用的绝缘子和真空灭弧室组成。真空灭弧室的外壳由玻璃或陶瓷制成，真空灭弧室的密封问题特别重要，动触头运动时的密封依靠波纹管，动、静触头的外周装有屏蔽罩，防止断开失败，造成事故。真空灭弧室的工作状态与外界大气条件无关，不会在开断短路电流时产生喷油、排气，给外界带来污染，且无须检修；开断过程中不会产生很高的压力，爆炸危险性小；开断短路电流时也没有很大的噪声。真空断路器的机械寿命和电气寿命都很长。通常机械寿命和开合负载电流的寿命都可达到一万次以上。

3.SF_6断路器

SF_6气体是一种化学性能非常稳定的惰性气体，在常态下无色、无味、无毒、不燃、不老化、易液化，具有良好的绝缘性能和灭弧性能，呈很强的电负性，对电子有亲和力，具有捕获电子的能力，形成活动性较低的负离子，易于与正离子复合，使电流过零时去游离过程大大加快，是个典型的三体复合材料。加之热容量大等因素，它的灭弧性能相当于同等条件下空气的100倍，在3个标准大气压下，其绝缘性能相当于变压器油，在1个标准大气压时，其绝缘性能超过空气的2倍。SF_6断路器的断路性能好、断路电流大、灭弧时间短，不存在燃烧、爆炸的不安全问题，使用可靠，广泛用于35kV及以上的电压等级中。

在高温作用下，少量的SF_6气体会分解成SOF_2、SO_2F_2、SF_4、SOF_4，但在电弧过零后，它们又会结合成SF_6。SF_6断路器可允许动作多次而无须检修，故SF_6断路器的使用寿命长、检修周期长，一般至少在20年以上，检修工作量小。

SF_6断路器断口耐压高，断口数和绝缘支柱数少，零部件也少，结构简单。故SF_6断路器占地面积少、外形尺寸小。SF_6断路器按照灭弧方式的不同，可分为压气式、自能自吹式、双压式、旋弧式等类型，下面简单介绍前两种。

（1）压气式SF_6断路器：①正常状态下，所有触头都是闭合的，电流通过主触头和压气缸从上载流部分向下载流部分传导。②在断开过程中，主管道的活动部分、形成电弧的静触头、压气缸和喷嘴都被拉向断开状态。③在闭合过程中，充气阀会打开，使得SF_6气体能注入吹气室。

（2）自能自吹式SF_6断路器：①当形成电弧触点分离后，由于温度的升高及吹气柱体和静活塞之间的气体被压缩，自能压气室和自吹压气室内的压力不断升高，直到气压足够将自动吹气阀推向闭合位置。当电流波形过零时，电弧变得相对微弱。被压缩的SF_6气体通过喷嘴从自能压气室注入，从而熄灭电弧。②在断开过程中，自能压气式断路器在大电流的操作下和压气式断路器以同样的方式开始。③在闭合过程中，充气阀会打开，使得气体能被充入压气室和自能压气室。

（三）隔离开关

隔离开关在电力生产中常被称为刀闸，是最常见的高压开关。隔离开关与断路器最根本的区别在于：它没有专用的灭弧装置、结构简单，因而不能用来分合大电流电路。当电气设备需要检修的时候，由断路器断开电路，安装在断路器和电气设备之间的隔离开关被拉开，在电气设备和断路器之间形成明显的电压断开点，从而保证了检修过程的安全。此外，隔离开关常用来进行电力系统运行方式改变时的倒闸操作。例如，发电厂或变电所中常见的倒母操作和旁路带线路的倒闸操作。

1.隔离开关也可接通或切断某些小电流电路

下列各种情况是隔离开关可接通或切断的某些下电流电路。

（1）电压互感器和避雷器电路。

（2）空载母线。

（3）励磁电流不超过2A的空载变压器。

（4）电容电流不超过5A的空载线路。

2.隔离开关的基本要求

（1）隔离开关分开后应具有明显的断开点，易于鉴别设备是否与电网隔开。

（2）隔离开关断开点之间应有足够的绝缘距离，以保证在过电压及相间闪络的情况下，不致引起击穿而危及工作人员的安全。

（3）隔离开关应具有足够的热稳定、动稳定、机械强度、绝缘强度。

（4）隔离开关在跳、合闸时的同期性要好，要有最佳的跳合闸速度，以尽可能地降低操作时的过电压。

（5）隔离开关应结构简单，动作可靠。

（6）带有接地刀闸的隔离开关必须装设连锁机构，以保证隔离开关的正确操作。

3.隔离开关的分类

（1）按装设地点分：户内式和户外式。

（2）按绝缘支柱分：单柱式、双柱式和三柱式。

（3）按动触头运动方式分：水平旋转式、垂直旋转式、摆动式和插入式。

（4）按有无接地刀闸分：无接地刀闸、一侧有接地刀闸、两侧有接地刀闸。

（5）按操动机构分：手动式、电动式、气动式、液动式。

（6）按极数分：单极、双极、三极。

（四）熔断器

当电路中出现故障电流的时候，由于熔体熔点较低，故将熔化断开电路，从而实现故障时对电路的保护。熔断器分为低压熔断器和高压熔断器。高压熔断器的形式一般分为户内式和户外式。用于户内或户外的又有不同的型号，若按是否有限流作用又可分为限流式和非限流式，限流式高压熔断器是在短路电流没有达到最大值之前就熔断。

三、互感器

在风电场和电力系统运行过程中，需要监视其运行状态。对电气一次系统运行状态的最直接反映就是电流和电压。互感器是对电压或电流起变换作用的传感器，它将一次系统的高电压、大电流按照比例变成标准的低电压或小电流提供给二次系统中的测量设备和继电保护装置使用，二次系统采用功耗小、精度高的标准化、小型化的组件和设备。互感器分为电流互感器和电压互感器，电流互感器串联于一次系统的电路中，将大电流变为小电流；电压互感器并联于一次系统的电路中，将高电压变换为低电压。

（一）电流互感器

1.电流互感器的原理性结构

电流互感器的基本组成包括铁芯、一次绕组、二次绕组。由于是大电流变小电流，所以次绕组的匝数很少，导体的截面形状可以制成圆形、管形、槽形。电流互感器二次侧采用圆截面的铜漆包线，缠绕于铁芯之上。对于110kV及以上的电流互感器，其一次绕组分为两段或四段，以实现电流互感器变比的调整。互感器的结构符合减极性原则：当互感器的一次绕组和二次绕组同时由同名端（极性侧）注入电流的时候，所产生的磁通在铁芯中相互叠加。因此，当一次绕组的极性侧输入电流时，二次绕组的同名端会输出电流。

2.电流互感器的运行

电流互感器的二次回路不允许开路，必须接有负荷或直接短路，二次开路会产生下述不良后果。

（1）出现的高电压将危及人身及设备安全。

（2）铁芯高度饱和将在铁芯中产生较大的剩磁。

（3）长时间作用可能造成铁芯过热。

因此，电流互感器在使用中必须与二次负荷可靠连接。

（二）电压互感器

电压互感器与变压器相似，是用来变换线路上电压的。变压器变换电压的主要目的是传输电能，容量一般都较大。电压互感器变换电压的主要目的是给测量仪表和继电保护装置供电，用于测量线路的电压、功率或电能等，或者在线路发生故障时用于保护线路中的贵重设备、电机和变压器。电压互感器的容量较小，一般只有几伏安或者几十伏安。

1.电压互感器的作用

（1）电气量的变化：将一次侧的高电压变为二次侧的标准化低电压，实现设备生产的小型化、标准化、系列化。

（2）使二次与高压可靠隔离，保证工作人员的安全。

（3）使二次脱离一次成为独立系统。

2.电压互感器的结构原理

电压互感器的基本结构与变压器相似，一次绕组和二次绕组装在或绕在铁芯上，两个绕组间及绕组与铁芯间都有电的隔离。电压互感器在运行时，一次绕组并联在线路上，二次绕组并联仪表或继电器。测量线路上的较高电压接在一次绕组的同名端和异名端之间，通过电磁感应在二次绕组的同名端和异名端之间感应出相同极性的电压。故尽管一次电压较高，但二次却是低压的，可以确保操作人员和仪表的安全。

3.电压互感器的运行

（1）一次绕组：匝数多，并联在主电路中。

（2）二次绕组：匝数少，与仪表和继电器电流线圈（阻抗很大，接近开路状态）并联。

（3）二次绕组必须可靠接地：避免一、二次绕组绝缘击穿的保护接地。

（4）运行中的电压互感器二次侧不允许短路运行（应装设熔断器）。

第三节　风电场电气二次系统

一、电气二次系统

由电气二次设备（如熔断器、控制开关、继电器、控制电缆等）相互连接，构成对电气一次设备进行监测、控制、调节和保护的电气回路，称为电气二次回路或电气二次系统。根据所实现的功能，电气二次回路可分为：保护回路、控制回路、测量和监视回路、信号回路以及为其提供电源的直流电源系统。

（一）继电保护回路

继电保护回路用于实现对一次设备和电力系统的保护作用。它引入互感器和TV采集的电流和电压并进行分析，最终通过跳闸或合闸继电器的触点将相关的跳闸/合闸逻辑传递给对应的断路器控制回路。

（二）控制回路

控制回路的控制对象主要是断路器、隔离开关。控制回路不仅要求可以对被控对象进行人工操作，还可以引入继电器等设备的触点实现自动控制。对于断路器和隔离开关的控制可以采用远方控制或就地控制方式。在控制回路中要有直流电源，这是因为控制回路中设备的运行需要电能，控制回路功能的实现还依赖于可以传递逻辑的电信号。

（三）测量回路

测量回路是由各种测量仪表及其相关回路组成的，其作用是指示和记录一次设备的运行参数，以便运行人员掌握一次设备的运行情况。测量回路是分析电能质量、计算经济指标、了解系统潮流和主设备运行工况的主要依据。测量回路分为电流测量回路和电压测量回路。

（四）信号系统

信号系统的作用是准确、及时地显示出相应一次设备的工作状态，为运行人员提供操作、调节和处理故障的可靠依据。信号系统由信号发送机构、接收显示组件及其传递网络构成。

信号系统的分类如下所述。

（1）按其电源可分为：强电信号回路和弱电信号回路。

（2）按其用途可分为：位置信号、事故信号、预告信号、指挥信号和联系信号。

事故信号和预告信号都需要在主控室或集中控制室中反映出来，它们是电气设备各信号的中央部分，通常称为中央信号；将事故信号、预告信号回路及其他一些公共信号回路集中在一起，组成一套装置，该装置被称为中央信号装置。

（五）操作电源系统

在变电站中，继电保护和自动装置、控制回路、信号回路及其他二次回路的工作电源，称为操作电源。操作电源系统由电源设备和供电网络构成。操作电源分为直流操作电源和交流操作电源。

（1）直流操作电源又可分为独立式直流电源和非独立式直流电源。独立式直流电源有蓄电池直流电源和电源变换式直流电源；非独立式直流电源有硅整流电容储能直流电源和复式整流直流电源。

（2）交流操作电源系统就是直接使用交流电源，正常运行时一般由TV或站用变压器作为断路器的控制和信号电源，故障时由互感器提供断路器的跳闸电源。交流不间断电源系统（UPS），可向需要交流电源的负荷提供不间断的交流电源。它的基本原理是将来自蓄电池的直流电变换成正弦交流电。

二、风电场的电气二次部分

（一）风电机组的测量、信号、控制、保护

风力发电场的监控系统可以分为以下几种。

（1）现地控制：现地单机控制、保护、测量和信号。

（2）中控室控制：中控室对各台风力发电机组进行集中监控。

（3）远程控制：远方（业主营地或调度机构）对风力发电机组进行监视。

风力发电机组的控制器系统包括：计算机单元，主要功能是控制风力发电机组；电源单元，主要功能是使风力发电机组与电网同期。

（二）箱式变电站中变压器的测量、信号、控制、保护

变压器配置高压熔断器保护、避雷器保护和负荷开关，不装设专用的继电保护装置。高压熔断器用于短路保护，避雷器用于防御过电压，负荷开关用于正常分合电路。

（三）风电场控制室的测量、信号、控制

风电场控制室布置在110kV变电站内，与110kV变电站中控室在同一房间内。在中控室内采用微机对风电场场区中的风力发电机组进行集中监控和管理。

（四）遥测和遥信系统

远程监控人员可通过人机对话完成远方监视任务。操作方法与在升压变电站控制室值班人员的操作方法基本相同。变电站综合自动化中的“四遥”是指遥测、遥信、遥控、遥调。

（1）“测”指测量，包括电流电压等模拟量数据的本地搜集及远方传输与监视。

（2）“信”指信号，指发生在发电厂和变电站中的某一设备或系统状态的变化。

（3）“控”指控制，其控制对象为断路器、隔离开关等控制设备。

（4）“调”指调整，调整不同于控制，控制最终实现了状态的变化，而调整是在某一状态范围内的调整。

三、风电场升压变电站的二次部分

风电场升压变电站的二次部分按照“无人值班”（少人值守）原则进行设计，采用全计算机监控方式，通过计算机监控系统实现下列功能：机组的启、停及并网操作；主变高压侧断路器和线路断路器的操作；站用电切换；辅助设备控制等。

（一）升压站的控制、测量、信号

1.110kV及以上变电所的控制、测量和信号的原则

（1）110kV变电所的主要电气设备既可现地控制，也可采用集中监控系统。

（2）110kV隔离开关与相应的断路器和接地刀闸之间，装设闭锁装置。

（3）110kV变电所监控系统结构分为站级层和间隔层，网络按双网考虑，通信介质采用光纤，站级层采用总线型。

2.监控系统的功能

（1）运行监视功能：运行时的各种现象监视、异常、事故现象及处理。

（2）事故顺序记录和事故追忆功能。

（3）运行管理功能：运行状态参数记录、制表、打印；电能采集、统计。

（4）操作维护管理功能：设备参数、操作记录、检修维护记录、继保设定记录、操作票开列记录。

3.电测量

全站配置一套计费装置，关口计费点设置为产权分界点，即在变电站110kV出线及对侧变电站接入间隔中实施。电能表的数据采集：在本站配置一台电量采集器，向中调和地调发送。电度测量：选择智能式电子电度表（正反向有功、无功）。

4.信号及其传递

信号分为电气设备运行状态信号、电气设备和线路事故及故障信号。将系统要求的遥测和遥信通过相互独立的通道传输到地调。

（二）升压站的继电保护

1.110kV主变压器保护

主变压器保护：配置一套二次谐波制动原理的微机型纵差保护，保护动作跳变压器各侧断路器。差动保护是变压器的基本电气量主保护，用于对变压器出现本身故障时进行保

护，其原理为基尔霍夫电流定律，将变压器看作一个节点，则流入变压器的电流应该和流出的相同。

除了比率制动差动保护，一般还装设差动速断保护，用于快速地较为严重的故障采取措施。非电量保护主要动作于发信号，包括重瓦斯、轻瓦斯、油温、绕组温度、压力释放、油位、冷却器故障等，其中瓦斯保护反映变压器内部短路时（差动保护不易判别的匝间故障），瓦斯流速、重瓦斯动作跳闸、轻瓦斯动作信号。非电量保护也用于保护变压器本体。

变压器的后备保护用于防御变压器本身和外部系统的故障，常见的后备保护：用于防止相间短路的电流保护，容量较大的变压器一般采用带时限的过电流保护，在220kV以上的系统中，为了保护变压器本身，复合电压闭锁过流（同时满足过电流低电压才作用于跳闸）还需要加装方向组件，以及用于防止接地短路的零序电流和零序电压保护。变压器还装设有主变过负荷保护，带时限动作于发信、启动风扇、闭锁有载调压，或跳低压侧分段断路器。

2.110kV或220kV线路保护

110kV线路保护常装设有三段式距离保护和四段式零序保护，成套式线路保护本身一般还装设有自动动作于本线路断路器重合闸，用于区分线路的瞬时性故障和永久性故障。对于220kV及以上的电气设备要求继电保护双重化配置，即装配两套独立工作的继电保护装置，同时一般加装可以保护线路全长的全线速动保护，即高频电流差动保护。

3.场用变断路器保护

（1）电流速断：不带时限，保护动作于跳开场用变断路器。

（2）限时电流速断：保护动作于跳开场用变断路器。

（3）过电流保护：带时限，保护动作于跳开场用变断路器。

（4）零序过电流保护：动作于跳开主变低压侧断路器。

4.10～35kV进线保护

10～35kV进线保护设置包括限时电流速断、过电流、零序过电流保护，保护动作于断开进线断路器。

5.10～35kV电容器保护

10～35kV电容器保护装设限时电流速断、定时限过电流、过欠电压、不平衡电压、零序过电流保护，保护动作于断开电容器回路断路器。

6.其他配置

一般还要配置一个录波装置柜，记录设备事故时的线路和主变电流电压等参数值的变化波形。

（三）升压站的操作电源系统

升压站的操作电源系统包括直流和交流系统，变电所直流系统电压采用DC220V，交流电源供电的集中监控设备可由交流不停电电源供电。

（四）升压站的图像监控

图像监控系统主要监视的场所包括主变压器、电容器室、GIS（Gas Insulated Switchgear，缩写为 GIS）室（SF_6气体绝缘组合开关设备）、高低压开关室、进厂大门、主要风机位等。

监控系统采用具有多媒体技术支持的数字式装置，由三部分组成：在主要监视场所的各个重要部位，安装前端设备——一体化球机；传输网络，将前端设备的音视频信号和监控信号传输到监控中心，并预留远程传输接口，传输介质采用同轴电缆或光纤；监控中心，主要包括多媒体数字监控系统主机、长时间录像机、打印机等。

第四节　风电机组控制系统

一、风电机组控制系统的概述

风电机组在运行过程中，控制系统要对机组的电压、电流、频率、功率、风速、振动、转速、温度、风向等参数进行检测，并通过控制系统进行变桨距、制动、偏航、变速、并网、脱网、无功补偿等控制。

（一）风电机组的控制要求

风电机组的主要类型有定桨距失速型机组、全桨叶变桨距型机组、变速恒频机组。机组类型不同，控制要求也有相应差异。定桨距失速型机组的控制系统要求：控制风力发电机并网与脱网；自动相位补偿；监视机组的运行状态、电网状况与气象情况；异常工况保护停机；产生并记录风速、功率、发电量等机组的运行数据。全桨叶变桨距型机组的控制系统要求：控制风电机组并网与脱网；优化功率曲线；监视机组的运行状态、电网状况与气象情况；异常工况保护停机；产生并记录风速、功率、发电量等机组运行数据。变速风电机组的控制系统除上述功能外主要包括：基于微处理器及IGBT电力电子技术的发电机转子变频励磁；脉宽调制技术产生正弦电压控制发电机输出电压与频率质量；低于额定风速的最大风能（功率）控制与高于额定风速的恒定额定功率控制。

（二）风电机组的控制技术

定桨距失速型机组解决了风力发电机组的并网问题和运行安全性与可靠性问题，采用了软并网技术、空气动力刹车技术、偏航与自动解缆技术，固定桨距角及电网频率决定的转速，简化了控制与伺服驱动系统。

全桨叶变桨距型机组启动时可进行转速控制，并网后可进行功率控制，电液伺服机构与闭环变距的控制提高了机组的效率。

变速风电机组采用了变速恒频技术，根据风速信号进行控制，风速低于额定风速时跟踪最佳功率曲线，风速高于额定风速时柔性保证额定功率输出；提高了风能捕获效率及功率因数，改善了高次谐波对电网的影响，高效高质地向电网供电。

（三）风电机组的控制系统结构

风电机组的控制系统除具有基本功能外，还对变桨距系统、液压系统、振动系统、调向系统以及发电机和无功补偿进行调节控制。

1.控制系统的基本功能

（1）根据风速信号自动进行启动、并网或从电网切出。

（2）根据风向信号自动对风。

（3）根据功率因数及输出电功率大小自动进行电容切换补偿。

（4）脱网时保证机组安全停机。

（5）运行中对电网、风况和机组状态进行监测、分析与记录，异常情况判断及处理。

2.主要监测参数及作用

（1）电力参数：电网三相电压、发电机输出的三相电流、电网频率、发电机功率因数等。判断并网条件、计算电功率和发电量、无功补偿、电压和电流故障保护。发电机功率与风速有着固定的函数关系，两者不符可作为机组故障判断的依据。

（2）风力参数：风速，每秒采集一次，10min计算一次平均值；风速大于3m/s时发电机开始运行，风速大于25m/s时停机。风向，测量风向与机舱中心线的偏差，一般采用两个风向标进行补偿。控制偏航系统工作，风速低于3m/s时，偏航系统不会工作。

（3）机组参数：转速，机组有发电机转速和风轮转速两个测点。控制发电机并网和脱网、超速保护。温度，增速器油温、高速轴承温度、发电机温度、前后主轴承温度、晶闸管温度、环境温度。振动，机舱振动探测。电缆扭转，安装有从初始位置开始的齿轮记数传感器，用于停机解缆操作。位置行程开关停机保护。刹车盘磨损，油位、润滑油和液压系统油位。

（4）各种反馈信号的检测：控制器在发出指令后的设定时间内应收到的反馈信号，包括回收叶尖扰流器、松开机械刹车、松开偏航制动器、发电机脱网转速降落。否则，出现故障停机。

（5）增速器油温的控制：增速器箱内由热电阻温度传感器测温；加热器保证润滑油温不低于10℃；润滑油泵始终对齿轮和轴承强制喷射润滑；油温高于60℃时冷却系统启动，低于45℃时冷却系统停止。

（6）发电机温升控制：通过冷却系统控制发电机温度，如温度控制在130～140℃，到150～155℃停机。

（7）功率过高或过低的处理：风速较低时发电机如持续出现逆功率（一般30～60s），则退出电网，进入待机状态。功率过高，可能是电网频率波动（瞬间下降），机械惯量不能使转速迅速下降，转差过大造成；也可能是气候变化，空气密度增加造成的。当持续10min大于额定功率15%或2s大于50%时，应停机。

（8）风力发电机组退出电网：风速过大会使叶片严重失速造成过早损坏。风速高于25m/s，持续10min或高于33m/s，持续2s正常停机，风速高于50m/s，持续1s安全停机，侧风为90°。

二、定桨距风电机组控制系统

（一）定桨距风电机组的制动系统

定桨距风电机组的制动系统有在叶片上的叶尖气动刹车和高速轴上的机械盘式刹车两种形式。

1.叶尖气动刹车

液压系统提供的压力经旋转接头进入桨叶根部的压力缸，压缩扰流器机构中的弹簧，使叶尖扰流器与桨叶主体平滑连为一体。当风力机停机时，液压系统释放压力油，叶尖扰流器在离心力作用下，按设计轨迹转过90°。

2.机械盘式刹车

作为辅助刹车装置被安装在高速轴上，液压驱动。因风力机转矩很大，作为主刹车将会使刹车盘的直径变大，改变了机组结构。大型风力机一般有两部机械刹车。

制动系统按失效保护原则设计：一旦失电或液压系统失效即处于制动状态。正常停机制动过程：电磁阀失电释放叶尖扰流器，发电机降至同步转速时主接触器动作与电网解列，转速低于设定值时第一部机械刹车投入，如转速继续上升，第二部机械刹车立即投入，停机后叶尖扰流器收回。安全停机制动过程：叶尖扰流器释放的同时投入第一部机械刹车，发电机降至同步转速时主接触器跳闸，同时第二部机械刹车立即投入，叶尖扰流器不收回。

紧急停机制动过程：所有继电器断电、接触器失电；叶尖扰流器和两部机械刹车同时起作用；发电机同时与电网解列。

（二）定桨距风电机组的液压系统

定桨距风电机组的液压系统实际上是制动系统的驱动机构，主要用来执行风电机组的开关机及偏航制动指令。压力油经油泵和精滤油器进入系统。蓄能器为叶尖扰流器提供压力油，压力开关由蓄能器的压力控制，当蓄能器压力低于设定值时，电磁阀接通，压力油经单向阀进入蓄能器，当蓄能器压力达到设定值时，开关动作，电磁阀关闭。

开机时，压力油通过单向阀和旋转接头进入气动刹车油缸。在运行过程中，回路压力主要由蓄能器保持，通过液压油缸上的钢索拉住叶尖扰流器，使之与叶片主体紧密结合。超速保护装置：风轮超速时，叶尖扰流器液压缸的压力迅速上升，受压力控制的“突开阀”打开，压力油被泄掉，叶尖扰流器迅速打开，使得在控制系统失效时停机。

（三）定桨距风电机组的偏航系统

定桨距风电机组的偏航系统主要有两个功能：一是使风轮跟踪风向变化；二是当风电机组由于偏航转向累积作用，导致机舱内引出的电缆发生缠绕时，自动解除缠绕。偏航系统主要由偏航测量、偏航驱动、机械传动及扭缆保护装置四大部分组成。偏航测量主要是风向测量，由风向标来完成；偏航驱动部分由三个交流偏航电机、偏航减速机构（行星式齿轮箱）及偏航刹车组成，扭缆保护装置包括电缆防缠绕检测器，防止在主机室根据风向在转动时使内部的电缆通过缠绕而损坏。

偏航控制系统是随动系统，当风向与风轮轴线偏离一个角度时，控制系统经过一段时间的确认后，会控制偏航电动机带动偏航机构将风轮调整到与风向一致的方位。偏航控制在对风过程中风电机组是作为一个整体转动的，具有很大的转动惯量，从稳定性考虑，需要设置足够的阻尼。

三、变桨距风电机组控制系统

（一）变桨距风电机组的特点

变桨距风电机组启动时，通过调节叶片桨距角，控制驱动转矩，相应控制机组转速；在风速高于额定风速时，通过调节桨距角，改变攻角，相应保持机组功率恒定。

变桨距风电机组具有的特点如下所述。

（1）改善机组的受力，优化功率输出（与发电机转差率调节相配合）。

（2）比定桨距风电机组的额定风速低、效率高，高效率区宽广。

（3）功率反馈控制使额定功率不受海拔、湿度、温度、空气密度等变化的影响。

（4）启动时控制气动转矩易于并网，停机气动转矩回零避免突甩负荷。

（二）变桨距控制系统

1.变桨距控制系统

变桨距控制的优点包括机组启动性能好、输出功率稳定、停机安全等；其缺点是增加了变桨距装置，控制复杂。叶片变桨距可分为叶尖局部变距、全叶片变距两种；变桨距方式有离心式变距、伺服机构驱动式变距等。

叶尖局部变距通常只改变叶尖部分（0.25～0.30R）的桨距角，其余部分翼展是定桨距的；全叶片变距是整个叶片绕旋转中心偏转，改变整个叶片的桨距角。离心式变距就是利用叶片本身或附加重锤的质量在旋转时产生的离心力作为动力，使叶片偏转变距；大型风电机组的变距是依靠伺服机构驱动式变距，通常需要借助电动或液压的伺服系统使叶片偏转改变桨距。变桨距调节方法可以分为下述三个阶段。

（1）开机阶段：当风速达到机组启动条件时，计算机命令调节桨距角。先将桨距角调到45°，当转速达到一定程度时，再调节到0°，直到风电机组达到额定转速并网发电。

（2）保持阶段：在额定风速以下时，机组输出功率小于额定功率，桨距角保持在0°位置不变，此时叶片角度受控制环节精度的影响，变化范围很小，可等同于定桨距风机。

（3）调节阶段：当发电机的输出功率达到额定后，变桨距系统即投入运行，当输出功率变化时，及时调节桨距角的大小，在风速高于额定风速时，使发电机的输出功率基本保持不变。

2.变桨距执行系统

由于变桨距系统的响应速度受到限制，对快速变化的风速，通过改变桨距来控制输出功率的效果并不理想。因此，为了优化功率曲线，最新设计的变桨距风力发电机组在进行功率控制的过程中，其功率反馈信号不再作为直接控制叶片桨距的变量。

在发电机并入电网前，发电机转速由速度控制器根据发电机转速反馈信号与给定信号直接控制；发电机并入电网后，速度控制与功率控制器起作用，主要是根据发电机转速给出相应的功率曲线，调整发电机的转差率，并确定速度控制器的速度给定。

变桨距执行系统是一个随动系统，即桨距角位置跟随变桨指令变化。校正环节是一个非线性控制器，具有死区补偿和变桨限制功能。死区用来补偿液压及变距机构的不灵敏区，变桨限制防止超调。液压系统由液压比例伺服阀、液压回路、液压缸活塞等组成。位置传感器给出实际的变桨角度。

3.变桨距控制（并网前）

进入启动状态，前馈通道将桨距角快速提高到45°，风轮在空载状态进入同步转速，当转速从0增加到500r/min时，减小桨距角到5°，达到快速启动的目的；转速控制器控制从启动到并网的转速控制，达到同步转速±10r/min内持续1s切入电网。非线性环节使增益随桨距角增加而减小，补偿转矩变化。由于控制器包含着常规的PID控制器和桨距角的非线性化环节，因此当功率不变时，转矩对桨距角的比是随桨距角的增加而增加的，风力发电机组从待机状态进入运行状态时能够快速启动。

4.变桨距控制（并网后）

功率控制器并网后执行变桨到最大攻角，低于额定功率（额定风速）时控制器输出饱和，攻角最大；高于额定风速后进入恒功率控制；引入风速前馈通道，超过额定风速后，当风速变化时起到快速补偿的作用。

速度控制器受发电机转速和风速的双重控制。在达到额定值前，速度给定值随功率给定值按比例增加。桨距控制将根据风速调整到最佳状态，以优化叶尖速比。与速度控制器的结构相比，速度控制器增加了速度非线性化环节，以便控制桨距角加速趋近于0°。

5.变桨距控制（并网后的功率控制）

功率控制器低于额定风速调节转差率，“实现”最佳叶尖速比调节，即风速增加转差率增大；高于额定风速时配合功率控制器维持功率恒定。原理是风速出现波动时，由于变桨调节的滞后使驱动功率发生波动，调节转差率（转子电流）使机组转速变化而维持功率恒定，利用风轮储存和释放能量维持输入与输出功率的平衡。

（三）变桨距风电机组的液压系统

变桨距风力发电机组的液压系统与定桨距风力发电机组的液压系统很相似，也由两个压力保持回路组成。一路由蓄能器通过电液比例阀供给叶片变距油缸，另一路由蓄能器供给高速轴上的机械刹车机构。

1.液压系统结构说明

压力传感器控制油泵的启停，设定范围：130～145bar。

高压滤清器装有旁通阀和污染指示器，单向阀防止高压油回流。

溢流阀防止油压过高，设定值为145bar。

系统维修时，可调式节流阀用来释放来自蓄能器的压力油。

油位开关用来防止油溢出或泵在无油情况下运转。油箱内设有温度检测与报警装置。

2.变桨距控制

控制器输出电压为-10～10V，控制比例阀输出方向及大小，使叶片在-5～88°变化。工作时紧急顺桨阀通电，电磁阀通电使先导止回阀双向流动；比例阀“直通”时，活塞向右运动，桨叶桨距向-5° 方向调节；比例阀“跨接”时，节距角向88° 方向调节，液压缸左侧压力油回压力管路（活塞右侧面积大于左侧）。

3.液压系统停机状态

紧急顺桨阀断电，压力油通过节流阀进入液压缸右端。左端压力油经节流阀回油箱，顺桨88° 。电磁阀断电，先导止回阀变为单向阀，防止风作用力矩使液压缸活塞向右运动。急停状态防止蓄能器油量不够活塞行程，风的自变力矩将帮助紧急顺桨，补充油来自活塞左部及油箱吸油管。节流阀用来限制变桨速度在9° 左右。

4.制动机构

开机指令发出后，电磁阀通电，制动卡钳排油到油箱，刹车被释放。停机指令发出后，电磁阀失电，蓄能器压力油进入制动液压缸，实现停机操作。制动器一侧装有螺杆活塞泵，当液压系统不能加压时制动风力机。压力开关用来检测制动压力，因压力过高（大于23bar）会造成传动系统的严重损坏。

第四章　风能的应用研究

第一节　风能的基本知识

一、风的形成及其特点

（一）风的形成

风是一种自然现象，是由太阳辐射热引起的。太阳照射到地球表面，地球各地受热不同，产生温差，从而引起大气的流动，形成风。

风的形成主要有以下三个原因。

（1）压力差。地球上各纬度所接受的太阳辐射强度不同，赤道和低纬度地区，太阳高度角大、日照时间长、辐射强度大，地面和大气接受的热量多、温度较高；高纬度地区，太阳高度角小、日照时间短，地面和大气接受的热量少、温度较低。因而产生光照温度差，而不同温度的大气密度不同，所以就会造成压力差，空气就会从高压区向低压区流动，也就形成了风。因为地球表面同纬度的光照大致相同，所以地球上的气压带大致与纬线平行，压力差形成的风也是南北方向的。

（2）科里奥利力。科里奥利力是地球自转产生的效应，在其影响下，北半球的运动物体会向右偏转，南半球的运动物体会向左偏转。因为科里奥利力的作用，而使之前南北向的风产生东西向的偏转。比如，从副热带高压吹向赤道低压带的风，经过科里奥利力的作用，在北半球会向右偏转形成东北风，而在南半球会偏转形成东南风。

（3）摩擦力。摩擦力主要是在地面附近起作用。地形的起伏、建筑、森林或其他凸出物体，都会对空气流动产生摩擦力，使空气流动变缓，空气的水平运动受阻碍时，空气可能上升到高空，或者下沉向地面。空气上升时携带的水蒸气会凝聚而形成云雨，下降时往往会出现晴朗天空。因为上升时地面空气减少，形成低压，于是附近空气流就过来补充；下降时则形成高压，空气向四周流出。所以，无论空气是上升还是下降，都会产生风。

（二）风的变化

风的变化主要由风向和风速这两个参数来描述。风向是指风吹来的方向，风速指风的速度，通常用单位时间内空气流动经过的距离来计算风速。风向和风速都会随着时间的不同而变化。

1.风随时间变化

风随时间的变化，包括每日的变化和季节的变化。一天中风的强弱在某种程度上可以看作周期性的变化。如地面上夜间风力弱、白天风力强；高空中则是白天风力弱，夜间风力强。这个临界高度一般为100多米。

另外，由于地球的自转和公转，而使得地球上存在季节性的温差，因此，风向和风的强度也会发生季节性的变化。我国大部分地区冬季气流主要来自高纬大陆，盛行偏北风；夏季气流来自低纬海洋，多为偏南风。沿海地区受到海洋季风的影响，夏季季风强烈，冬季季风较弱。

2.风随高度变化

气象学上将大气层分为三个区域，离地面2m以内的区域称为底层；2～100m的区域称为下部摩擦层，底层与下部摩擦层总称为地面境界层。从100～2000m的区域称为上部摩擦层。上述三个区域总称为摩擦层。

地面境界层内空气流动受涡流、黏性、地面植物及建筑物等的影响，风向基本不变，但离地面越高风速越大。各种不同的高度情况下，其风速随高度的变化不同。关于风速随高度而变化的经验公式很多，通常采用如下的指数公式：

$$v = v_1 \left(\frac{h}{h_1} \right)^n \tag{4-1}$$

式中：v——距离地面高度为h处的风速，单位为m/s；

v_1——参考高度为h_1处的风速，单位为m/s；

h_1——参考高度，单位为m；

h——距离地面的高度，单位为m；

n——经验指数，它取决于大气的稳定度和地面的粗糙度，其值一般为1/8～1/2。

对于地面境界层，风速随高度的变化则主要取决于地面的粗糙度。在地面境界层内，空气经过粗糙不平的地表面，受到摩擦力的作用，空气流动的速度即风速会越来越小，由于地表的粗糙度程度不一，作用于空气的摩擦力的大小就不同，风速减小的程度也就不同，地面粗糙度越大，作用于空气的摩擦力也就越大，相应的风速减小得也就越多。

在风力发电机领域，对地面粗糙度进行了分类，总共分为A、B、C、D四类，各类对应的地表状况如下所述。

（1）A类指近海海面、海岛、海岸、湖岸以及沙漠地区。

（2）B类指田野、乡村、丛林、丘陵以及房屋比较稀疏的中小城市郊区。

（3）C类指有密集建筑群的中等城市。

（4）D类指建筑群密集且高大的大城市。

3.风的随机变化

风速一般是指平均风速，如果用自动记录仪来记录风速，就会发现风速是不断变化的。通常自然风是一种平均风速与瞬间激烈变动的紊流相重合的风。紊乱气流所产生的瞬时高峰风速也叫作阵风风速。

4.风玫瑰图

风玫瑰图也叫风向频率玫瑰图，它根据某一地区某一时间段平均统计的各个风向和风速的百分数值，并按一定比例绘制，一般多用八个或十六个罗盘方位表示，由于该图的形状形似玫瑰花朵，故名“风玫瑰”。玫瑰图上所表示风的吹向，是指从外面吹向地区中心的方向。在风向玫瑰图中，频率最高的方位，表示该风向出现的次数最多。最常见的风玫瑰图是一个圆，圆上引出16条放射线，它们代表16个不同的方向，每条直线的长度与这个方向的风的频度成正比。静风的频度放在中间，有些风玫瑰图上还指示出了各风向的风速范围。

（三）风力等级

风速即风的前进速度。相邻两地间的气压差越大，则空气流动越快，风速越大，风的力量自然也就越大。所以，通常都是以风速来表示风的大小。

二、风能的特点及风能密度

（一）风能特点

风能是空气流动形成的动能，风能的大小取决于风速和空气的密度。风能是太阳能的一种转化形式，是一种可再生的清洁能源。风能为洁净的能量。风能设施多为立体化设施，可保护陆地和生态环境。风力发电是可再生能源。

（二）风能密度

风能密度是描述一个地方风能潜力最方便、最有价值的量，它是空气密度和风速的函数，大小随气压、气温和湿度的变化而变化。风速每时每刻都在变化，不能使用某个瞬时风速值来计算风能密度，只有长期风速观察资料才能反映其规律，故引出了平均风能密度的概念。

（1）平均风能密度：风速的随机性很大，用某一瞬时的风速无法来评估某一地区的风能潜力，通常用某一段时间内的平均风能密度来说明该地区的风能资源潜力。

（2）有效风能密度：在实际的风能利用中，有些风速不能使风能转换装置（如风力发电机）启动或运行，例如，0～3m/s的风速不能使风机启动，超过风机的运行风速将会给风机带来破坏，这部分风速无法利用。我们除去这些不可利用的风速后，根据得出的平均风速所求出的风能密度称为有效风能密度。

（3）年风能可利用时间：指一年中可以运行在有效风速范围内的时间。

第二节　风能资源与风能利用的概况

一、风能资源

（一）地球上风能资源的分布

地球上的风能资源十分丰富，根据相关资料，每年来自外层空间的辐射能为1.5×10^{18}kW·h，其中的2.5%即3.8×10^{16}kW·h的能量被大气吸收，产生大约4.3×10^{12}kW·h的风能。据世界能源理事会估计，在地球上距地面10m处，1.07×10^{8}km^{2}的陆地面积中有27%的地区年平均风速高于5m/s。

（二）我国的风能资源分布

我国位于亚洲大陆东部，濒临太平洋，季风强盛，内陆还有许多山系，地形复杂，加之青藏高原耸立于我国西部，改变了海陆影响所引起的气压分布和大气环流，增加了我国季风的复杂性。冬季风来自西伯利亚和蒙古国等中高纬度的内陆，那里空气十分严寒干燥，冷空气积累到一定程度，在有利高压环流的引导下，就会爆发南下，俗称寒潮，在此频频南下的强冷空气控制和影响下，形成寒冷干燥的西北风侵袭我国北方各省（自治区、直辖市）。每年冬季总有多次大幅降温的强冷空气南下，主要影响我国西北、东北和华北地区，直到次年春夏之交才消失。

夏季风是来自太平洋的东南风、印度洋和南海的西南风，东南季风影响遍及我国东半部，西南季风则影响西南各省和南部沿海，但风速远不及东南季风大。热带风暴是太平洋西部和南海热带海洋上形成的空气涡旋，是破坏力极大的海洋风暴，每年夏秋两季频繁侵袭我国，登陆我国南海之滨和东南沿海，热带风暴也能在上海以北登陆，但次数很少。

二、风能利用

我国风能的主要利用为风力发电，一类是独立运行（离网型）供电系统，即电网未通达的偏远地区，如高山、草原和海岛等，先用小型风力发电机组为蓄电池充电，再通过逆变器转换成交流电向终端电器供电，单机容量一般在100W~10kW；或者采用中型风电机与柴油发电机或光伏太阳电池组成混合供电系统，目前系统的容量为10kW~200kW，用于解决小社区的用电问题。另一类是作为常规电网的电源，并网运行，商业化的机组单机容量为150~1650kW，既可单独并网，也可以由多台，甚至成百上千台组成风力发电场。

第三节　风力发电机的结构与运行

一、风力发电机组的工作原理

风力发电机组是将风的动能转换为机械能，再将机械能转换为电能的装置。对于并网型风电机组，发电系统输出的电流经过变压器升压后，即可输入电网。

控制系统的功能是过程控制和安全保护。过程控制包括启动、运行、暂停、停止等。在出现恶劣的外部环境和机组零部件突然失效时应该紧急关机。风速、风向、风力发电机的转速、发电功率等物理量通过传感器变成电信号传给控制系统，它们是控制系统的输入信息。控制系统随时对输入信息进行加工和比较，及时发出控制指令，这些指令是控制系统的输出信息。

对于变桨距机组，当风速大于额定风速时，控制系统发出变桨距指令，通过变桨距系统改变风轮叶片的桨距角，从而控制风电机组的输出功率。在启动和停止过程中，也需要改变叶片的桨距角。

对于变速型机组，当风速小于额定风速时，控制系统可以根据风的大小发出改变发电机转速的指令，以使风力机最大限度地捕获风能。

当风轮的轴向与风向偏离时，控制系统发出偏航指令，通过偏航系统校正风轮轴的指向，使风轮始终对准来风方向。

当需要停机时，控制系统发出关机指令，除借助变桨距制动外，还可以通过安装在传动轴上的制动装置实现制动。

实际上，在风电机组中，能量流和信息流组成了闭环控制系统。同时，变桨距系统、偏航系统等也组成了若干闭环的子系统，以实现相应的控制功能。

二、风力发电机的结构组成

风力发电机按风轮轴的安装形式，可分为水平轴风力发电机和垂直轴风力发电机。另外，还有特殊形式的风力发电机，如扩压式、旋风式、浓缩风能型等风力发电机。最常见的是水平轴风力发电机，一般由以下八个部分组成：风轮、传动系统、偏航系统、制动系统、控制与安全系统、发电机、机舱、塔架。

（一）风轮

风轮是风力发电机中将风能转化为机械能的部件，一般由两叶片或三叶片以及一个轮毂组成，三叶片占绝大多数。叶型大多采用美国空军的标准系列，具有很好的空气动力性能。

风力机叶片的几何外形和制作材料在很大程度上决定了风机的工作效率和使用寿命。对于小型的风力发电机，如叶轮直径小于5m，选择材料时通常关心的是效率而不是重量、硬度和其他特性，通常用整块优质的木材加工制成，表面涂上保护漆，根部与轮毂相连接的地方使用金属接头并用多个螺栓拧紧。

大型风机对叶片材料的选择非常重要。目前，叶片多为玻璃纤维复合材料，基体材料为聚酯树脂或环氧树脂。环氧树脂比聚酯树脂强度高、材料特性好，且收缩变形小；聚酯树脂材料便宜，它在固化时收缩大，在叶片的连接处可能存在潜在的危险，即由于收缩变形，在金属材料与玻璃钢之间可能产生裂纹。轮毂用于固定叶片根部，并且与转轴连接。从叶片传来的力都通过轮毂传到传动系统，再传到发电机。同时，轮毂也是控制叶片桨距（使叶片做俯仰转动）的结构。轮毂承受了风力作用在叶片上的推力、转矩、弯矩以及陀螺力矩。通常安装3只叶片的水平轴式风力机，轮毂的形状为三角形和球形。轮毂既可以是铸造结构，也可以采用焊接结构，其材料既可以是铸钢，也可以是球墨铸铁，球墨铸铁减振性能好、成本低，实际生产中被大量采用。

（二）传动系统

传动系统位于机舱里，将叶轮产生的机械能传递给发电机。风力发电机可分为双馈式和直驱式。双馈式风力发电机的传动系统一般包括低速轴、高速轴、齿轮箱、离合器和刹车机构等。而直驱式风力发电机的传动系统几乎为零，无齿轮箱，风轮直接连接到发电机的旋转轴上。

双馈式风力发电机，风轮连接低速轴，通过联轴器与齿轮箱连接，齿轮箱用于增加叶轮的转速，从20～50r/min增速到1000～1500r/min。

齿轮箱的输出轴与高速轴连接，驱动发电机发电。低速轴承受的转矩、弯矩都比高速轴大。

齿轮箱有两种形式：平行轴式和行星式，大型机组中多采用行星式（有质量轻和尺寸小的优势）。也有些风力机的轮毂直接连接到齿轮箱上，不需要低速传动轴。

（三）偏航系统

风力机的偏航系统也称为对风装置，其作用有两个：一是使风力发电机的风轮始终处于迎风状态，以便充分利用风能，提高发电效率；二是产生锁紧力矩，保证风力发电机的安全运行。

风力发电机组的偏航形式可以分为主动偏航与被动偏航。主动偏航通常采用电力或液压拖动来完成，常见的有齿轮驱动和滑动两种。被动偏航靠风力带动特定机构完成风轮的对风，常见的有尾翼、舵轮方式，通常小型风力机采用被动式的尾翼对风装置。

主动偏航调向装置一般采用电动机驱动的风向跟踪来调向。整个偏航系统由电动机及减速机构、偏航调节系统和扭缆保护装置等组成。偏航调节系统包括风向标和偏航系统调节软件。大中型风力发电机组，通常都采用主动偏航的齿轮驱动形式。

侧风轮调向是在机舱的侧面安装一个小风轮，其旋转轴与风轮主轴垂直。如果主风轮没有对准风向，则侧风轮会被风吹动，产生偏向力，通过蜗轮、蜗杆减速机构使主风轮转到对准风向为止。

（四）变桨系统

风力发电机组在超过额定风速以后，由于机械强度和发电机、电力电子容量等的限制，必须降低风轮的能量捕获，使功率输出仍保持在额定值附近，同时限制了叶片的负荷和风力机受到的冲击，保证风力机不受损害。主要有定桨距失速调节、变桨距角调节和混合调节三种方式。

在定桨距风力发电机组中，通过叶尖扰流器实现风力发电机组的气动刹车。在大型风力机中常采用变桨距机构。通过控制变桨距机构实现风力发电机组的转速控制、功率控制、刹车机构控制。

变桨距调节通过改变叶片迎风面与纵向旋转轴的夹角，从而影响叶片的受力和阻力，限制大风时风机输出功率的增加，保持输出功率恒定。采用变桨距调节方式，风机功率输出曲线平滑。在额定风速以下时，控制器将叶片攻角置于零度附近，近似定桨距调节。在额定风速以上时，控制系统调节叶片攻角，将输出功率控制在额定值附近。变桨距风力机的启动速度较定桨距风力机低，停机时传递冲击力相对缓和。正常工作时，主要是采用功率控制。在实际应用中，功率与风速的立方成正比，因此较小的风速变化会造成较大的功率变化。一般变桨距调节有液压机构和调速电动机两种调节方式。

调速电动机驱动的调节原理是：叶片静止时，节距角为90°，这时气流对叶片产生一定的攻角，风轮得以启动。叶片的节距角随转速的升高而连续变化，直到达到额定转速。如果风轮转速超出额定转速，则对发电机系统不利，此时调速电动机驱动圆周齿轮向离井风轮的方向移动，拉动变桨距连杆使叶片增大安装角，减小叶片的受风面积，使风轮运转不超过额定转速。当风速变小时，再由电动机反转来实现调节。

变桨距机构可以改善风力机的启动特性，实现发电机联网的速度调节，减少联网时的冲击电流，按发电机额定功率限制转子启动功率，以及在事故情况下使风力发电机组安全停车。

变桨距调节的缺点是对阵风反应要求灵敏。对于失速调节型风力机，风的振动引起的功率脉动比较小，而变桨距调节型风力机则比较大，尤其对于采用变桨距方式的恒速风力发电机，这种情况更为明显，这样就要求变桨距系统对阵风的响应速度要足够快。

相对于以上恒转速运行，还有一种设计是变转速运行，该类风力发电机的转速有最大转速和最小转速，变转速控制就是使风轮随着风速的变化及时改变其旋转速度，以保持基本恒定的最佳速比，获得较好的效率，吸收阵风能量，改善功率品质和减小运行噪声等。

（五）风力发电机的安全保护

（1）防雷保护：风力发电机组安装在雷电活动地区很容易遭受雷击，必须安装避雷针，还要有接地保护系统。

（2）运行保护：运行保护主要包括大风保护安全系统、电网失电保护系统、参数越限保护、振动保护、开机保护和关机保护。

（3）抗电磁干扰：保护控制系统不因外界电磁干扰而误动作或丧失功能，并且能够自动检测故障。

（4）制动系统：弃风、紧急故障情况下或者维护时，起刹车作用。

（六）发电机

双馈型感应发电机，在结构上类似异步发电机，但采用交流励磁。另外，还有永磁式同步发电机。

（七）机舱

机舱主要由底盘和机舱外罩组成。机舱内通常有传动系统、液压与制动系统、偏航系统、控制系统及发电机等。机舱设计要突出轻巧、美观的特点，并尽量带有流线型，下风向布置的发电机组尤其需要这样，最好采用重量轻、强度高而又耐腐蚀的玻璃钢制作，也可以直接在金属机舱的面板上相间敷以玻璃布与环氧树脂。

（八）塔架与地基

塔架是支撑架，不仅要有一定的高度，而且通常为叶轮直径的1～1.5倍，使风力机处在较为理想的位置，即在涡流影响较小的高度运转，还必须具有足够的疲劳强度，能承受风轮的振动载荷，包括启动和停止的周期性影响、突风变化、塔影效应等。塔架的刚度要合适，其自振频率（弯曲及转矩）要避开运行频率（风轮旋转频率的3倍）的整数倍。塔架越高，捕捉的风能越多，其造价、技术要求及吊装的难度也随之增高。

风力发电机组的基础一般是现浇的钢筋混凝土独立基础。基础与塔架的连接可采用地脚螺栓式或法兰式连接。

三、风力发电的运行方式

风力发电的运行方式可分为独立运行的风力发电系统、互补运行的风力发电系统、并网运行的风力发电系统。

（一）独立运行的风力发电系统

独立运行的风力发电系统由风力发电机、蓄电池、控制器和逆变器等组成，是一种比较简单的风力发电系统。

1.配以蓄电池储能的独立运行方式

配以蓄电池储能的独立运行方式是一种最简单的独立运行方式，对于10kW以下的小型风电机组，特别是1kW以下的微型风电机组，向用户供电普遍采用这种方式。

1kW以下的微型机组一般不加增速器，直接由风力机带动发电机运转，后者一般采用低速交流永磁发电机。1kW以上的机组大多装有增速器。发电机则分为交流永磁发电机、同步或异步自励发电机。发电机输出经整流后直接供电给直流负载，并将多余的电能向蓄电池充电。在需要交流供电的情况下，通过逆变器将直流电转换为交流电供给交流负载。风力机在额定风速以下变速运行，超过额定风速后限速运行。

2.采用负载自动调节法的独立运行方式

由于输入风力机的风能与风速的三次方成正比，其输出功率也将随风速的变化而大幅变化，因此独立运行的关键问题是如何使风力发电机的输出功率与负载吸收的功率相匹配。为了更多地获取风能，需要在不同的风速下接入数量不同的负载，这就是采用负载自动调节法的基本思路。既可通过调节发电机的励磁控制输出电压，也可以用频率的高低来决定可调负载的投入和切除。转速控制可以采取最佳叶尖速比控制和恒速控制两种方案。在采用最佳叶尖速比控制方案时，通过调节负载，使风力机的转速随风呈线性关系变化，并使风轮的叶尖速度与风速之比保持为一个基本恒定的最佳值。在此情况下，风力机的输出功率与转速的三次方成正比，风能得到最大程度的利用。为了保证主要负载的用电及供电频率的恒定，在发电机的输出端增加了整流、逆变装置，并配备了少量蓄电池。该蓄电池的存在不仅可以在低风速或无风时提供一定量的用电需求，而且在一定程度上起缓冲作用，以调节和平衡负载的有机切换造成的不尽合理的负载匹配。

3.多台风力发电机组并联运行的独立供电系统

多台风力发电机组并联运行的独立供电系统主要为规模较大的用户供电，应尽可能采用快速变速和控制功率的变桨距风电机组，这种联合系统除可增加风能利用率外，同时能在几秒内更好地平衡因风力波动而引起的输出功率的变化。

（二）互补运行的风力发电系统

一般来说，由两种以上的能源组成的供电系统称为互补运行的发电系统。其中至少有一种能源相对稳定，才能保证系统供电的连续性和稳定性。互补运行的发电系统比起独立运行的发电系统具有系统可靠性高和配置灵活等优点。由于互补运行系统综合了至少两个发电系统的特点，取长补短，在系统的经济性、可靠性等方面有很好的相互补充，从而使系统配置更加灵活、科学、合理。风光互补发电站在远离大电网、处于无电状态、人烟稀少、用电负荷低且交通不便的情况下，利用本地区充裕的风能及太阳能等其他能源而互补发电。适用于道路照明、农业、牧业、种植、养殖业、旅游业、广告业、服务业、港口、山区、林区、铁路、石油、部队边防哨所、通信中继站、公路和铁路信号站、地质勘探和野外考察工作站及其他用电不便的地区。

（三）并网运行的风力发电系统

风力发电机组的并网运行，是将风力发电机组发出的电能输送到电网，通过电网给用户供电。风力发电机组主要采用以下两种方式向电网送电。

（1）将机组发出的交流电直接输入到电网上。

（2）将机组发出的交流电先整流成直流，然后由逆变器变换成与电力系统同压、同频的交流电输入到电网上。

风力同步发电机并网的方式主要有自动准同步并网和自同步并网。为了防止过大的电流冲击和转矩冲击，风力发电机输出的各相端电压的瞬时值要与电网端对应相电压的瞬时值保持完全一致，即具有五个条件：波形相同、幅值相同、频率相同、相序相同、相位相同。满足上述理想条件的并网方式称为准同步并网，在这种并网方式下，并网的瞬间不会产生冲击电流，电网电压不会下降，也不会对定子和其他机械部件造成冲击。

并网运行的风力发电机组，要求发电机的输出频率必须与电网频率一致。保持发电机输出频率恒定的方法有两种：恒转速/恒频系统，采取失速调节或者混合调节的风力发电机，以恒转速运行时，主要采用异步感应发电机；变转速/恒频系统，用电力电子变频器将发电机发出的频率变化的电能转化成频率恒定的电能。

第四节　风力发电储能系统

对于并网运行的风力发电系统，电网是最好的消纳和储能系统，不需要配备其他形式的储能系统。对于独立运行的风力发电系统，在有风期间将多余的风能转化为其他形式的能量储存起来，在无风期间再将储存的能量释放出来并转化为电能，以保证稳定持续的供电，这种系统称为储能系统。

然而，风能是不能直接存储的能源。风力发电系统采用的储能系统主要是蓄电池储能，也可以采取抽水蓄能、飞轮储能、压缩空气储能、电解水制氢储能等方法。

一、蓄电池储能

在风力发电系统中，多采用铅酸蓄电池或碱性蓄电池作为储存电能的装置。铅酸蓄电池的寿命一般为1～10年，碱性蓄电池的寿命一般为3～15年，蓄电池的寿命因使用方法的不同，会有很大差异。蓄电池的容量以安时（Ah）数表示，安时数表明该蓄电池在连续10h充电或放电过程中的充电和放电电流的数值，超过10h充放电率的电流值会损坏蓄电池。

小型风力发电系统中蓄电池的电压通常为12V、24V或36V；而铅酸蓄电池的单格电压为2V，碱性蓄电池的单格电压为1.2V。

在充放电过程中，蓄电池的电压是变化的，特别是放电时，蓄电池的电压逐渐降低。使用时铅酸蓄电池的电压不应低于1.8V，碱性蓄电池不应低于1.1V。铅酸蓄电池在充电时电解液的浓度增高，密度增大；放电过程中电解液的浓度降低，测定电解液的浓度就能了解蓄电池放电的程度。

二、压缩空气储能

压缩空气储能是指在电网负荷低谷期将电能用于压缩空气，将空气高压密封在报废的矿井、沉降的海底储气罐、山洞、过期油气井或新建储气井中，在电网负荷高峰期释放压缩空气推动汽轮机发电的储能方式。

在电力负荷减小时，将风力发电机提供的多余电力通过电动机带动空气压缩机，将空气压缩后储存在地下岩洞或废弃的矿井内；在电力负荷达到高峰、风小或无风时再以释放储存的压缩空气为动力带动涡轮机实现发电。

三、飞轮储能

飞轮储能是指利用电动机带动飞轮高速旋转，将电能转化成机械能储存起来，在需要的时候再用飞轮带动发电机发电的储能方式。

当风速高时，风能以动能的形式储存于飞轮中；当风速低时，储存在飞轮中的动能即可带动发电机发电。

飞轮储能具有效率高、建设周期短、寿命长、储能高、充放电快捷、充放电次数无限以及无污染等特点，并利于电网调频和电能质量保障。

四、抽水储能

抽水储能是指当风大而负荷所需电能较小时，利用多余的电能带动抽水机，将低处的水抽到高处的水库中储存起来，当风小或无风期来临时，再释放高处水库中的水来推动水轮机带动发电机发电。

抽水储能的释放时间可以从几小时到几天不等，综合效率约为80%，主要用于电力系统的调峰填谷、调频调相、紧急事故备用等。

五、电解水制氢储能

电解水制氢储能是指在电力负荷减小时，将风力发电多余的电能用来电解水，使氢和氧分离，把氢作为燃料储存起来，需要时再把氢和氧在燃料电池中进行反应而产生电能。

第五节 直驱式风力发电机

一、直驱式风力发电机的优缺点

（一）直驱式风力发电机的优点

与传统的双馈式风力发电机比较，直驱式风力发电机有多个优势，主要介绍如下所述。

（1）直驱风力发电机没有齿轮箱等部件，而齿轮箱是机组中容易损坏的部件之一，所以直驱式风力机简化了传动链，降低了故障率，提高了风力发电机组的可靠性和使用寿命，同时，避免了齿轮箱油的定期更换，降低了运行、维护成本。

（2）直驱式风力发电机的机舱体积减小，尤其减小了机舱长度，使总体结构更加紧凑。

（3）直驱式风力发电机的运行噪声小，机组在低转速下运行，可靠性更高。

（4）直驱式风力发电机组没有齿轮箱，减少了传动损耗，提高了发电效率，尤其是在低风速环境下，效果更显著。

（5）直驱式风电系统主要采用全功率变流技术，该技术可使风轮和发电机的调速范围扩展到额定转速的0%～150%，提高了风能的利用范围。

（6）直驱式风力发电机的低电压穿越使得电网并网点电压跌落时，风力发电机组能够在一定电压跌落的范围内不间断并网运行，从而维持电网的稳定运行。

（二）直驱式风力发电机的缺点

（1）低速风轮直接与发电机相连接，各种有害冲击载荷也传递到发电机系统，对发电机要求很高。

（2）为了提高发电效率，发电机的极数大，通常在100极左右，稀土永磁材料使用多，发电机的直径大。

（3）直驱发电机的动子和转子之间的气隙非常小，只有1～5mm，对安装和冷却有较高的要求，需要进行整机吊装。

二、直驱式风力发电机的结构类型

内转子永磁直驱风力发电机的结构，采用多凸极结构，其气隙中的磁通方向与电机轴垂直（径向磁通）。

外转子电机是定子固定在靠近轴中间的位置不动，转子在定子的外围旋转，也属径向气隙磁通结构，与内转子结构相比其转子与定子换了个位置。铁芯外圆周均匀分布着许多槽，用来嵌装绕组，外转子内圆周贴有永磁体磁极，外转子旋转时，绕组切割磁力线产生电势。

盘式直驱风力发电机更薄一些，以适应垂直轴风力发电机低风阻的要求。该发电机由盘式定子与盘式转子轴向排列而成。在铁芯嵌线槽嵌有按一定规律排列的定子线圈，把嵌有线圈的定子铁芯安装在定子底座（下端盖）内面，在下端盖中心安装有发电机的主轴，用来安装发电机的转子。盘式发电机的转子由多个永磁磁极组成，磁极按圆周排列，南北磁极相间排列。永磁磁极需要磁轭作为磁力线通路，磁极固定在转子磁轭的盘面上，转子磁轭也就是发电机的上端盖，上端盖中心装有上下两个轴承，保证转子在主轴上稳定旋转。把转子插入定子的主轴，转子与定子之间有很小的缝隙，转子可绕主轴自由旋转。盘式发电机通过线圈的磁场与主轴平行，也就是轴向磁场，这样在转子旋转时线圈导线才可以切割磁力线而产生电动势。

第六节　风力发电场

一、风力发电场的选址

风电场的场址选择要求较为严格，选择风电场场址的依据主要有以下几点。

（1）选择风力资源丰富，年平均风速在6m/s以上，并且风向稳定的地方。对风速的风向及风速沿高度变化等数据进行实测，比如每小时的风速及风向数据，测定一年以上，计算得出风速频率分布及风向玫瑰图，以估算场内风力发电机的年发电量，决定场内风力发电机组的布局。

风力资源直接影响风力发电量，从而影响发电成本，在同样条件下，年均风速为6m/s的风电场，发电成本比风速为7.5m/s的风电场高14%左右，比风速为8m/s的风电场高30%左右。

（2）对影响场内风力发电机功率及安全可靠运行的其他气象数据如气温、大气压力、湿度，以及台风、雷电、沙暴、地震、洪水、滑坡等发生的可能性、发生的频率及冰冻时间长短等进行测量及数据统计，对海上的风力发电要评估海水盐雾情况。

（3）对场内的地形地貌、障碍物详细评估。地表粗糙度、场内附近树木及周边建筑物的分布情况，将影响风电场的发电量；要考虑建设区内是否有鸟类迁徙路线或者鸟类迁徙目的地及电网构成等因素。

（4）交通方面，风电场选址应该距公路较近，以方便风电设备的运输与安装，降低费用；与可以接入的当地电网较近，最大透入率应在10%以下。

（5）风力发电机组运行时，齿轮箱和发电机发出的声响，以及风轮叶片旋转时扫掠空气产生的噪声，会引起居民不满，因此风电场址不应离居民点太近。

（6）风力发电机年利用时间高于2000h才有开发价值；年利用时间高于2500h才有良好的开发价值；年利用时间高于3000h才是优秀风电场。

（7）政府扶持和实施障碍等因素对风电场的发展也会产生重要影响。

二、风电场容量系数及发电成本

风电场容量系数以及发电成本两个参量是衡量风力发电场经济效益的重要指标。一般情况下，在一个风资源良好、布局合理的风电场内，各台风力发电机组的容量系数是基本相同的，一般在0.25～0.4。整个风电场的容量系数为各台风电机的容量系数的平均值，一般应在0.3左右。

风电场的发电成本与许多因素有关，比如风速频率分布、风力发电机设备投资费、风电场建设工程费、风电场运行维护费、投资回收期限以及某些部件进口关税、设备增值税和设备保险所付出的费用等。随着风电设备技术的进展，风力发电设备的效率在过去10年得到了很大的提高，而风力发电的成本也一直在下降，安装费用降低了约50%。

三、风电场风力机的规划

风电场内机组的布局，应以单位造价可获得最大发电量来考虑。如果发电机组之间的距离太近，那么上风机组会对下风机组产生较大的尾流效应，导致下风的风力发电机组的发电量减少。同时，湍流和尾流的联合作用，还会引起风力发电机组过早损坏，降低使用寿命。

根据实测、物理模拟及数字模拟的研究，为减小尾流效应的影响，在平坦的地面上风力发电机组按阵列分布排列时，沿主风方向风力发电机组前后之间的距离（行距）应为风力机风轮直径的8～10倍，风力发电机组左右之间的距离（列距）应为风力机风轮直径的2～3倍。

在地形复杂的丘陵山地，为避免湍流的影响，风力机组可安装在等风能密度线上或沿山脊排列。

第五章　电力系统基本知识

第一节　电力系统的构成

电力系统的主体结构有电源（水电站、火电厂、核电站等发电厂），变电站（升压变电站、负荷中心变电站等），输电、配电线路和负荷中心。发电厂把各种形式的能量转换成电能，电能经过变压器和不同电压等级的输电线路输送并分配给用户，再通过各种用电设备转换成适合用户需要的能量。这些生产、输送、分配和消费电能的各种电气设备连接在一起而组成的整体称为电力系统。电力系统中输送和分配电能的部分称为电网，它包括升、降压变压器和各种电压等级的输电线路。另外，在电力系统运行与控制中，还有其必不可少的二次系统，二次系统由各种检测设备、通信设备、安全保护装置、自动控制装置以及监控自动化、调度自动化系统组成。电力系统的结构应保证在先进的技术装备和高经济效益的基础上，实现电能生产与消费的合理协调。

电力系统再加上它的动力部分可称为动力系统。换言之，动力系统是指电力系统与动力部分的总和。所谓动力部分，则随电厂的性质不同而不同，主要有三种：火力发电厂的锅炉、汽轮机、供热网络等；水力发电厂的水库、水轮机；原子能发电厂的反应堆。

电网是电力系统的一个组成部分，而电力系统又是动力系统的一个组成部分。

在交流电力系统中，发电机、变压器、输配电设备都是三相的，这些设备之间的连线状况，可以用电力系统接线图来表示。电力系统主要分为三个部分。

一、发电厂（站）

发电厂（站）的类型一般是根据能源来分类的。目前在电力系统中，起主导作用的为水力发电站（厂）、火力发电厂和核能发电站。

（一）水力发电站

1.分类

根据抬高水位的方式和水利枢纽布置的不同，水力发电站又可以分为堤坝式、引水式和抽水蓄能式电站等。

（1）堤坝式水电站。在河床上的适当位置修建拦河坝，将水积蓄起来以形成水位差进行发电。这类水电站又可以分为坝后式水电站和河床式水电站两类。

坝后式水电站的厂房建在大坝的后面，全部水头压力由坝体承担，坝后式水电站适合于高、中水头的情况。河床式水电站的厂房和挡水堤坝连成一体，厂房也起挡水作用，由于厂房就修建在河床中，故称为河床式水电站。河床式水电站的水头一般较低，大多在30m以下。

（2）引水式发电站。引水式发电站修建在山区水流湍急的河道上或河床坡度较陡的地段，由引水渠道提供水头，且一般不需要修筑堤坝，只修低堰即可（有时因为地形地质条件限制）。

（3）抽水蓄能式电站。抽水蓄能式电站是一类特殊形式的电站，既可以抽水，又可以发电。当电力系统处于低负荷时，系统会有多出的余力，此时抽水蓄能电站机组就以电动机—水泵方式工作，将下游水库的水抽至上游水库蓄起来，当系统用电高峰到来时，机组则按水轮机—发电机方式运行，以满足系统高峰用电（调峰）的需要。此外，抽水蓄能式电站还具有调频、调相、系统备用容量和生产季节性电能等多种用途。抽水蓄能式电站在以火力发电、核能发电为主的电力系统中尤为重要。

2.水电站的生产过程

无论是哪一类水电站，都是由在高水位的水，经压力水管进入螺旋形蜗壳推动水轮机转子旋转，将水能转换为机械能，水轮机转子再带动发电机转子旋转，而使得机械能转换成电能。做完功的水则经尾水管排往下游，发出的电能则经变压器升压后由输电线路送至用户。

3.水力发电站的特点

其一，水力发电的过程相对比较简单，由于水力发电过程较简单，所需运行人员少，易于实现全自动化。其二，水力发电站不消耗燃料，所以其电能成本低。其三，水力机组的效率较高，承受变动负荷的性能较好，故在系统中的运行方式灵活，且水力机组启动迅速，在系统发生事故时能有力地发挥其后备作用。其四，在兴建水电站时，往往同时解决发电、防洪、灌溉、航运、养殖等多方面的问题，从而取得更大的综合经济效益。同时，水电站一般不存在环境污染的问题。

但是，建设水电站一般需要建设大量水工建筑物，投资大、工期长，特别是水库还将淹没一部分土地，给当地农业生产带来不利影响，并有可能在一定程度上破坏自然界的生态平衡。此外，水电站的运行方式还受气象、水文等条件的影响，有丰水期、枯水期之分，从而导致发电不够稳定，这将对系统运行不利。

（二）火力发电厂

1.分类

以煤炭、石油、天然气等为燃料的发电厂称为火力发电厂。火力发电厂中的原动机大部分为汽轮机，也有少数采用柴油机和燃气轮机。火力发电厂按其工作情况不同又可以分为以下几种。

（1）凝汽式火电厂。在这类发电厂中，燃料燃烧时的化学能被转换成热能（由锅炉产生蒸汽），再借助汽轮机等热力机械将热能转换成机械能，经由汽轮机带动发电机将机械能转换为电能。已做过功的蒸汽，排入凝汽器内冷却成水，又重新送回到锅炉使用。由于在凝汽器中，大量的热量被循环水带走，所以这种火电厂的效率很低，即使在现代超高温高压的火电厂，其效率也只能达到37%～40%。凝汽式火电厂通常简称为火电厂。

（2）热电厂。热电厂与火电厂的不同之处主要在于把汽轮机中一部分做过功的蒸汽，从中间段抽出来供给供热用户，或经热交换器将水加热后，把热水供给用户。热电厂通常建在供热用户附近，除发电外还向用户供热，这样就减少了被冷却循环水带走的热量损失，从而提高其效率。

2.火力发电厂的基本生产过程

火力发电厂由三大主要设备：锅炉、汽轮机、发电机及相应辅助设备组成，这类设备通过管道或线路相连构成生产主系统，即燃烧系统、汽水系统和电气系统。其生产过程简要叙述如下。

①燃烧系统。燃烧系统包括锅炉的燃烧部分和输煤、除灰和烟气排放系统等。煤由皮带机输送到锅炉车间的煤斗，进入磨煤机磨成煤粉，然后与经过预热器预热的空气一起喷入炉内燃烧，将煤的化学能转换成热能，烟气经除尘器清除灰粉后，由引风机抽出，经高大的烟囱排入大气。炉渣和除尘器下部的细灰由灰渣泵排至灰场。

②汽水系统。汽水系统包括锅炉、汽轮机、凝汽器及给水泵等组成的汽水循环和水处理系统、冷却水系统等。水在锅炉中加热后蒸发成蒸汽，经过加热器进一步加热，成为具有规定压力和温度的过热蒸汽，然后经过管道送入汽轮机。

在汽轮机中，蒸汽不断膨胀，高速流动，冲击汽轮机的转子，以额定转速（3000r/min）旋转，将热能转换成机械能，带动与汽轮机同轴的发电机发电。在膨胀过程中，蒸汽的压力和温度不断降低。蒸汽做功后从汽轮机下部排出。排出的蒸汽称为乏汽，乏汽排入凝汽器。在凝汽器中，汽轮机的乏汽被冷却，凝结成水。

凝汽器下部所凝结的水由凝结水泵升压后进入低压加热器和除氧器，提高水温并除去水中的氧（以防止腐蚀炉管等），再由给水泵进一步升压，然后进入高压加热器，回到锅炉，完成水—蒸汽—水的循环。给水泵以后的凝结水称为给水。

汽水系统中的蒸汽和凝结水在循环过程中总有一些损失，因此，必须不断向给水系统补充经过化学处理的水。补给水进入除氧器，同凝结水一块由给水泵打入锅炉。

③电气系统。电气系统包括发电机、励磁系统、厂用电系统和升压变电站等。发电机的机端电压和电流随其容量不同而变化。因此，发电机发出的电，一般由主变压器升高电压后，经变电站高压电气设备和输电线送往电网。极少部分电通过厂用变压器降低电压后，经厂用电配电装置和电缆供厂内风机、水泵等各种辅机设备和照明等用电。

（三）核能发电站

核电站由两个主要部分组成：核系统部分（包括反应堆及其附属设备）和常规部分（包括汽轮机、发电机及其附属设备）。

反应堆是实现核裂变链式反应的一种装置，主要由核燃料、慢化剂、冷却剂、控制调节系统、应急保安系统、反射体和防护层等部分组成。反应堆可以分为轻水堆（包括沸水堆和压水堆）、重水堆和石墨冷气堆等。目前，世界上使用最多的是轻水堆，其中绝大多数又为压水堆。

（四）其他类型的发电站

（1）太阳能发电。太阳能发电通常是指光伏发电，是利用太阳能电池将太阳光能直接转化为电能的一种发电方式。太阳能发电系统主要包括：太阳能电池组件（阵列）、控制器、蓄电池、逆变器、用户及照明负载等组成。其中，太阳能电池组件和蓄电池为电源系统，控制器和逆变器为控制保护系统，负载为系统终端。

（2）风力发电。风力发电就是利用风力的动能来生产电能。风力发电的过程是：当风力使旋转叶片转子旋转时，风力的动能就转变成机械能，再通过升速装置驱动发电机发出电能。风能是一种取之不尽的自然能源，但风能具有一定的随机性和不稳定性，因此，风力发电必须配有蓄能装置。

风力发电的主要优点是：清洁，环境效益好；可再生，永不枯竭；基建周期短；装机规模灵活。

风力发电的主要缺点是：噪声、视觉污染；占用大片土地；不稳定，不可控，目前成本仍然很高。

（3）其他利用再生能源发电的还有：利用地表深处的地热能来生产电能的地热发电；利用海水涨潮、落潮中的动能、势能来生产电能的潮汐发电。此外，还有利用燃料电池、垃圾燃料、核聚变能、生物质能等来生产电能。

这些发电站的容量一般不大，是电力系统的一种补充，但在目前世界能源形势下，加快这些新能源发电的开发力度是世界各国共同的发展趋势，而这些电站在特定情况下，尤其是在交通不便的偏僻农村，能发挥很大的作用。

二、电网（输配电系统）

电能的输送和分配是由输配电系统完成的。输配电系统又称电网，它包括电能传输过程中途经的所有变电站、配电站中的电气设备和各种不同电压等级的电力线路。实践证明，输送的电力越大，输电距离越远，选用的输电电压就越高，这样才能保证在输送过程中的电能损耗减少。但从用电的角度考虑，为了用电安全和降低用电设备的制造成本，则希望电压低一些。因此，一般发电厂发出的电能都要经过升压，然后由输电线路送到用电区，再经过降压后分配给用户使用，即采用高压输电、低压配电的方式。变电站就是完成这种任务的场所。

在发电厂设置升压变电站将电压升高以利于远距离输送，在用电区则设置降压变电站将电压降低以供用户使用。

降压变电站内装设有受电、变电和配电设备，其作用是接受输送来的高压电能，经过降压后将低压电能进行分配。而对于低压供电的用户，只需再设置低压配电站。配电站内不设置变压器，它只能接受电能和分配电能。

三、电力用户

电力系统的用户也称为用电负荷，可分为工业用户、农业用户、公共事业用户和人民生活用户等。根据用户对供电可靠性的不同要求，目前我国将用电负荷分为三级。

（1）一级负荷。对这一级负荷，中断供电会造成人身伤亡事故或对工业生产中关键设备造成难以修复的损坏，以致生产秩序长期不能恢复正常，造成国民经济的重大损失；或使市政生活的重要部门发生混乱等。

（2）二级负荷。对这一级负荷，中断供电将引起大量减产，造成较大的经济损失；或使城市大量居民的正常生活受到影响等。

（3）三级负荷。对这一级负荷的短时供电中断，不会造成重大的损失。

对于不同等级的用电负荷，应根据其具体情况采取适当的技术措施来满足它们对供电可靠性的要求。一级负荷要求供电系统必须有备用电源。当工作电源出现故障时，由保护装置自动切除故障电源，同时由自动装置将备用电源自动投入或由值班人员手动投入，以保证对重要负荷连续的供电。如果一级负荷不大时，可采用自备发电机等设备，作为备用电源。对于二级负荷，应由双回路供电；当采用双回路供电有困难时，则允许采用专用架空线供电。对于三级负荷，通常采用一组电源供电。

由于自然资源分布与经济发展水平等条件限制，电源点与负荷中心多处于不同地区。由于电能目前还无法大量储存，输电过程本质上又是以光速进行，电能生产必须时刻保持与消费平衡。因此，电能的集中开发与分散使用，以及电能的连续供应与负荷的随机变化，就成为制约电力系统结构和运行的根本特点。

第二节　电力系统的基本概念

一、电力系统的运行特点

任何一个系统都有它自己独有的特征，电力系统的运行和其他工业系统比较起来，具有如下明显特点。

（一）电能不能大量储存

电能的产生、输送、分配、消费、使用实际上是同时进行的，每时每刻系统中发电机发出的电能必须等于该时刻用户使用的电能，再加上传输这些电能时在电网中损耗的电能。这个产销平衡关系是电能生产的最大特点。

（二）过渡过程非常迅速

电能的传输近似于光的速度，以电磁波的形式传播，传播速度为30万千米/秒，“快”是它的一个极大特点。例如，电能从一处输送至另一处所需要的时间仅千分之几秒；电力系统从一种运行状态过渡到另一种运行状态的非常快。

（三）与国民经济各部门密切相关

现代工业、农业、国防、交通运输业等都广泛使用着电能，此外，在人民日常生活中也广泛使用着各种电器，而且各部门电气化程度越来越高。因此，电能供应的中断或不足，不仅直接影响着各行业的生产，造成人民生活紊乱，而且在某些情况下甚至会造成政治上的损失或极其严重的社会性灾难。

（四）对电能质量的要求颇为严格

电能质量的好坏是指电源电压的大小、频率和波形能否满足用户的要求。电压的大小、频率偏离要求值过多或波形因谐波污染严重而不能保持正弦，都可能导致产生废品、损坏设备，甚至大面积停电。因此，对电压大小、频率偏移以及谐波分量都有一定限额。

而且，由于系统工况时刻变化，这些偏移量和谐波分量是否总在限额之内，需经常监测，要求颇严。

由于这些特点的存在，对电力系统的运行提出了严格的要求。

二、对电力系统运行的基本要求

评价电力系统的性能指标是安全可靠性、电能质量和经济性能，根据电力系统运行的特点，电力系统应满足以下三点基本要求。

（一）保证可靠地持续供电

电力系统运行首先要满足可靠、不间断供电的要求。虽然保证可靠、不间断地供电是电力系统运行的首要任务，但并不是所有负荷都绝对不能停电，一般可按负荷对供电可靠性的要求将负荷分为三级，运行人员根据各种负荷的重要程度不同，区别对待。

通常对一级负荷要保证不间断供电。对二级负荷，如有可能也要保证不间断供电。当系统中出现供电不足时，三级负荷可以短时断电。

（二）保证良好的电能质量

电能质量包括电压质量、频率质量和波形质量三个方面。电压质量和频率质量一般都以偏移是否超过给定值来衡量，例如，给定的允许电压偏移为额定值的±5%，给定的允许频率偏移为±0.2～0.5Hz等。波形质量则以畸变率是否超过给定值来衡量。所谓畸变率（或正弦波形畸变率）是指各次谐波有效值平方和的方根值与基波有效值的百分比。给定的允许畸变率常因供电电压等级而异，例如，以380V、220V供电时为5%，以10KV供电时为4%，等等。所有这些质量指标，都必须采取一切手段予以保证。

对电压和频率质量的保证，我国电力工业部门多年来早已有要求，并已将其作为考核电力系统运行质量的重要内容之一。在当前条件下，为保证这些质量指标，必须做到大量增加系统有功功率、无功功率的电源，充分发挥现有电源的作用，合理调配用电、节约用电，不断提高系统的自动化程度等。

在我国，对波形质量的要求只是在系统中谐波污染日益严重的情况下才开始注意，有关规定还有待继续完善。所谓保证波形质量，就是指限制系统中电流、电压的谐波，而其关键则是限制各种换流装置、电热电炉等非线性负荷向系统注入的谐波电流。至于限制这类谐波电流的方法，则有更改换流装置的设计、装设无源滤波器或者有源电力滤波器、限制不符合要求的非线性负荷的接入等。

（三）努力提高电力系统运行的经济性

电力系统运行的经济性主要反映在降低发电厂的能源消耗、厂用电率和电网的电能损耗等指标上。

电能所损耗的能源在国民经济能源的总消耗中占的比例很大。要使电能在生产、输送和分配的过程中耗能小、效率高，对最大限度地降低电能成本起着十分重要的意义。

三、电力系统的中性点接地方式

电力系统的中性点一般指星形连接的变压器或发电机的中性点。这些中性点的运行方式是很复杂的问题，它关系到绝缘水平、通信干扰、接地保护方式、电压等级、系统接线等很多方面。我国电力系统目前所采用的接地方式主要有三种，即不接地、经消弧线圈接地和直接接地。一般电压在35千伏及其以下的中性点不接地或经消弧线圈接地，称为小电流接地方式；电压在110千伏及其以上的中性点直接接地，称为大电流接地方式。

（一）不接地方式

在中性点不接地的三相系统中，当一相接地后，中性点电压不为零，中性点发生位移，对地相电压发生不对称（接地相电压为零，未接地的两相对地电压升高到相电压的$\sqrt{3}$倍），但线与线之间的电压仍是对称的。所以，发生单相接地后，整个线路仍能继续运行一段时间。

单相接地时，通过接地点的电容电流为未接地时每一相对地电容电流的3倍。如果故障处短路电流很大，在接地点会产生电弧。在中性点不接地的三相系统中，当一相发生接地时，结果如下。

（1）未接地两相对地电压升高到相电压的$\sqrt{3}$倍，即等于线电压，所以在这种系统中，相对地的绝缘水平应根据线电压来设计。

（2）各相间的电压大小和相位仍然不变，三相系统的平衡没有遭到破坏，因此可以继续运行一段时间，这便是不接地系统的最大优点，但不允许长期接地运行，一相接地系统允许持续运行的时间最多不得超过2小时。

（3）接地点通过的电流为容性电流，其大小为原来相对地电容电流的3倍。这种电容电流不易熄灭，可能在接地点引起“弧光接地”，周期性地熄灭和重新发生电弧。“弧光接地”的持续间歇电弧很危险，可能引起线路的谐振现象进而产生过电压，损坏电气设备或发展成为相间短路。

（二）中性点经消弧线圈接地

中性点不接地的三相系统发生单相接地故障时，虽然可以继续供电，但在单相接地的故障电流较大时，例如，35千伏系统大于10A，10千伏系统大于30A时，却不能继续供电。为了防止单相接地时产生电弧，尤其是间歇电弧，则出现了经消弧线圈接地方式，即在变压器或发电机的中性点接入消弧线圈，以减小接地电流。

这种补偿又可分为全补偿、欠补偿和过补偿。电感电流等于电容电流，接地处的电流为零，此种情况为全补偿；电感电流小于电容电流为欠补偿；电感电流大于电容电流为过补偿。从理论上讲，采用全补偿可使接地电流为零，但因采用全补偿时，感抗等于容抗，系统有可能发生串联谐振，谐振电流若很大，将在消弧线圈上形成很大的电压降，使中性点对地电位大大升高，可能使设备绝缘损坏，因此一般不采用全补偿。

（三）中性点经小电阻接地

对于有些发展很快的城市配电网，由于中心区大量敷设电缆，单相接地电容电流增长较快，虽然装了消弧线圈，由于电容电流较大，且运行方式经常变化，消弧线圈调整困难，另外由于使用了一部分绝缘水平低的电缆，为了降低过电压水平，减小相间故障的可能性，配电网中性点采用经小电阻接地方式。

这种方式就是在中性点与大地之间接入一定阻值的电阻。该电阻与系统对地电容构成并联回路，由于电阻既是耗能元件，也是电容电荷释放元件和谐振的阻压元件，对防止谐振过电压和间歇性电弧过电压保护有一定优越性。在中性点经电阻接地方式中，一般选择电阻的阻值很小，在系统单相接地时，控制流过接地点的电流在500A左右，也有控制在1000A左右的，通过流过接地点的电流来启动零序保护动作，切除故障线路。

中性点经电阻器接地，可以消除中性点不接地和消弧线圈接地系统的缺点，即降低了瞬态过电压幅值，并使灵敏而有选择性的故障定位的接地保护得以实现；缺点是因接地故障入地电流I_k为100～1000A，中性点电位升高比中性点不接地、消弧线圈接地系统都要高，另外，接地故障线路迅速切除，间断供电。

（四）中性点直接接地

对于电压在110kV及以上的电网，由于电压较高，则要求的绝缘水平也就高，若中性点不接地，当发生接地故障时，其相电压升高$\sqrt{3}$倍，达到线电压，对设备的影响很大，需要的绝缘水平更高。为了节省绝缘费用保证其经济性，又要防止单相接地时产生间歇电弧过电抗器接地。

当中性点接地系统发生单相接地时，故障相由接地点通过大地形成单相的短路回路。单相短路回路中电流值很大，可使继电保护装置动作，断路器断开，将故障部分切除。如果是瞬时性的故障，当自动重合闸成功，系统又能继续运行。

可见，中性点直接接地的缺点是供电可靠性差，每次发生故障，断路器跳闸，供电中断。而现在的网络设计，一般都能保证供电的可靠性，如双回路或两端供电，当一回路故障时，断开电路，而且高压线上不直接连接用户，对用户的供电安全可以由另一回路保证。

四、电力系统的电压等级和规定

（一）电力系统的额定电压

生产厂家在制造和设计电气设备时都是按一定的电压标准来执行的，而电气设备也只有运行在这一标准电压附近，才能具有最好的技术性能和经济效益，这种电压就称为额定电压。

实际电力系统中，各部分的电压等级不同。这是由于电气设备运行时存在一个能使其技术性能和经济效果达到最佳状态的电压。另外，为了保证生产的系列性和电力工业的有序发展，我国国家标准规定了电气设备标准电压（又称额定电压）等级。

输电电压一般分为高压、超高压和特高压。高压通常指35～220kV的电压；超高压通常指330kV及以上、1000kV以下的电压；特高压指1000kV及以上的电压。

（1）同一电压级别下，各个电气设备的额定电压并不完全相等，为了使各种互相连接的电气设备都能运行在较有利的电压下，它们之间的配合原则是：以用电设备的额定电压作为参考。由于线路直接与用电设备相连，因此电力线路的额定电压和用电设备的额定电压相等，把它们统称为网络的额定电压。

（2）变压器具有发电机和用电设备的两重性，因此其额定电压的规定略为复杂。根据变压器在电力系统中传输功率的方向，规定变压器接受功率一侧的绕组为一次绕组，从电网接受电能，相当于用电设备；输出功率一侧的绕组为二次绕组，相当于发电机。

（二）电力网电压等级的选择

当输送的功率和距离一定时，一方面，线路的电压越高，线路中的电流就越小，所用导线的截面可以减小，用于导线的投资也较小，同时线路中的功率损耗、电能损耗也都相应减少。但另一方面，电压等级越高，线路的绝缘就要加强，杆塔几何尺寸要增大，线路、变压器和断路器等有关电气设备的投资也要增大。这表明对应一定的输送功率和输送距离，应有一个技术和经济上比较合理的电压。

五、电力系统的优越性

（1）提高了供电的可靠性。系统中一个发电厂发生故障时，其他发电厂仍可以向用户供电；一条输电线路发生故障，用户还可以从系统中的其他线路获取电源。可见，具有合理结构的电力系统的可靠性得到了大大提高。

（2）提高了供电的稳定性。电力系统容量较大，个别大负荷的变动即使有较大的冲击，也不会造成电压和频率的明显变化。小容量电力系统或孤立运行的发电厂则不同，较大的冲击负荷很容易引起电网电压和频率的较大波动，影响电能质量。

（3）提高了发电的经济性。电力系统可以获得多方面的经济效益。

①充分利用动力资源。如果没有电力系统，很多能源就难以充分利用。在电力系统中，可实现水电和火电之间的相互调剂，丰水期可多发水电，少发火电，节约燃料；枯水期则多发火电以保证电能的供给。

②提高发电的平均效率和其他经济指标。只有在大的电力系统内才能采用大容量的机组，从而获得较高的发电效率、较低的相对投资和运行维护费用。此外，在电力系统内，在各发电厂之间可以合理地分配负荷，可以让效率高的机组多发电，在提高平均发电效率上实现经济调度。

③减小总装机容量。电力系统中的综合最大负荷常小于各发电厂单独供电时各片最大负荷的总和。这是因为不同地区间负荷性质的差别、负荷的东西时差及南北季差等。若干发电厂通过电力系统运行时，有利于错开各地区的高峰负荷，导致减小系统中的最大负荷总和，从而减小总工作容量。另外，各发电厂的机组之间可以相互备用，还可以错开检修时间，减小备用容量。

第三节　电气设备及选择

一、电气设备选择的一般条件

（一）选择条件

（1）额定电压。按正常工作条件选择电气设备为设备额定电压的1.1～1.15倍，而电气设备所在电网的运行电压波动，一般不超过电网额定电压的1.15倍。因此，在选择电气设备时，一般可按照电气设备的额定电压不低于装置地点电网额定电压的条件选择。

（2）额定电流。电气设备的额定电流是指在额定环境温度下，电气设备的长期允许电流。额定电流应不小于该回路在各种合理运行方式下的最大持续工作电流。

（3）环境条件对设备选择的影响。一般非高原型电气设备的使用环境海拔高度不超过1000m。当地区海拔超过制造厂家的规定值时，由于大气压力、空气密度和湿度相应减少，使空气间隙和外绝缘的放电特性下降，则电气设备的最高允许工作电压应修正。当最高允许工作电压不能满足要求时，应采用高原型电气设备，或采用外绝缘提高一级的产品。

电气设备的额定电流是指在基准环境温度下，能允许长期通过的最大工作电流。此时电气设备的长期发热温升不超过其允许温度。在实际运行中，周围环境温度直接影响电气设备的发热温度，所以当环境温度不等于电气设备的基准环境温度时，其额定电流必须进行修正。

（二）按短路状态校验

1.短路热稳定校验

短路电流通过电器时，电气设备各部件温度（或发热效应）应不超过允许值。

2.电动力稳定校验

电动力稳定是电器承受短路电流机械效应的能力，亦称动稳定。满足动稳定的条件为电气设备允许通过的动稳定电流幅值及其有效值大于等于短路冲击电流幅值及其有效值。

3.短路电流的计算条件

为使所选电气设备具有足够的可靠性、经济性和合理性，并在一定时期内适应电力系统发展的需要，做验算用的短路电流应按下列条件确定。

（1）容量和接线。按本工程设计最终容量计算，并考虑电力系统的远景发展规划；其接线采用可能发生最大短路电流的正常接线方式，但不考虑在切换过程中可能短时并列的接线方式。

（2）短路种类。一般按三相短路验算，若其他种类短路较三相短路严重时，则应按最严重的情况验算。

（3）计算短路点。同一电压等级各短路点的短路电流值均相等，但通过各支路的短路电流将随着短路点位置的不同而不同。在校验电气设备和载流导体时，必须确定电气设备和载流导体处于最严重的短路点，使通过的短路电流校验值为最大。例如：

①两侧均有电源的断路器，应比较断路器前、后短路时通过断路器的电流值，择其大者为计算短路点；

②带电抗器的出线回路，一般可选电抗器后为计算短路点（这样出线可选用轻型断路器）。

4.短路计算时间

验算热稳定的短路计算时间为继电保护动作时间和相应断路器的全开断时间之和，继电保护动作时间一般取保护装置的后备保护动作时间，这是考虑到主保护有死区或拒动；而全开断时间是指对断路器的分闸脉冲传送到断路器操动机构的跳闸线圈时起，到各相触头分离后的电弧完全熄灭为止的时间段。显然，全开断时间包括断路器固有分闸时间和断路器开断时电弧持续时间。

下列几种情况可不校验热稳定或动稳定。

（1）用熔断器保护的电气设备，其热稳定由熔断时间保证，故可不验算热稳定。

（2）采用有限流电阻的熔断器保护的设备可不验算动稳定。

（3）装设在电压互感器回路中的裸导体和电气设备可不验算动稳定和热稳定。

二、高压断路器和隔离开关的功能及选择

高压断路器和隔离开关是发电厂和变电站电气主系统的重要开关电器。高压断路器的主要功能是：正常运行时倒换运行方式，把设备或线路接入电网或退出运行，起着控制作用；当设备或线路发生故障时，能快速切除故障回路，保证无故障部分正常运行，起着保护作用。断路器是开关电器中最为完善的一种设备，其最大特点是能断开电器的负荷电流和短路电流。隔离开关的主要功能是：保证高压电器及装置在检修工作时的安全，不能用于切断、投入负荷电流或开断短路电流，仅可允许用于不产生强大电弧的某些切换操作。

（一）高压断路器的选择

（1）断路器的种类和形式的选择。按照断路器采用的灭弧介质可分为油断路器（多油、少油）、压缩空气断路器、SF_6断路器、真空断路器等。

①油断路器：油断路器的结构特点为多油断路器的油作为灭弧和绝缘介质，少油断路器的油仅作为灭弧介质，对地绝缘依靠固体介质；技术性能特点是自能式灭弧，开断性能差；多油断路器仅有屋外形35kV电压级产品；少油断路器110kV及以上产品为积木式结构，全开断时间短；运行维护特点是易于维护、噪声低、油易劣化，需要一套油处理装置，需防火、防爆。

②压缩空气断路器：压缩空气断路器的结构较复杂，以压缩空气作为灭弧介质和弧隙绝缘介质，操作机构与断路器合为一体，技术性能特点是额定电流和开断能力可以做得较大、适于开断大容量电路、动作快、开断时间短；运行维护特点是噪声较大、维修周期长、无火灾危险，需要一套压缩空气装置作为气源。

③SF_6断路器：SF_6断路器的结构特点是SF_6气体作为灭弧介质，对材料、工艺及密封要求严格，有屋外敞开式及屋内落地罐式之别，更多用于GIS。技术性能特点是额定电流

和开断电流可做得很大、开断性能好、适于各种工况开断、断口电压可做得较高、断口开距小；运行维护特点是噪声低、不检修间隔期长、运行稳定、安全可靠、寿命长。

④真空断路器：结构特点是体积小、质量轻、灭弧室工艺材料要求高、以真空作为绝缘和灭弧介质、触头不易氧化；技术性能特点是可连续多次操作、开断性能好、灭弧迅速；目前我国只生产35kV及以下等级产品，110kV及以上等级产品正在研制中；运行维护特点是运行维护简单、灭弧室不需要检修、无灭弧及爆炸危险、噪声低。

选择断路器形式时，应依据各类断路器的特点及使用环境、条件来决定。

（2）额定电压和电流选择。高压断路器的额定电压和电流要大于电网的额定电压和电网的最大负荷电流。

（3）开断电流选择。高压断路器的额定开断电流，不应小于实际开断瞬间的短路电流周期分量。国产高压断路器按国家标准规定，高压断路器的额定开断电流仅计入20%的非周期分量。一般中、慢速断路器，开断时间较长，短路电流非周期分量衰减较多，能满足标准规定的要求。对于使用快速保护和高速断路器，其开断时间小于0.1s，当电源附近短路时，短路电流的非周期分量可能超过周期分量的20%，需要用短路全电流进行验算。

（4）短路关合电流的选择。在断路器合闸之前，若线路上已存在短路故障，则在断路器合闸过程中，动、静触头间在未接触时有巨大的短路电流通过（预击穿），更容易发生触头熔焊和遭受电动力的损坏；且断路器在关合短路电流时，不可避免地在接通后又自动跳闸，此时还要求能够切断短路电流。因此，额定关合电流是断路器的重要参数之一。为了保证断路器在关合短路电流时的安全，断路器的额定关合电流不应小于短路电流最大冲击值。

（5）短路热稳定和动稳定校验。

（6）发电机断路器的特殊要求。发电机断路器与一般的输变电高压断路器相比，由于在电力系统中处于特殊位置及开断保护对象的特殊性，因而在许多方面有着特殊要求。对发电机断路器的要求可概括为以下三个方面。

①对额定值的要求。发电机断路器要求承载的额定电流特别高，而且开断的短路电流特别大，都远超出相同电压等级的输变电断路器。

②对开断性能的要求。发电机断路器应具有开断非对称短路电流的能力，其直流分量衰减时间为133ms，还应具有关合额定短路关合电流的能力，该电流峰值为额定短路开断电流交流有效值的2.74倍以及要具有开断失步电流的能力等。

③对固有恢复电压的要求。因为发电机的瞬态恢复电压是由发电机和升压变压器参数决定的，而不是由系统决定的，所以其瞬态恢复电压上升率取决于发电机和变压器的容量等级，等级越高，瞬态恢复电压上升得越快。

由此可见，发电机断路器与相同电压等级的输配电断路器相比应满足许多高的要求，有的甚至是“苛刻”的要求。因此，对发电机断路器除了应满足现有的开关制造标准，还制定了发电机断路器的通用技术标准。在选用发电机断路器时，特别是大型机组，应对上述特殊要求给予充分重视，选用专用的发电机断路器。对于小型机组，可采用少油式断路器；对于中大型机组，主要采用SF_6断路器、压缩空气断路器。

（二）隔离开关的选择

隔离开关也是发电厂和变电站中常用的开关电器。它需与断路器配套使用。但隔离开关无灭弧装置，不能用来接通和切断负荷电流和短路电流。

隔离开关的工作特点是在有电压、无负荷电流的情况下分、合电路。其主要功能如下所述。

（1）隔离电压。在检修电气设备时，用隔离开关将被检修的设备与电源电压隔离，以确保检修的安全。

（2）倒闸操作。投入备用母线或旁路母线以及改变运行方式时，常用隔离开关配合断路器协同操作来完成。

（3）分、合小电流。因隔离开关具有一定的分、合小电感电流和电容电流的能力，故一般可用来进行下列操作：分、合避雷器，电压互感器和空载母线；分、合励磁电流不超过2A的空载变压器；关合电容电流不超过5A的空载线路。

隔离开关与断路器相比，额定电压、额定电流的选择及短路动、热稳定校验的项目相同。但由于隔离开关不用来接通和切除短路电流，故无须进行开断电流和短路关合电流的校验。

隔离开关的形式较多，按安装地点不同，可分为屋内式和屋外式；按绝缘支柱数目又可分为单柱式、双柱式和三柱式；此外，还有“V形”隔离开关。隔离开关的形式对配电装置的布置和占地面积有很大影响。隔离开关选型时应根据配电装置的特点和使用要求以及技术经济条件来确定。

三、高压熔断器的选择

高压熔断器是最简单的保护电器，它用来保护电气设备免受过载和短路电流的损害。与高压接触器（真空接触器或SF_6接触器）配合，广泛用于300～600MW大型火电机组的厂用6kV高压系统，称为“F–C回路”。

（一）高压熔断器形式选择

按安装条件及用途选择不同类型的高压熔断器，如屋外跌开式、屋内式，对用于保护电压互感器的高压熔断器应选专用系列。

（二）高压熔断器额定电压选择

对于一般的高压熔断器，其额定电压必须大于或等于电网的额定电压。但是对于充填石英砂有限流作用的限流式熔断器，则不宜使用在低于熔断器额定电压的电网中。这是因为限流式熔断器的灭弧能力很强，熔体熔断时因截流而产生过电压，一般在额定电压必须等于电网的额定电压，过电压倍数为2～2.5倍，不会超过电网中电气设备的绝缘水平；但如在额定电压大于电网的额定电压的电网中，因熔体较长，过电压值可达3.5～4倍相电压，可能损害电网中的电气设备。

（三）高压熔断器额定电流的选择

熔断器的额定电流选择，包括熔断器熔管的额定电流和熔体额定电流的选择。

（1）熔管额定电流的选择。为了保证熔断器的外壳不致损坏，高压熔断器的熔管额定电流应大于熔体的额定电流。

（2）熔体额定电流的选择。为了防止熔体在通过变压器励磁涌流和保护范围以外的短路及发电机自启动等冲击电流时的误动作，保护35kV及以下电力变压器的高压熔断器，其熔体的额定电流应根据电力变压器回路的最大工作电流选择。

保护电力电容器的高压熔断器的熔体，当系统电压升高或波形畸变引起回路电流涌流时不应熔断，其熔体的额定电流应根据电容器回路的额定电流选择。

（3）熔断器开断电流校验。对于没有限流作用的熔断器，选择时用冲击电流的有效值进行校验；对于有限流作用的熔断器，在电流达到最大值之前已截断，故可不计非周期分量影响。

四、互感器的选择

互感器是电力系统中测量仪表、继电保护等二次设备获取电气一次回路信息的传感器。互感器将高电压、大电流按比例变成低电压和小电流，其一次侧接在一次系统，二次侧接测量仪表与继电保护等。互感器包括电流互感器和电压互感器两大类，主要是电磁式的。

为了确保工作人员在接触测量仪表和继电器时的安全，互感器的每一个二次绕组必须有一可靠的接地，以防绕组间绝缘损坏而使二次部分长期存在高电压。

（一）电流互感器的选择

（1）种类和形式的选择。选择电流互感器时，应根据安装地点（如屋内、屋外）和安装方式（如穿墙式、支持式、装入式等）选择其形式。选用母线型电流互感器时应注意校核窗口尺寸。

（2）一次回路额定电压和电流的选择。

（3）准确级和额定容量的选择。为了保证测量仪表的准确度，电流互感器的准确级不得低于所供测量仪表的准确级。装于重要回路（如发电机、调相机、厂用馈线、出线等回路）中的电流互感器的准确级不应低于0.5级；对测量精度要求较高的大容量发电机、变压器、系统干线和500千伏级宜采用0.2级；对供运行监视、估算电能的电能表和控制盘上仪表的电流互感器应选用0.5 ~ 1级；供只需估计电参数仪表的电流互感器可用3级。对于不同的准确级，互感器有不同的额定容量，体现在互感器的准确级与二次侧负载有关。

（4）热稳定和动稳定校验。

①只对本身带有一次回路导体的电流互感器进行热稳定校验。电流互感器热稳定能力常以允许通过的热稳定电流或一次额定电流的倍数来表示。

②动稳定校验包括由同一相的电流相互作用产生的内部电动力校验，以及不同相的电流相互作用产生的外部电动力校验。

（二）电压互感器的选择

（1）种类和形式的选择。应根据装设地点和使用条件进行电压互感器的种类和形式的选择。

（2）一次额定电压和二次额定电压的选择。3 ~ 35kV电压互感器一般经隔离开关和熔断器接入高压电网。110kV及以上的电压互感器可靠性较高，电压互感器只经过隔离开关与电网连接。

（3）容量和准确级选择。根据仪表和继电器接线要求选择电压互感器的接线方式，并尽可能将负荷均匀分布在各相上，然后计算各相负荷的大小，按照所接仪表的准确级和容量，选择互感器的准确级和额定容量。互感器的额定二次容量（对应于所要求的准确级）应不小于电压互感器的二次负荷。

电压互感器三相负荷常不相等，为满足准确级要求，通常以最大相负荷进行比较。计算电压互感器各相的负荷时，必须注意电压互感器和负荷的接线方式。

五、限流电抗器的选择

常用的限流电抗器有普通电抗器和分裂电抗器两种，选择方法基本相同。

（一）额定电压和额定电流的选择

当分裂电抗器用于发电厂的发电机或主变压器回路时，额定电压一般按发电机或主变压器额定电流的70%选择；而用于变电站主变压器回路时，额定电流取臂中负荷电流较大者，当无负荷资料时，一般按主变压器额定容量的70%选择。

（二）电抗百分数的选择

1.普通电抗器的电抗百分数的选择

（1）按将短路电流限制到一定数值的要求来选择。

（2）正常运行时电压损失校验。

（3）母线残压校验。若出现电抗器回路未设置速断保护，为减轻短路对其他用户的影响，当线路电抗器短路时，母线残压应不低于电网电压额定值的60%～70%。

2.分裂电抗器电抗百分数的选择

分裂电抗器电抗百分值按将短路电流限制到要求值来选择。在正常运行情况下，分裂电抗器的电压损失很小，但两臂负荷变化可引起较大的电压波动，故要求两臂母线的电压波动不大于母线额定电压的5%。

（三）热稳定和动稳定校验

分裂电抗器抵御两臂同时流过反向电流的动稳定能力较低，因此，分裂电抗器除分别按单臂流过短路电流校验外，还应按两臂同时流过反向短路电流进行动稳定校验。

第四节　我国电力系统的发展及其特点

一、电力建设快速发展

（一）发电装机容量、发电量持续增长

“十一五”期间，我国发电装机和发电量年均增长率分别为10.5%、10.34%。发电装机容量继2000年达到了3亿千瓦后，到2009年已达到8.6亿千瓦。发电量在2000年达到了1.37万亿千瓦时，到2009年已达到34 334亿千瓦时，其中火电占到总发电量的82.6%，水电装机占总装机容量的24.5%，核电发电量占全部发电量的2.3%，可再生能源主要是风和太阳能，总量微乎其微。

从装机容量上看，自2014年以来，我国发电整体装机容量持续上升，每年新增装机容量呈下降趋势。到2019年发电容量达到3.56亿千瓦时，同比增长0.85%；新增装机容量为

417万千瓦时，同比下降51.46%。2020年中国水力发电装机容量为3.7亿千瓦时，同比增长3.93%；新增装机容量大幅增长，达到1 323万千瓦时，同比增长217.27%。

（二）电源结构不断调整和技术升级受到重视

水电开发力度加大，2008 年 9 月，三峡电站机组增加到 34 台，总装机容量达到 2250 万千瓦。核电建设取得进展，经过 20 多年的努力，建成以秦山、大亚湾 / 岭澳、田湾为代表的几个核电基地。截至 2008 年年底，国内已投入运营的机组共 11 台，占世界在役核电机组数的 2.4%，装机容量约 910 万千瓦，为全国电力装机总量的 1.14%、世界在役核电装机总量的 2.3%。高参数、大容量机组比重有所增加，截至 2009 年年底，全国已投运百万千瓦超超临界机组 21 台，是世界上拥有百万千瓦超超临界机组最多的国家；30 万千瓦及以上火电机组占全部火电机组的比重已经从 2000 年的 42.67% 提高到 2009 年的 69.43%，火电机组平均单机容量已经从 2000 年的 540 万千瓦提高到 2009 年的 10.31 万千瓦。

火电装机量在国内电网建设中长期处于主流地位，2010—2020年火电新增装机量起伏较大，但是占全部新增装机量的比重仍长期位列第一位。2015年以后，由于国家针对水电、风电、光伏发电出台了一系列补贴政策，加之风电和光伏的技术进步非常迅速，光伏、风电价格进一步下降至火电水平，同时由于无温室气体排放，可以通过碳排放交易获得一些收入。因此，火电新增装机量占比呈现快速下降趋势。2020年，我国火电装机量为5777万千瓦，占当年新增装机比例的30.3%。

随着装机容量的增长，我国水力发电产量稳定上升。到2019年中国水力发电量达到13 044.4亿千瓦时，同比增长5.9%；2020年中国水力发电量为13 552.1亿千瓦时，同比增长3.9%，占总发电量的17.4%，较上年增加0.4个百分点；2021年1—3月，中国水力发电量产量为1 958.6亿千瓦时，占总发电量的10.29%。

在机组效率方面，2020年1—11月，全国发电设备累计平均利用小时为3384小时，2020年火力发电利用小时为4216小时，火电在利用效率方面仅次于核电，但是从2010—2020年整体发展的趋势来看，火电设备的机组利用效率正在逐渐下降。目前，火电机组的利用效率偏低，导致固定成本摊销占比提高，进一步加剧了火电行业的经营压力，火电企业的生存与发展状况正变得越来越严峻，面临着压力和挑战的诸多威胁。考虑到近年新完成火电投资项目投产速度快于电力消费增速，且政策引导下的非化石能源装机规模及占比快速提升，预计短期内中国火电设备利用率仍将存在一定的回升压力，设备利用率提升仍需通过供给侧改革引导限制产能扩张实现。

（三）电网建设不断加强

随着电源容量的日益增长，我国电网规模不断扩大，发展迅速，输变电容量逐年增加。2009年，全年全国基建新增220kV及以上输电线路回路长度41457千米，变电设备容量27756万千伏安。2009年年底，全国220千伏及以上输电线路回路长度39.94万千米，比上年增长11.29%；220kV及以上变电设备容量17.62亿千伏安，比上年增长19.40%。其中500kV及以上交、直流电压等级的跨区、跨省、省内骨干电网规模增长较快，其回路长度和变电容量分别比上年增长了16.64%和25.97%。2021年，国家电网有限公司110kV及以上基建工程开工1.89万千米、1.33亿千伏安，投产2.66万千米、1.74亿千伏安，分别完成年度建设任务的63.8%、61.9%，开工投产完成率首次同时超过60%，创历史同期最高水平。目前，我国电网规模已超过美国，跃居世界首位。

（四）“西电东送”和全国联网发展迅速

我国能源资源和电力负荷分布的不均衡性，决定了“西电东送”是我国的必然选择。西电东送重点在于输送水电电能。按照经济性原则，适度建设燃煤电站，实施“西电东送”。

国家电网公司在电网建设方面将采取加大加快前期工作力度、加快“西电东送、南北互供、全国联网”工程的建设步伐、抓紧抓好三峡送出的三期工程建设、加快溪洛渡向家坝水电站送出工程的前期工作、重视抽水蓄能等调频调峰电源的建设、积极采用新技术新工艺、不断提高电网的可靠性等措施。

二、电力科学技术水平有较大提高

电力发展水平走在世界前列。一是火电机组参数等级、效率不断提高；二是水电建设代表了当今世界水平，建成了以三峡工程为代表的一批具有世界一流水平的水电工程；三是核电自主化程度不断提高，秦山二期建成投产标志着我国已具备65万千瓦压水堆核电机组的研发制造能力；四是超高压技术跻身国际先进行列，500kV紧凑型、同塔多回、串联补偿等技术得到应用；五是交、直流输电系统控制保护设备的技术水平已居于世界领先行列；六是直流输电技术快速发展。

三、可再生能源发电取得进步

（一）风力发电建设规模逐步扩大

从“七五”开始建设风电场，2008年年底，我国已建成风力发电机组上万台，风电场200多个，风电机组累计装机超过1200万千瓦。2008年，风电发电量为128亿千瓦时。2020年，中国风力发电发电量达4665亿千瓦时，较2019年增加了608亿千瓦时，同比增长14.99%。

（二）地热发电得到应用

就目前已勘查的可利用地热资源而论，首先是以中国西南地区最为丰富，已探明可利用地热能达2204.45MW，占全国勘查探明可利用地热能总量的51.05%；其次是华北和中南地区，分别探明可利用地热能达745.33MW和685.75MW，占全国可利用地热能总量的17.27%和15.89%；最后为华东地区，占9.92%；而东北、西北地区最少，已探明可利用地热能分别仅占全国总量的2.53%和3.34%。

（三）太阳能发电开始起步

截至2007年年底，全国光伏系统的累计装机容量达到10万千瓦，从事太阳能电池生产的企业达到50余家，太阳能电池的生产能力达到290万千瓦，太阳能电池年产量达到1188MW，2020年我国光伏发电新增装机4820万千瓦。其中，集中式光伏电站3268万千瓦，占68%；分布式光伏1552万千瓦，占32%，超过日本和欧洲。

四、电力系统的特点

从我国电力系统的发展情况来看，我国电力系统已经属于现代电力系统，主要具有以下七个特点。

（1）大机组。

（2）大电网。

（3）高电压。

（4）远距离。

（5）大容量输电。

（6）运行管理的自动化。

（7）可再生能源的应用。

第五节　电力系统频率与电压控制

电压和频率既是电气设备设计和制造的基本技术参数，也是衡量电能质量的两个基本指标。我国采用的额定频率为50Hz，正常运行时允许的偏移为±0.2～±0.5Hz。用户供电电压的允许偏移对于35kV及以上电压等级为额定值的±5%，10kV及以下电压等级为

±7%。为保证电压质量，对电压正弦波形畸变率也有限制，波形畸变率是指各次谐波有效值平方和的方根值对基波有效值的百分比，对于6~10kV供电电压不超过4%，0.38kV电压不超过5%。电压和频率超出允许偏移时，不仅会造成废品和减产，而且会影响用电设备的安全，严重时甚至会危及整个电力系统的安全运行。

频率主要取决于系统中的有功功率平衡，系统发出的有功功率不足，频率就偏低。电压则主要取决于系统中的无功功率平衡，当无功功率不足时，电压就偏低。因此，要保证良好的电能质量，关键在于系统发出的有功功率和无功功率都应满足在额定频率和额定电压下的功率平衡要求。电源要配置得当，还要有适当的调整手段。

一、电力系统频率指标及其影响

衡量电力系统的电能质量指标有三个，即电压、频率和波形。其对电压范围的要求是比较宽的，如可以偏离额定电压的±5%~±10%，有时甚至可达到±15%。而对于频率来说，它是一个全系统一致运行的参数，对频率的要求比起电压来要严格得多。一般来讲，现代电力系统在正常运行情况下，频率对额定值的偏离程度一般不超过0.05%~0.15%，频率误差仅相当于0.1%~0.3%。电力系统内任何两点电压可以不完全相等，但对频率任何两点是完全相同的，如果不同，则会处于“失步”状态，系统就会出现振荡。

（一）主频率调节的必要性

1.频率对电力用户及系统自身的影响

（1）电力系统频率变化会引起异步电动机转速变化，这会使得电动机所驱动的加工工业产品的机械转速发生变化。有些产品（如纺织和造纸行业的产品）对加工机械的转速要求很高，转速不稳定会影响产品质量，甚至会出现次品和废品。

（2）电力系统频率波动会影响某些测量和控制用的电子设备的准确性和性能，频率过低时有些设备甚至无法工作。这对一些重要工业来说是不允许的。

（3）电力系统频率降低将使电动机的转速和输出功率降低，导致其所带动机械的转速和出力降低，影响电力用户设备的正常运行。

2.频率对电力系统的影响

（1）当频率下降时，汽轮机叶片的振动会变大，轻则影响使用寿命，重则可能产生裂纹。对于额定频率为50Hz的电力系统，当频率降低到45Hz附近时，某些汽轮机的叶片可能因发生共振而断裂，造成重大事故。

（2）当频率下降到47~48Hz时，由异步电动机驱动的送风机、吸风机、给水泵、循环水泵和磨煤机等火电厂厂用机械的出力随之下降，火电厂锅炉和汽轮机的出力也随之下降，从而使火电厂发电机发出的有功功率下降。这种趋势如果不能及时制止，就会在短时间内使电力系统频率下降到不能允许的程度，这种现象称为频率雪崩。出现频率雪崩会造成大面积停电，甚至使整个系统崩溃。

（3）在核电站中，反应堆冷却介质泵对供电频率有严格要求。当频率降到一定数值时，冷却介质泵即自动跳开，使反应堆停止运行。

（4）当电力系统频率下降时，异步电动机和变压器的励磁电流增加，使异步电动机和变压器的无功消耗增加，从而引起系统电压下降。频率下降还会引起励磁机出力下降，并使发电机的电动势下降，导致全系统电压水平降低。如果电力系统原来的电压水平偏低，在频率下降到一定值时，可能出现电压快速而不断地下降，即所谓电压雪崩现象。出现电压雪崩会造成大面积停电，甚至使整个系统崩溃。

3.频率调整的必要性

（1）维持电力系统频率在允许范围之内。

电力系统频率是靠电力系统内并联运行的所有发电机机组发出的有功功率总和与系统内所有负荷消耗（包括网损）的有功功率总和之间的平衡来维持的。当系统内并联运行的机组发出的有功功率总和等于系统内所有负荷在额定频率所消耗的有功功率总和时，系统就运行在额定频率上。如果上述“平衡”关系遭到破坏，系统的频率就会偏离额定值。因此，电力系统有功功率控制的重要任务之一，就是要及时调节系统内并联运行机组原动机的输入功率，维持上述“平衡”关系，保证电力系统频率在允许范围。

（2）提高电力系统运行的经济性。

当系统内并联运行的所有机组发出的有功功率总和等于系统内所有负荷在额定频率所消耗的有功功率总和时，系统就运行在额定频率，但没有说明哪些机组参与并联运行，以及参与并联运行的机组各应该发出多少有功功率。电力系统有功功率控制的另一个任务就是要解决这个问题。

4.保证联合电力系统的协调运行

电力系统的规模在不断地扩大，已经出现了将几个区域电力系统连在一起组成的联合电力系统。有的联合电力系统实行分区域控制，要求不同区域系统间交换的电功率和按事先约定的协议进行。这时电力系统有功功率和频率的控制要对不同区域系统之间联络线上通过的功率和电量实行控制。电力系统频率和有功功率控制是密切相关不可分割的，应统一考虑并协同控制。

（二）电力系统频率的特性

系统频率的变化是由于发电机的负荷功率与原动机输入功率之间失去平衡所致，因此调频与有功功率调节是不可分开的。所以，电力系统运行中的主要任务之一，就是对频率不断地进行监视和控制，使得频率运行不断地维持在额定值附近。当系统机组输入功率与负荷功率失去平衡而使频率偏离额定值时，控制系统必须自动地调节机组的出力，以保证电力系统频率的偏移在允许范围之内。为了分析电力系统频率调节的特性，首先要讨论调节系统各单元的功频特性。其中，负荷和发电机组是两个最基本的单元。

1.电力系统负荷的功率—频率静态特性

当系统频率变化时，整个系统的有功负荷也要随着改变，这种有功负荷随频率而改变的特性叫作负荷的功率—频率特性，也是负荷的静态频率特性。

电力系统中各种有功负荷与频率的关系，可以归纳为以下几类。

（1）与频率变化无关的负荷，如照明、电弧炉、电阻炉、整流负荷等。

（2）与频率成正比的负荷，如球磨机、压缩机、卷扬机等。

（3）与频率的二次方呈比例的负荷，如变压器中的涡流损耗。

（4）与频率的三次方呈比例的负荷，如通风机、静水头阻力不大的循环水泵等。

（5）与频率的更高次方呈比例的负荷，如静水头阻力很大的给水泵等。

2.发电机组的有功功率—频率静态特性

发电机组转速的调整是由原动机的调速系统来实现的。因此，发电机组功率–频率特性取决于调速系统的特性。当系统的负荷变化引起频率改变时，发电机组的调速系统工作，改变原动机进汽量（或进水量），调节发电机的输入功率以适应负荷的需要。通常把由于频率变化而引起发电机组输出功率变化的关系称为发电机组的功率–频率特性或调节特性。

负荷增大，发电机组输出功率增加，频率低于初始值；反之，如果负荷减小，则调速器调整的结果使机组输出功率减小，频率高于初始值。这种调整就是频率的一次调整，由调速系统中的离心飞摆、错油门和油动机按有差特性自动执行。反映调整过程结束后发电机输出功率和频率关系的曲线称为发电机组的功率—频率静态特性，可以近似地表示为一条直线。

二、电力系统频率的调整控制

（一）电力系统频率的调整

负荷的变化将引起频率的相应变化。第一种变化负荷引起的频率偏移将由发电机组的调速器进行调整。这种调整通常称为频率的一次调整。第二种变化负荷引起的频率变动仅靠调速器的作用往往不能将频率偏移限制在容许的范围之内，这时必须有调频器参与频率调整，这种调整通常称为频率的二次调整。

一次调整时系统的单位调节功率越大，频率就越稳定。由于系统中发电机组的调差系数不能太小，系统的单位调节功率就不可能很大，而且它还随机组运行状态的不同而变化。当备用容量较小时，系统的单位调节功率也较小。增加备用容量虽可增大系统的单位调节功率以提高系统的单位调节功率，但备用容量过大时发电设备则得不到充分的利用。因此，以系统的功频静特性为基础的频率的一次调整的作用是有限的，它只能适应变化幅度小、变化周期较短的变化负荷。对于变化幅度较大、变化周期较长的变化负荷，一次调整不一定能保证频率偏移在允许范围内。在这种情况下，需要由发电机组的转速控制机构（同步器）进行频率的二次调整。

二次调频由发电机组的转速控制机构——同步器来实现。当机组负荷变动引起频率变化时，利用同步器平行移动机组功频静特性来调节系统频率和分配机组间的有功功率，这就是频率的“二次调整”，也就是通常所说的“频率调整”。由手动控制同步器的称为“人工”调频，由自动调频装置控制的称为自动调频。

进行频率的二次调整并不能改变系统的单位调节功率的数值。但是由于二次调整增加了发电机的功率，在同样的频率偏移下，系统能承受的负荷变化量增加了，或者说，在相同的负荷变化量下，系统频率的偏移减小了。

当二次调整所得到的发电机组功率增量不能满足负荷变化的需要时，不足的部分须由系统的调节效应所产生的功率增量来抵偿，因此系统的频率就不能恢复到原来的数值。在有许多台机组并联运行的电力系统中，当负荷变化时，只要还有可调的容量，都毫无例外地按静态特性参加频率的一次调整。而频率的二次调整一般只是由一台或少数几台发电机组（一个或几个厂）承担，这些机组（厂）称为主调频机组（厂）。

全系统有调整能力的发电机组都参与频率的一次调整，但只有少数厂（机组）承担频率的二次调整。按照是否承担二次调整可将所有电厂分为主调频厂、辅助调频厂和非调频厂三类，其中，主调频厂（一般是1～2个电厂）负责全系统的频率调整（二次调整）；辅助调频厂只在系统频率超过某一规定的偏移范围时才参与频率调整，这样的电厂一般也只有少数几个；非调频厂在系统正常运行情况下则按预先给定的负荷曲线发电。

（二）电力系统频率的异常控制

1.导致有功功率平衡关系突变的直接原因

电力系统频率异常不同于电力系统正常运行中的频率波动，关于频率波动的控制调节已讲得比较清楚。频率异常是指在电力系统发生事故时，由于突然造成的有功功率严重不平衡而引起的频率大幅的剧烈变化。

（1）两个系统之间联络线因故障跳开，使两侧有功功率有盈有亏，都失去了平衡。

（2）系统内有大机组突然故障退出运行，而旋转备用不足。

（3）系统内有大机组突然投入。

发生这类异常时，一般的调频手段已不能抑制，而需要特殊的控制频率异常的自动装置。频率异常控制装置可分为常规类和新型的计算机控制类。常规类频率异常控制装置分别装在各发电厂和变电站中，是用硬件电路板以布线逻辑方式实现的。由新型计算机控制的频率异常控制装置可以是电力调度自动化系统中的组成部分。

2.电力系统的常规频率异常控制装置

（1）低频减负荷装置。由于突然发生事故而导致系统有功功率严重不足必然会引起频率急剧下降，当频率下降到某一定值时，低频减负荷装置启动，自动切除预先安排的部分负荷并同时迅速启动备用机组，采取这些措施就可有效地抑制频率继续下降，并使其得以恢复。低频减负荷措施被看作维持系统稳定运行的最后一道防线。它如果失灵，必将导致系统的崩溃和瓦解。为了防止失去厂用电，在发电厂中应装设低频自动解列装置，使发电厂中的某几台机组在系统频率下降到某一定值时自动与系统解列，专门带厂用电负荷和部分重要负荷。

（2）低频降低电压装置。当系统频率降低到某一定值时，低频降低电压装置动作，自动调节变压器有载调压分接头位置，使用户电压在短时间内降低5%～8%。由于电压的降低，负荷所吸收的有功功率随之减小，这样就会有助于系统频率的稳定。这一方法在国外的一些电力系统中已被采用。

（3）低频自启动发电机装置。当系统频率下降到某一定值时， 利用低频继电器迅速启动备用发电机组，这些备用发电机组一般是能够快速启动的水轮发电机组和燃汽轮发电机组。

（4）低频调相改发电装置。水轮发电机常可根据系统需要做调相运行，此时发电机组不发有用功。一般在水轮机室充以压缩空气以减少空转时的损耗。当系统频率下降时，可通过低频继电器启动这一装置，使处于调相运行的发电机组迅速转为发电运行，这种装置很简单，实际上是水轮发电机组控制回路中的一部分。目前国内安装的水轮发电机组都具有这一功能。

（5）低频抽水改发电装置。在抽水蓄能水电厂，当系统频率下降时，利用低频继电器使发电机组由抽水运行方式迅速改为发电运行方式。抽水蓄能机组都是可逆的，既可抽水蓄能，又可放水发电。

（6）高频切机装置。当系统频率高过某一整定值时，利用高频继电器启动，将工作发电机从母线上切除，以减少系统功率过剩。

（7）高频减出力装置。当系统频率升高时，可用短时关小汽轮机主汽门或水轮机导水叶开度的方法，减少发电机组的功率，当系统故障消除后，又很容易恢复到正常功率。这种方法比高频切机灵活性好，但是实施起来比较困难，快关主汽门有一定难度。

3.电力系统频率异常的计算机控制

常规型频率控制装置的固有缺点，在于它是按固定逻辑的一套整定方法，不能适应大电网运行方式的复杂变化。由于不是智能型的，一经整定后，不论电力系统发生了哪种事故，它都不能视具体情况加以不同的处理。常规型频率控制装置为另一个主要缺点是用频率作为启动信号，因而事故后频率的下降会有时延，以频率为启动信号就使控制的效果受到影响。

计算机控制的新型频率控制装置，是一种能够根据系统的实时工况进行频率控制，具有自适应识别事故的能力和可以快速启动的自动化系统。在启动方式和整定方法上充分利用了计算机的优势，并针对常规型频率控制装置的不足之处加以改进。频率异常的计算机控制框中包括信息采集和运行方式计算、事故对策计算、事故识别、决策执行四个环节，采用了周期性实时采样计算与随机性事故识别决策相结合的控制方式。

（1）信息采集及系统运行方式计算。计算机以10s一次的采样速度，实时采集各发电厂出力、抽水蓄能负荷、全网负荷、线路潮流等数据和网络结构信息，并根据这些数据和信息计算实时潮流分布。

（2）事故对策计算。在实时潮流的基础上，设想各种事故，计算各种事故下的功率缺额，根据实时负荷情况，选定减负荷的对象和减负荷数值，并在装置上予以整定，这种计算和整定，每3min更新一次。

（3）事故识别。当系统发生了故障，则由断路器变位遥信传送跳闸动作情况。

（4）事故决策。系统根据事故跳闸信号，查阅事故对策表或立即计算，找出相应的减负荷对象立即发出指令。

由于这些控制是采取在线计算或查表的方式，基本上能做到系统发生故障后立即发出控制指令，而不必拖延到系统频率下降以后。这种控制对各类事故可视具体情况分别对待，而且启动迅速，能够有效地防止频率异常的情况出现。

按照上述原理构成的新型频率异常计算机控制装置，目前已在国外一些电力系统中开始应用，该计算机控制系统被称为系统稳定控制装置。该装置分别装于局部系统。还有一种集中型系统稳定控制装置，集中装设于大系统调度中心。采用计算机稳定控制装置，可以将事故时系统频率的变动范围限制在50Hz ± 0.5Hz，在故障发生0.2s后就能切除负荷或投入电源，可以在很大程度上提高系统事故后的频率水平。

三、电压系统电压指标及其影响

（一）电力系统的电压指标

电压是衡量电能质量的一个重要指标，保证用户电压接近额定值是电力系统运行调整的基本任务之一。

1.电压降落

电压降落是指电力系统中网络元件首末两端电压的相量差。

2.电压损耗

网络中两点电压的绝对值之差称作电压损耗，即当两点间的电压相位差不大时，可认为电压损耗近似等于电压降落的纵分量。

3.电压偏移

由于传送功率时在网络元件中会产生电压损耗，同一电压等级的电网中各点处的电压值不同，为了衡量电压质量，引入电压偏移的概念。电压偏移是指电网中任一点的实际电压值与该处网络电压的额定值之差，也可以用百分数的形式表示。

（二）电压调整的重要意义

各种用电设备都是按额定电压进行设计和制造的。这些设备在额定电压附近运行将能取得最佳效果。电压偏离额定值较多时将危害设备的安全运行，影响工业生产。

当系统电压过低时，各类负荷中所占比例最大的异步电动机的转差率增大，定子电流随之增大，发热增加，绝缘老化加速，这些均影响电动机的使用寿命。异步电动机的电磁转矩是与其端电压平方成正比的，当电压降低10%时，转矩大约降低19%。另外，电动机的启动过程会因电压的降低而拖长，甚至可能在启动过程中因温度过高而烧毁。电炉等电热设备的出力大致与电压的平方成正比，因此电压降低会延长电炉的冶炼时间，从而影响产量。电压太低还会使电视机不能正常收看节目、电冰箱不能启动、照明灯的亮度和发光效率大幅下降，影响居民的正常生活。

当系统电压过高时，会使各种电气设备的绝缘受损。变压器、电动机等的铁损增大、温升增加、寿命缩短，特别是对各种白炽灯的寿命影响更大。电压偏移过大不仅影响用户的正常工作，对电力系统本身也有不利的影响。电压降低，使网络中的功率损耗和能量损耗加大，电压过低还可能危及电力系统运行的稳定性。在系统中无功功率不足、电压水平低下的情况下，某些枢纽变电站会发生母线电压在微小扰动下顷刻之间大幅下降的“电压崩溃”现象，这更是一种后果极为严重，可导致发电厂间失步、整个系统瓦解的灾难性事故。

在电力系统的正常运行中，随着用电负荷的变化和系统运行方式的改变，网络中的电压损耗也随之发生变化。要使用户在任一时刻的实际工作电压都等于额定电压是不可能实现的。实际上，大多数用电设备可以在额定电压附近的某一范围内正常工作。因此，根据需要和可能，从技术和经济两个方面综合考虑，为各类用户规定一个合理的允许电压偏移是完全必要的。

在事故后的运行状态下，由于部分网络元件退出运行，网络等值阻抗增大，电压损耗将比正常时大，考虑到事故不会经常发生，非正常运行的时间不会很久，所以允许电压偏移比正常值再多5%，但电压升高总计不许超过10%。

电力系统的电压控制是非常必要的。采取各种措施，保证各类用户的电压偏移在规定的范围内，这就是电力系统电压控制的目标。

（三）电力系统无功功率平衡与系统电压水平

当系统的有功功率不足时，系统频率就会下降。同样，当系统无功功率不足时，系统电压水平就会降低。所不同的是，在稳定状态下系统频率是全系统统一的，即全系统的频率是相同的；而系统电压值在稳态时也并不统一，即同一时刻在系统的不同地点具有不同的电压值。

1.无功功率负荷

电力系统中的无功功率主要是消耗在异步电动机、变压器和输电线路这三类电气元件中，分述如下。

（1）异步电动机。异步电动机在电力系统负荷中所占比重很大，也是主要的无功功率设备。系统的无功电压特性主要由异步电动机决定。异步电动机的无功消耗情况既与电动机的受载情况有关，也与机端电压有关。

异步电动机无功功率消耗与其端电压在额定电压附近，异步电动机所消耗的无功功率随端电压上升而增加，随端电压下降而减少，但是当端电压下降到70%～80%的额定电压时，电压下降，异步电动机所消耗的无功功率反而增加。这一特性对电力系统运行的稳定性有重要影响。

（2）变压器的无功损耗。变压器的无功损耗包括变压器励磁损耗和漏抗损耗两部分。变压器简化等效电路，变压器的励磁损耗与变压器的一次侧电压平方成正比，当通过变压器的容量不变时，无功功率与电压的平方成反比。变压器的简化等效电路同三相异步电动机的简化等效电路相似，变压器的无功电压特性与三相异步电动机的相同。

变压器损耗的无功功率数值也相当可观。假如一台空载电流为2.5%、短路电压为10.5%的变压器在额定满载下运行时，其无功功率的消耗可达到额定容量的13%左右。如果从电源到用户要经过四级变压，则这些变压器中总的无功消耗将会达到通过的视在功率的50%～60%，而当变压器不满载运行时，所占的比例将更大。

（3）输电线路是用变压器将发电机发出的电能升压后，再经断路器等控制设备接入输电线路来实现。输电线路分为架空输电线路和电缆线路。输电线路在综合考虑技术、经济等各项因素后所确定的最大输送功率，称为该线路的输送容量。输送容量大体与输电电压的平方成正比。输电线路的保护有主保护与后备保护之分，主保护一般有两种纵差保护和三段式电流保护，而在超高压系统中主要采用高频保护。后备保护主要有距离保护、零序保护、方向保护等。

2.无功电源小

电力系统的无功电源有发电机、同步调相机、静电电容器、静止补偿器和静止无功发生器。后面四种设备又称为无功补偿装置。静电电容器只能吸收容性无功功率（发出感性无功功率），其余四类补偿装置既能吸收容性无功功率，也能吸收感性无功功率。

（1）发电机。发电机既是唯一的有功功率电源，又是最基本的无功功率电源。发电机发出的有功功率小于额定值时，它所发出的无功功率允许略大于额定条件下的无功功率。所以，当系统无功电源不足，而有功功率较充裕时，靠近负荷中心的发电机可以减少有功功率，增加无功功率，从而提高负荷中心处的电压水平。

（2）同步调相机。同步调相机相当于空载运行的同步电动机。当同步电动机运行在过励磁状态时，它向系统提供感性无功功率，相当于无功电源；当运行在欠励磁状态时，它从系统吸收感性无功功率，相当于无功负荷。

由于实际需要和运行稳定性的要求，欠励磁运行的最大容量仅允许为过励磁运行的50%~65%。装有自动励磁调节装置的同步调相机，能根据装设地点的电压值平滑调节无功输出，进行电压调节。当装设有强行励磁装置时，在系统故障情况下还能调整系统电压，有利于提高系统的稳定性。但是同步调相机是旋转机械，运行维护比较复杂。同时，同步调相机的有功功率损耗也较大，在满负荷时为额定容量的1.5%~5%，容量越小，损耗百分比越大。小容量的调相机每千伏安容量的投资也较大，所以调相机适宜大容量集中使用。此外，同步调相机的响应速度较慢，难以适应动态无功控制的要求。同步调相机正逐渐被静止无功补偿设备所取代。

（3）静电电容器。静电电容器可以按三角形接法或星形接法成组地连接到变电站的母线上。当节点电压下降，希望电容器多提供无功以抬高电压的时候，它却反而比平常还少提供了许多，因此，不能有效地制止该节点电压的继续下降，显然，电容器的无功功率调节能力较差。为了在运行中能够调节电容器供出的无功功率，可将电容器分成若干组，根据负荷变化分组投入或切除。

由于静电电容器价格便宜、安装简单、维护方便，因而在实际操作中仍被广泛使用，目前电力部门规定各用户功率因数不得低于0.95，一般均采取就地装设静电电容器的办法来改善功率因数。

（4）静止无功补偿器。电容器只能发出感性无功功率，而电抗器只能吸收感性无功功率，如果将两者结合起来，而且能够对其容量加以控制，其作用就可以类似调相机。静止补偿器正是基于上述原理构成的一种新型无功电源。它的调节性能好，使用方便可靠，经济性能也佳，是20世纪70年代才开始在电力系统中应用的动态无功功率补偿设备，目前主要有直流助磁饱和电抗器型、晶闸管控制电抗器型和自饱和电抗器型三种。

（5）静止无功发生器。静止无功发生器是近年来发展起来的一种新型静止无功补偿器，其输入来自一组储能电容器上的直流电压，输出的三相交流电压与电力系统电压同步，静止无功发生器有效地解决了补偿容量受节点电压影响的问题，即使在节点电压下降的情况下，静止无功发生器的输出无功功率也不会下降，仍能加大其无功输出。由于静止无功发生器设备投资费用很高，在国内应用较少，但随着技术的发展，静止无功发生器肯定会被广泛地应用。

3.无功功率平衡

电力系统无功功率平衡的基本要求是：系统中的无功电源可以发出的无功功率应该大于或至少等于负荷所需的无功功率和网络中的无功损耗之和。为了保证运行的可靠性和适应无功负荷的增长，系统还必须配置一定的无功备用容量。

若无功功率大于0，则说明系统的无功电源充足且有一定量的备用；若无功功率小于0，则说明系统的无功电源不足，应考虑增加系统无功电源的容量。系统的无功电源的出力包括系统中所有发电机提供的无功功率、系统所有无功补偿装置提供的无功功率。系统中的发电机一般认为在额定功率因数下运行，故可按额定功率计算发电机发出的无功功率。如果此时系统能够实现无功功率平衡，则系统具有一定量的无功功率备用。这是因为发电机是有一定量的有功功率备用。有功充足时，发电机在运行时可以适当减小有功出力来增加无功出力。

总的负荷无功功率可以依据有功功率和功率因数进行计算。为了减少无功功率的长距离传输，减少网损。我国有关技术导则规定，35kV及其以上电压等级直接供电的工业负荷功率因数不得低于0.90，其他负荷的功率因数不得低于0.85。

从减少网损和改善系统电压水平的角度考虑，仅仅实现全系统的无功功率平衡是不够的。无功功率的长距离传输不仅增加了网络的有功、无功功率损耗，而且导致输电线路过热等方面的问题。所以，不仅要实现全系统无功平衡，而且要实现各个区域分电压等级的无功功率平衡，避免无功功率的长距离传输，实现无功功率的就地平衡。

电力系统在不同运行方式下运行，可能分别出现无功功率不足和无功功率过剩的情况。在选择无功设备时要统筹兼顾，选择既可发出无功又可吸收无功的补偿设备。小容量、分散补偿的无功，可以选择静电电容器；大容量、集中补偿的无功补偿，如系统中枢点，应选择同步调相机或静止无功补偿装置。

四、电力系统电压的调整控制

（一）电压调整的三种基本方式

电力系统结构复杂且用电设备数量庞大，电力系统的运行部门对网络中各母线电压及各种用电设备的端电压进行监视和调整是不现实的，也是没有必要的。在电力系统中，只需将中枢点电压控制在允许的电压偏移范围内，则系统其他各处的电压质量也能基本满足要求。

1.母线作为电压中枢点的类型

（1）大型发电厂的高压母线。

（2）枢纽变电站的二次母线。

（3）带有大量地方负荷的发电厂母线。

以上电压中枢点的共同点是均能反映和控制整个系统网络的电压水平。根据中枢点所管辖电力网中负荷的变化程度和负荷分布范围，对中枢点调压方式提出原则性要求，以确定一个大致的电压变化范围。电压中枢点的调压方式有逆调压、顺调压、常调压（也称恒调压）三种类型。

2.电压中枢点的调压方式

（1）逆调压。逆调压主要适用于线路较长，负荷变化较大的大型电力网络。在最大负荷时提高中枢点的电压为线路额定电压的105%，以抵偿线路上因负荷增大引起的线路电压损耗增大；在最小负荷时将中枢点的电压降低，使之与线路额定电压相等，防止因负荷低而引起电压过高。逆调压方式要求最高、实现较难，需要在中枢点配备较贵重和先进的调压设备。

（2）顺调压。顺调压主要适用于线路不长、负荷变化不大、线路上的电压损耗也较小的小型网络。在最大负荷时，允许电压降低，但不得低于线路额定电压的102.5%；在最小负荷时，允许电压升高，但不得高于线路额定电压的107.5%。顺调压是一种较低的调压要求，最易实现，一般通过普通变压器分接头就可实现。

（3）常调压。常调压主要适用于一天24h内，负荷变化不大、线路电压损耗也较小的中型网络。此时只要将中枢点电压保持在较线路额定电压高2%～5%的数值范围即可，不必随负荷变化来调整中枢点电压。常调压方式较逆调压方式要求较低，利用普通变压器的分接头选择或装设静电电容器就可以达到要求。

以上三种调压方式均是在系统正常运行时的要求。当系统发生故障时，因电压损耗比正常时大，所以电压质量要求允许降低一些，负荷点的电压偏移允许较正常时再增大5%。

（二）电压调整的基本原理

发电机经过升压变压器、线路、降压变压器向负荷点供电。采取各种措施对负荷点电压进行调节。为了简化分析，忽略变压器励磁损耗和线路电容充电功率，变压器参数归算至高压侧，从而得到负荷点电压。

1.调节负荷端电压的措施

（1）调节发电机励磁装置电流以改变发电机机端电压。

（2）选择适当的变压器变比。

（3）改变输电线路参数。

（4）改变系统的无功功率分布。

2.发电机调压

在各种调压手段中，首先应当考虑发电机调压，因为这是一种不需要耗费额外投资而且最为直接的调压手段。

在发电机不经升压直接以发电机电压向用户供电的简单电网中，如果供电线路较短，线路上电压损耗就不大，则可采取改变发电机机端电压（如按逆调压调节）的方式来满足负荷点的电压质量要求，而不必另行装设调压设备。这种调压方式显然是最经济合理的。当发电机经多级变压再向负荷供电时，因线路较长、供电范围广，从发电厂到最远处的负荷点之间电压损耗的数值和变化的幅度都很大，这时单靠发电机调压是不能满足供电要求的。但在这种情况下，发电机仍然可以参加调压以满足近处负荷的电压要求。而远处的负荷要求则可用调节变压器分接头的方法予以解决。

对于有若干发电厂并列运行的电力系统，利用发电机调压会带来新的问题。因为调整个别发电厂母线的电压，会引起系统中无功功率的重新分布，这会与无功功率的经济分配发生矛盾。因此，在大中型电力系统中，发电机调压一般只作为一种辅助性的调压措施。

3.调整变压器分接头调压

为了能够调压，在普通双绕组变压器的高压侧绕组一般设有若干个分接头以供选择。容量为6300kVA及以下的变压器高压侧设有三个分接头，对于三绕组变压器，一般是在高压绕组和中压绕组中设置分接头。普通变压器的分接头调节，只能在停电时进行调整。一般仅在一年的不同季节时停电调整一下，而不可能随时进行调整，所以很难满足负荷变化时电压的质量要求。有载调压变压器可以在带负荷的情况下切换分接头，而且调节范围也比较大，一般为15%。110kV级有载调压变压器有7个分接头。采用有载调压变压器后，可以随时根据负荷的变化情况来调节分接头。如果系统中无功功率充足，凡采用普通变压器不能满足调压要求的场合，如长线路供电、负荷变动大、系统联络线的两端等，采用有载调压变压器，一般都可以满足调压要求。

当通过变压器所带负荷不同时，变压器一次侧电压、变压器上的电压损耗和变压器二次侧要求的电压均有所不同。通过计算可以求出在不同负荷下满足调压要求的一次侧变压器分接头。但普通变压器只能在停电的情况下对变压器的分接头进行调整，所以可以分别计算在最大和最小负荷下满足要求的一次侧变压器分接头。

4.利用无功功率补偿调压

无功功率的产生并不消耗能量，但无功功率在电网中传输却要引起有功损耗和电压降落。合理地配置无功容量，不仅可以改变电力网络的无功潮流分布，而且减少网络的有功损耗和电压损耗，从而改善用户处的电压质量。

补偿容量与调压要求和变压器的变比选择有关。为了充分利用补偿设备的容量，在满足调压要求的前提下，选择的变压器分接头应使无功补偿容量最小。线路电压损耗取决于线路电压降落的纵分量，纵分量主要包括两部分：一部分是由负荷的有功功率及电阻引起的分量；另一部分是由负荷的无功功率和电抗引起的分量。利用无功功率补偿调压的效果与负荷和网络的性质有关。在低压电网中，导线截面较小，线路的电阻比电抗大，负荷功率因数也较高一些。

（三）调压措施的应用

电压质量从全局来讲是电力系统的电压水平问题。为了保证运行中的系统有正常电压水平，系统拥有的无功功率电源必须满足在正常电压水平下的无功功率需求。

利用发电机调压不需要增加投资，是发电机直接供电的小系统的主要调压手段。在多机系统中，调节发电机的励磁电流要引起发电机间无功功率的重新分配，应该根据发电机与系统的连接方式和承担有功负荷的情况，合理地规定各发电机调压装置的整定值。利用发电机调压时，发电机的无功功率输出不应超过允许的限值。

当系统的无功功率供应比较充足时，各变电站的调压问题可以通过选择变压器的分接头来解决。当最大负荷和最小负荷两种情况下的电压变化幅度不大又不要求逆调压时，适当调整普通变压器的分接头一般就能满足要求。当电压变化幅度比较大或要求逆调压时，宜采用有载变压器。有载变压器既可以装设在枢纽变电站，也可以装设在大容量用户处。加压调压变压器还可以串联在线路上，对于辐射型线路，其主要目的是调压；对于环网，还能改善功率分布。

需要注意的是，在系统无功功率不足的情况下，不宜采用调整变压器分接头的方式来提高电压。因为当某一地区由于变压器分接头调整电压升高后，该地区所需的无功功率也增加了，这就可能扩大系统的无功缺额，从而导致整个系统无功功率的供应更加不足。

第六章　电气自动化控制技术研究

第一节　电气自动化控制技术的基本知识

一、概述

电气自动化是一种结合了电气技术与自动化技术的综合技术体系。我国的电气自动化控制系统经过多年发展，分布式控制系统相对于早期的集中式控制系统具有可靠、实时、可扩充的特点，集成化的控制系统则更多地利用了新科学技术的发展，功能更为完备。电气自动化控制系统的功能主要有：控制和操作发电机组，实现对电源系统的监控，对高压变压器、高低压厂用电源、励磁系统等进行操控。电气自动化控制技术系统可以分为三大类：定值、随动、程序控制系统，大部分电气自动化控制系统是采用程序控制以及采集系统。电气自动化控制系统对信息采集具有快速准确的要求，同时对设备的自动保护装置的可靠性以及抗干扰性要求很高，电气自动化具有优化供电设计、提高设备运行与利用率、促进电力资源合理利用的优点。

电气自动化控制技术是由网络通信技术、计算机技术以及电子技术高度集成，所以该项技术的技术覆盖面积相对较广，也对其核心技术——电子技术有着很大的依赖性，只有基于多种先进技术才能使其形成功能丰富、运行稳定的电气自动化控制系统，并将电气自动化控制系统与工业生产工艺设备结合后以实现生产自动化。电气自动化控制技术在应用中具有更高的精确性，并且其具有信号传输快、反应速度快等特点，如果电气自动化控制系统在运行阶段的控制对象较少且设备配合度高，则整个工业生产工艺的自动化程度便相对较高，这也意味着该种工艺下的产品质量可以提升至一个新的水平。现阶段基于互联网技术和电子计算机技术而成的电气自动化控制系统，可以实现对工业自动化产线的远程监控，通过中心控制室来实现对每一条自动化产线运行状态的监控，并且根据工业生产要求随时对其生产参数进行调整。

电气自动化控制技术是由多种技术共同组成的，其主要以计算机技术、网络技术和电子技术为基础，并将这三种技术高度集成于一身。所以，电气自动化控制技术需要很多技术的支持，尤其是对这三种主要技术有着很强的依赖性。电气自动化技术充分结合各项技术的优势，使电气自动化控制系统具有更多功能，更好地服务于社会大众。应用多领域的科学技术研发出的电气自动化控制系统，可以和很多设备产生联系，从而控制这些设备的工作过程。在实际应用中，电气自动化控制技术反应迅速，而且控制精度高。电气自动化控制系统，只需要负责控制相对较少的设备与仪器时，这个生产链便具有较高的自动化程度，而且生产出的商品或者产品，质量也会有所提高。在新时期，电气自动化控制技术充分利用了计算机技术以及互联网技术的优势，可以对整个工业生产工艺的流程进行监控，按照实际生产需要及时调整生产。

二、电气自动化控制技术发展的意义

目前，随着我国人民生活水平的不断提高，人们越来越重视电气自动化控制系统的应用。电气自动化控制技术具有很多优点，比如智能化、节约化、信息化等。电气自动化技术给人们的生活和工作带来了极大的便利，对社会经济的不断发展发挥着非常重要的作用。时代在进步，社会在发展，因此，为了跟上市场发展的需求，我国政府应该加大对电气自动化控制系统的投入力度，使得电气自动化控制系统的功能变得更加强大，保证电气自动化控制系统朝着开放化、智能化方向发展。

（一）电气自动化控制系统的发展历程

英国钢铁协会建立了电气设备弹跳方程和设备刚度的概念，将机器运行理论从单纯以经典力学知识为基础研究其变形规律转化为力学和自动控制理论相结合的统一研究，并建立了电气自动控制系统的数学模型，使得电气自动化控制研究从人工手动调节和电机压下阶段进入了自动控制阶段，实现了电气自动化控制史上的一次重大突破。由于该自动控制系统的推广，使得制作出的产品在几何精度上有了较大的提高，并在一段时间内被广泛使用。而后，随着计算机技术的飞速发展以及广泛应用，将计算机技术引入电气自动化控制中，再一次实现了自动化水平的飞跃，从此进入了计算机控制阶段。如今，AGC在电气自动化生产中已相当成熟。例如，基于模型参考自适应Smith预估器的反馈式AGC智能控制系统，该方法很好地将电气设备的波动现象给消除了，从而提升了响应速度。还有学者将传统的PI控制与嵌入式重复控制相结合，所提出的新型复合控制方案，也在电气自动化领域取得了很好的效果。

随着电气自动化控制系统的日臻完善以及板厚精度的不断提高，人工智能控制作为电气自动化控制的另一个重要方面，面临着巨大的挑战。以工业轧机为例，学者们以M.D.Stone的理论为基础，不断研究弹性基础理论及轧机液压弯轮技术，建立了板形自动控制系统，使板形控制技术迅速发展起来。日本研制出的HC轧机，以其优异的控制能力，广泛应用于冷轧领域中。同时，板形控制的研究还依赖于板形测量手段，这就需要先进的板形测量仪，目前我国自主研发的板形测量仪也已经达到了国际领先水平。近年来，也有众多学者对板形控制进行了深入研究。如张秀玲等提出的板形模式识别的GA-BP模型和改进的最小二乘法，便很好地将遗传算法的优点和神经网络结合，克服了传统的最小二乘法的缺点。刘宏民等提出的板形曲线的理论计算方法，实验结果表明该方法对于消除板凸度方面有很好的效果。再加上模糊控制的引入，在模糊控制理论的基础上进行板形控制的建模，这使得板形控制不再局限于对称板形，对于非对称板形上也能进行控制。

M.Tarokh等将AGC和AFC结合，提出电气工程智能控制系统后，国内外诸多学者对此进行了大量研究。由于此智能控制研究涉及的理论知识繁多，难以建立精确模型，同时还需要一定的工艺知识以及如何运用到生产设备中，这使得到目前为止还未达到理想的控制精度。但随着研究的深入、科技的发展，越来越多的理论运用到其中，这让智能制造技术在电气自动化控制领域也取得了不错的成绩。例如，借助PSO的小波神经网络解耦PID控制技术，使用小波神经网络解耦，然后PSO优化PID控制器参数，该方法具有良好的抗干扰能力。如今，随着现代控制理论和智能控制理论的发展，将两者结合运用到电气自动化控制系统中已经成为主流趋势，并且还在不断完善。

如今，电气自动化控制技术的发展前景十分明确，电气自动化控制技术已经成为企业生产的主要部分。除此之外，电气自动化控制技术还是现代电气自动化企业科学的核心技术，是企业现代化的物质基石，是企业现代化的重要标志。许多工厂、企业将生产产品需人工完成的或因环境危险工人无法完成的部分用机器进行替代，工业的电气自动化控制技术不仅节约了成本和时间，而且从一定程度上提高了工作效率。它的使用提高了工作的可靠性、运行的经济性、劳动生产率、改善劳动条件等。它的使用把人从繁重的体力劳动转变为对机器的控制技术，完成了人工无法完成的工作。当前许多学校为了顺应时代潮流，开设了电气自动化控制技术专业，电气自动化控制技术是电气信息领域的一门新兴学科，更重要的是它和人们的日常生活以及工业生产密切相关。如今它的发展非常迅速，当前相对比较成熟，已经成为高新技术产业的重要组成部分，电气自动化控制技术广泛应用于工业、农业、国防等领域。电气自动化控制技术的发展在国民经济中已经发挥着越来越重要的作用。可以说，电气自动化控制技术的发展是提升城市品位和城市居民生存质量的重要因素，是人民日益增长的物质需求造成的，是社会发展的必然产物。

随着我国市场经济的进一步成熟，电气自动化技术方面的竞争也越来越激烈。因此，我国电气自动化控制技术研发机构必须结合自身的实际情况，发挥自身的优势，才能在行业中抢占重要的位置。电气自动化技术能够最大限度地降低人工劳动的强度，提高检测的精准度，增强传输信息的实时性、有效性，保证生产活动的正常开展；同时，减少了发生安全事故的可能，确保设备能够正常地运行。

（1）电气自动化工程DCS（Distributed Control System）系统，即分布式控制系统，是相对于集中系统而言的一种新兴的计算机控制系统。但随着DCS的逐渐运用，也越来越感受到分布式控制系统所存在的缺点。比如，受DCS系统模拟混合体系所限制，仍然采用的是模拟的传统型仪表，大大降低了系统的可靠性能，维修起来也显得比较困难；分布式控制系统的生产厂家之间缺乏一种统一的标准，降低了维修的互换性；此外，就是价格非常昂贵。因此，在现代科技革命之下，必须进行技术上的创新。

（2）电气自动化控制系统的标准语言规范是Windows NT和IE，在电气自动化的发展领域，发展的主要流向已经演变为人机的界面。因为PC系统控制的灵活性质以及容易集成的特性，使其正在被越来越多的用户所接受和使用；同时，电气自动化控制系统使用的标准系统语言，使其更加容易进行维护处理。

（二）电气自动化控制系统的发展趋势

随着经济社会的发展、信息技术的进步以及网络技术的进一步发展，计算机在未来电气工程发展中的作用日益突出。Internet技术、以太网以及服务器体系结构等引发了电气自动化的一场场革命。由于市场需求的不断扩大使得自动化与IT平台不断融合，电子商务也不断普及，这又促使这一融合不断加快。在当前的信息时代，多媒体技术以及Internet技术在自动化领域中具有非常广泛的应用前景。电气企业的管理人员可以通过标准化的浏览器来存取企业中重要的管理数据，而且可以监控现在生产过程中的动态画面，从而及时地了解准确而全面的生产信息。除此之外，视频处理技术以及虚拟现实技术的应用对将来的电气自动化产品，比如，设备维护系统以及人机界面的设计产生了非常重要的影响。这就使得相应的通信能力、软件结构以及组态环境的重要性日益突出，电气自动化控制系统中软件的重要性也逐渐提高。电气自动化控制系统将从过去单一的设备逐渐朝着集成的系统方向转变。

1.注重开放化发展

在电气自动化控制系统研究中，相关研究人员应该注重开放化发展。目前，随着我国计算机技术水平的不断发展，相关研究人员都把电气自动化与计算机技术有效地结合在一起，促进了计算机软件的不断开发，使得电气自动化控制技术朝着集成化方向发展。与此同时，随着我国企业运营管理自动化的不断发展，ERP（Enterprise Resource Planning）系统集成管理理念引起大众广泛的关注。ERP系统集成管理主要指的就是把所有的控制系统和电气控制系统互相连接起来，从而实现对系统信息数据的有效收集和整理。另外，电气自动化控制系统还有很多优点，不仅能够实现信息资源的共享，还能提高企业的工作效率，这在一定程度上体现了电气自动化控制的全面开放化发展。最后，以太网技术也给电气自动化控制系统带来了很大的改变，从而使得电气自动化控制系统在多媒体技术和网络的共同参与下拥有了更多的控制方式。

2.加快智能化发展

电气自动化控制系统的广泛应用，给人们的生活和工作带来了很大便利。目前，随着以太网传输速率的提高，电气自动化控制系统面临着更大的挑战和机遇。因此，为了保证电气自动化控制系统的可持续发展，相关研究人员应该重视电气自动化控制系统的研究，加快智能化发展，从而满足目前市场的发展需求。与此同时，现在很多PLC（Programmable Logic Controller）生产厂家都在研究和开发故障检测智能模块，这在一定程度上减少了设备故障发生的概率，提高了系统的可靠性和安全性。总之，很多自动化控制厂商也都开始认识到自动化控制技术的重要性，从而促进了电气自动化控制向着智能化的方向发展，这为我国社会经济的不断发展奠定了坚实的基础。

3.加强安全化发展

对电气自动化控制系统来说，安全控制是其中应该重点研究的方向。为了保证电气用户能够在安全的情况下进行产品生产，相关的研究人员应该重点加强安全与非安全系统控制的一体化集成，尽量降低成本，从而保证电气自动化控制系统的安全运行。除此之外，从目前我国电气自动化控制系统的发展现状来看，系统安全已经逐步从安全级别需求最大的领域向其他危险级别较低的领域转变，同时，相关技术研究人员也应该重视电气自动化控制系统的网络设施发展，将硬件设备向软件设备方向发展，提高网络技术水平，从而保证网络的安全性和稳定性。

4.实现通用化发展

目前，电气自动化控制系统也正在朝着通用化的方向发展。为了真正实现自动化系统的通用化，应该对自动化产品进行科学的设计、适当的调试，并不断提高对电气自动化产品的日常维护水平，从而满足客户的需求。除此之外，目前很多电气自动化控制系统普遍在使用标准化的接口，这样做的目的是保证办公室和自动化系统资源数据的共享，摒弃以往电气接口的独立性，实现通用化，从而为用户带来更大的便利。

OPC（OLE for Process Control）技术的出现，以及Windows平台的广泛应用，使得未来计算机与电气技术不断结合正日益发挥着不可替代的作用。市场的需求驱动着自动化和IT平台的融合，电子商务的普及将加速这一过程。电气自动化控制系统的高度智能化和集成化，决定了研发制造人员的技术专业性要强；同时，也对电气自动化控制系统相关岗位的操作人员提出了专业性的要求。对岗位的操作人员培训尤其需要加强。对于电气自动化控制系统这一现代化技术装备，在进行安装的过程中就应该安排岗位人员进行培训，让他们在安装过程中熟悉整个系统的安装流程，加深技术人员对自动化系统的认知。特别是对于从未接触过这一新设备、新技术的企业和人员，显得更为重要，并且企业应该注重对员工的技术操作水平的提升，让技术员工必须掌握操作系统硬件、软件的相关实际技术要点和保养维修知识，避免人为降低系统工程的安全性与可靠性。

三、电气自动化控制技术系统的特点

（一）电气自动化控制技术系统的优点

说起电气自动化控制技术，不得不承认现如今经济的快速发展是和工业电气自动化控制技术有关的，电气自动化控制技术可以完成许多人无法完成的工作，比如，一些工作是需要在特殊环境下完成的，辐射、红外线、冷冻室等这些环境都是十分恶劣的，长期在恶劣的环境下工作会对人体健康产生影响，但许多环节又是需要完成的，这时候机器自动化的应用就显得尤为重要，所以工业电气自动化的应用可以给企业带来许多便利，它可以提高工作效率，减少人为因素造成的损失，工业自动化为工业带来的便利不容小觑。

据相关调查研究发现，一个完整的变电站综合自动化系统除在各个控制保护单元中存有紧急手动操作跳闸以及合闸的措施之外，别的单元所有的报警、测量、监视以及控制功能等都可以由计算机监控系统来进行。变电站不需要另外设置一些远动设备，计算机监控系统可以使得遥控、遥测、遥调以及遥信等功能与无人值班的需要得到满足。就电气自动化控制系统的设计角度而言，电气自动化控制系统具有许多优点，其优点如下所述。

1.集中式设计

电气自动化控制系统引用集中式立柜与模块化结构，使得各控制保护功能都可以集中于专门的控制与采集保护柜中，全部的报警、测量、保护以及控制等信号都在保护柜中予以处理，将其处理为数据信号之后，再通过光纤总线输送到主控室中的监控计算机中。

2.分布式设计

电气自动化控制系统主要应用分布式开放结构以及模块化方式，使得所有的控制保护功能都分布于开关柜中或者尽可能接近于控制保护柜之上的控制保护单元，全部报警、测量、保护以及控制等信号都在本地单元中予以处理，将其处理为数据信号之后通过光纤的总线输送到主控室的监控计算机中，各个单元之间互相独立。

3.简单可靠

因为在电气自动化控制系统中用多功能继电器来代替传统的继电器，能够使二次接线得以有效简化。分布式设计主要是在主控室和开关柜间进行接线，而集中式设计的接线也局限在主控室和开关柜间，因为这两种方式都在开关柜中进行接线，施工较为简单，接线具有能够在开关柜与采集保护柜中完成的特点，操作较为简单而可靠。

4.具有可扩展性

电气自动化控制系统的设计可以对电力用户未来对电力要求的提高、变电站规模以及变电站功能扩充等进行考虑，具有较强的可扩展性。

5.兼容性较好

电气自动化控制系统主要是由标准化的软件以及硬件所构成，而且配备有标准的就地I/O接口与穿行通信接口，电力用户能够根据自己的具体需求予以灵活的配置，而且系统中的各种软件也非常容易与当前计算机计算的快速发展相适应。

当然，电气自动化控制技术的快速发展与它自身的特点是密切相关的，例如，每个自动化控制系统都有其特定的控制系统数据信息，通过软件程序连接每一个应用设备，对于不同设备有不同的地址代码，一个操作指令对应一个设备，当发出操作指令时，操作指令会即刻到达所对应设备的地址，这种指令传达得快速且准确，既保证了即时性，又保证了精确性。与工人人工操作相比，这种操作模式的误操作概率会更低，自动化控制技术的应用保证了生产操作得以快速高效地完成。除此之外，相对于热机设备来说，电气自动化控制技术的控制对象少、信息量小、操作频率相对较低，且快速、高效、准确。同时，为了保护电气自动化控制系统，使得其更稳定、数据更精确，系统中连带的电气设备均有较高的自动保护装置，这种装置对于一般的干扰均可降低或消除，且反应能力迅速，电气自动化系统的大多设备有连锁保护装置，这一系列措施满足有效控制的要求。

作为一种新兴的工艺和技术，电气自动化解决的最主要问题是很多人力不能完成的工作，因为恶劣的环境而没有办法解决的问题也能顺利完成，比如，在温度极高或者极低的条件下工作或者在有辐射的环境下工作，劳动者的身体也会在一定时间里受到不同程度的损害，更有甚者，这种病将会伴随他们一生，成为一种职业病，但有的重要部分是不可省去的。电气自动化技术就可以通过控制机器，来完成这些需要在特定环境下完成的工作，很大程度上节省了人力、物力，同时使工人的健康得到保障，工作效益也进一步得到提高，企业也会减少一些不必要的损失。显而易见，电气自动化控制技术给企业带来的益处数不胜数。电气自动化控制技术的特点与它的飞速发展是紧密联系的，比如每一个控制系统都不是随随便便建立的，它有其自身相关的数据信息，每一台设备都和相应的程序连接，地质代码也会因为设备的不同而有所差异，操作指令发出后会快速地传递到相应的设备中，及时并且准确。电气自动化控制系统的这种操作大大降低了由于工人大意而造成的误差，并且在一定程度上提高了工作效率。

（二）电气自动化控制技术系统的功能

电气自动化控制技术系统具有非常多的功能，基于电气控制技术的特点，电气自动化控制技术系统要实现对发电机——变压器组等电气系统断路器的有效控制，电气自动化控制技术系统必须具有以下基本功能：发电机——变压器组出口隔离开关及断路器的有效控制和操作；发电机——变压器组、励磁变压器、高变保护控制；发电机励磁系统励磁操作、灭磁操作、增减磁操作、稳定器投退、控制方式切换；开关自动、手动同期并网；高压电源监测和操作及切换装置的监视、启动、投退等；低压电源监视和操作及自动装置控制；高压变压器控制及操作；发电机组控制及操作；等等。

电气自动化控制系统中的控制回路主要是确保主回路线运行的安全性与稳定性。控制回路设备的功能主要包括以下四方面。

1.自动控制功能

就电气自动化控制系统而言，在设备出现问题的时候，需要通过开关及时切断电路从而有效避免安全事故的发生。因此，具备自动控制功能的电气操作设备是电气自动化控制系统的必要设备。

2.监视功能

在电气自动化控制系统中，自变量电势是最重要的，其通过肉眼是无法看到的。机器设备断电与否，一般从外表是不能分辨出来的，这就必须借助传感器中的各项功能，对各项视听信号予以监控，从而实时监控整个系统的各种变化。

3.保护功能

在运行过程中，电气设备经常会发生一些难以预料的故障问题，功率、电压以及电流等会超出线路及设备所许可的工作限度与范围。因此，这就要求具备一套可以对这些故障信号进行监测并且对线路与设备予以自动处理的保护设备，而电气自动化控制系统中的控制回路设备就具备这一功能。

4.测量功能

视听信号只可对系统中各设备的工作状态予以定性的表示，而电气设备的具体工作状况还需要通过专业设备对线路的各参数进行测量才能够得出。

电气自动化控制技术系统具有如此多的功能，给社会带来了许多便利。电气控制技术自动化给人们带来了社会发展的稳定与进步，以及现代化生产效率的极大提高。因此，积极探讨并不断深入研究当前国家工业电气自动化的进一步发展和战略目标的长远规划有着十分深远的现实意义。

第二节　电气自动化控制技术系统的简析

一、电气自动化控制技术系统的含义

电气自动化控制系统指的是不需要人为参与的一种自动控制系统，可以通过监测、

控制、保护等仪器设备实现对电气设施的全方位控制。电气自动化控制系统主要包括供电系统、信号系统、自动与手动寻路系统、保护系统、制动系统等。供电系统为各类机械设备提供动力来源；信号系统主要负责采集、传输、处理各类信号，为各项控制操作提供依据；自动和手动寻路系统可以借助组合开关实现自动和手动的切换；保护系统通过熔断器、稳压器保护相关线路和设备；制动系统可以在发生故障或操作失误时进行制动操作，以减小损失。

二、电气自动化控制技术系统的分类

电气自动化控制系统可以从多个角度进行分类。从系统结构角度分析，电气自动化控制系统可以分为闭环控制系统、开环控制系统和复合控制系统；从系统任务角度分析，电气自动化控制系统具体分为随动系统、调节系统和程序控制系统；从系统模型角度进行分类，电气自动化控制系统主要包括线性控制系统和非线性控制系统两种类型，还可以分为时变控制系统和非时变控制系统；从系统信号角度进行分类，电气自动化控制系统可以分为离散系统和连续系统。

三、电气自动化控制技术系统工作的原则

在电气自动化控制系统的工作过程中，不是连接单一设备，而是多个设备相互连接同时运行，并对整个运行过程进行系统性调控，同时，需要应用生产功能较完整的设备进行生产活动控制，并设置相关的控制程序，对设备的运行数据进行显示和分析，从而全面掌握系统的运行状态。电气自动化控制系统需要遵循的工作原则主要包括以下几点。

（1）具备较强抗干扰能力，由于是多种设备相互连接同时运行，不同设备之间会产生干扰，电气自动化控制系统要通过智能分析使设备提高排除异己参数的抗干扰能力。

（2）遵循一定的输入和输出原则，结合工程实际应用的特点及工作设备型号，技术人员需调整好相关的输入与输出设置，并根据输入数据对输出数据进行转化，通过工作自检避免响应缓慢的问题，并对设定的程序进行漏洞修补，从而实现定时、定量的输入和输出。

四、电气自动化控制技术系统的应用价值

随着科技的进步和工业的发展，电气自动化生产水平也得到提高。因此，加强系统的自动化控制尤其重要。电气自动化控制系统可以实现过程的自动化操控及机械设备的自动控制，从而降低人工操作难度，进一步提高工作效率，其应用价值主要体现在以下四点。

（一）自动控制

电气自动化控制系统的一个主要应用功能就是自动控制，例如，在工业生产中的应用，只需要输入相关的控制参数就可以实现对生产机械设备的自动控制，以缓解劳动压力。电气自动化控制系统既可以实现运行线路电源的自动切断，还可以根据生产和制造需要设置运行时间，实现开关的自动控制，避免人工操作出现各种失误，极大地提高生产效率和质量。

（二）保护作用

工业生产的实际操作中，会受到各种复杂因素的影响，例如，生产环境复杂、设备多样化、供电线路连接不规范等，极易造成设备和电路故障。传统的人工监测和检修难以全面掌控设备的运行状态，导致各种安全隐患问题。通过应用电气自动化控制系统，在设备出现运行故障或线路不稳定时，可以通过保护系统实现安全切断，终止运行程序，避免了安全事故和经济损失，保障电气设备的安全运行。

（三）监控功能

监控功能是电气自动化控制系统应用价值的重要体现，在计算机控制技术和信息技术的支持下，技术人员可以通过应用报警系统和信号系统，对系统的运行电压、电流、功率进行限定设置，一但超出规定参数时，可以通过报警装置和信号指示对整个系统进行实时监控。此外，电气自动化控制系统还可以实现远程监控，将各控制系统的计算机进行有效连接，通过识别电磁波信号，在远程电子显示器中监控相关设备的运行状态，从而实现数据的实时监测和控制。

（四）测量功能

传统的数据测量主要通过工作人员的感官进行判断，例如，眼睛看、耳朵听，从而了解各项工作的相关数据。电气自动化控制系统具有对自身电气设备电压、电流等参数进行测量的功能，在应用过程中，既可以实现对线路和设备的各种参数的自动测量，还可以对各项测量数据进行记录和统计，为后期的各项工作提供可靠的数据参考，方便工作人员的管理。

第三节　电气自动化控制技术系统的设计

一、电气自动化控制系统设计存在的问题

（一）设备的控制水平比较低

电气自动化的设备更需要不断地完善和创新，体系的数据也会出现改动，伴随数据的变化还有新设备的使用就需要厂商及时地导入新的数据。但是在这个过程中，因为设备控制的水平相对来说较低，就阻止了新数据的导入，也使新的数据库不能体系地去控制，因而需要不断地更新设备控制的水平。

（二）控制水平与系统设计脱节

控制水平的凹凸直接影响着设备的使用寿命以及运转功能，对控制水平的需求也就相应较高，可是当前设备控制选用一次性开发，无法统筹公司的后续需求，直接造成控制水平与出产体系规划的开展脱节，所以公司应当注重设备控制水平的进步，使其契合体系的规划需求。

（三）自动化设备维护更重要

一个健康的人如果不断地工作，长期不去体检，得了小病也不去治疗，长时间如此就会累积成大病乃至去世。自动化体系长时间运行也会出毛病。自电气自动化操控体系进入水厂出产技术以来，大大提高了水厂出产运行的安全性、稳定性，减轻了职工的劳动强度。在得到获益的同时，也存在一些问题。一是有些配件出现毛病后，由于自动化配件更新快，有些配件现已停产购买不到；二是有些自动化配件损坏后置办不到同种类型，或厂家供给更换类型不符合当前的操控需求；三是自动化配件及体系的惯例配件收购渠道不疏通；四是懂得自动化操控体系的人才缺乏，自动化设备购买后不能得到有效的维修。

综上所述，如今滤池反冲刷技术、沉淀池排泥体系有些出产技术的自动化体系已成为半自动化，所以电气自动化设备的保护更重要。

二、电气自动化控制系统的作用

在企业进行工业生产时，利用电气自动化控制技术可以对生产工艺实现自动化控制。新时期的电气自动化控制技术，使用的是分布式控制系统，能在工业生产过程中，有效地进行集中控制。而且电气自动化控制技术还可以进行自我保护，当控制系统出现问题时，系统会自动进行检测，然后分析系统出现故障的原因，确定故障位置，并立刻中断电源，使故障设备无法继续工作。这样可以有效避免因为个别设备出现问题，而影响产品质量的情况，从而降低企业因为个别故障设备而造成的成本损失。所以，当企业利用电气自动化控制技术来进行生产时，可以提高整个生产工艺的安全性，从某种程度上降低企业的生产成本。而且，现在大部分企业中应用的电气自动化控制系统，都可以实现远程监控，企业可以通过电气自动化控制技术，来远程监控生产工艺中不同设备的运行状况。假如某个环节出现故障，控制中心就会以声光的形式来发出警告，通过电气自动化控制的远程监控功能，减少个别故障设备所造成的损失，并且当故障出现时，可以尽快被相关工作人员察觉，从而避免扩大损失。

现在，在企业中应用的电气自动化控制系统，还可以在工作过程中分析生产过程中涉及设备的工作情况，将设备的实际数据与预设数据比较，当某些设备出现异常时，电气自动化控制系统还可以对设备进行调节，因此企业采用电气自动化控制技术能提高生产线的稳定性。

三、电气自动化控制技术系统的设计理念

目前，电气自动化控制系统有三种监控方式，分别是现场总线监控、远程监控与集中监控。这三种方案依次可实现远程监测、集中监测与针对总线的监测。

集中监控的设计尤为简单，要求防护较低的交流措施，只用一个触发器进行集中处理，可以方便地维护程序，但是对于处理器来说，较大的工作量会降低其处理速度，如果全部电气设备都要进行监控就会降低主机的效率，投资也因电缆数量的增多而有所增加。还有一些系统会受到长电缆的干扰，如果生硬地连接断路器也会无法正确地连接到辅助点，给相应人员的查找带来很大困难，一些无法控制的失误也会产生。远程监控方式同样有利有弊，电气设备较大的通信量会降低各地通信的速度。它的优点也有很多，比如，灵活的工作组态、节约费用和材料相对来说可靠性更高。但是总体来说，远程监控这一方式没有很好地体现出电气自动化控制技术的特点，经过一系列试验和实地考察，现场总线监控结合了其余两种设计方式的优点，并且对其存在的缺点进行了有效改良，同时电气自动化控制系统的设计理念也随之形成。设计理念在设计过程中主要体现在以下几个方面。

①电气自动化控制技术实行集中检测时，可以实现一个处理器对整个控制的处理，简

单灵活的方式极大地方便了运行和维护。

②电气自动化控制技术远程监测时，可以稳定地采集和传输信号，及时反馈现场情况，依据具体情况来修正控制信号。

③电气自动化控制技术在监测总线时，集中实现控制功能，从而实现高效的监控。从电气自动化控制技术的整体框架来说，在许多实际应用中都体现出电气自动化控制技术系统的设计理念，也获得了许多成绩，所以在进行电气自动化控制技术设计时，依据自身的实际情况选择合理的设计方案。

四、电气自动化控制技术系统的设计流程

在机电一体化产品中，电气自动化控制系统具有非常重要的作用，它就相当于人类的大脑，用来对信息进行处理与控制。所以，在进行电气自动化控制系统的设计时一定要遵循相应的流程。依照控制的相关要求将电气自动化控制系统的设计方案确定下来，然后将控制算法确定下来，并且选择适当的微型计算机，制定电气自动化控制系统的总体设计内容，最后开展软件与硬件的设计。虽然电气自动化控制系统的设计流程较为复杂，但是在设计时一定要从实际出发，综合考虑集中监测方式、现场总路线监控方式以及远程监控方式，唯有如此才能将与相关要求相符的控制系统建立起来。

五、电气自动化控制技术系统的设计方法

据相关调查研究发现，在当前电气自动化控制系统中应用的主要设计思想有三种，分别是集中监控方式、远程监控方式以及现场总线监控方式，这三种设计思想各有其特点，其具体选用应该根据具体情况而定。

使用集中监控的自动化控制系统时，中央处理器会分析生产过程中所产生的数据并进行处理，可以很好地控制具体的生产设备。同时，集中监控控制系统设计起来比较简单，维护性较强。不过，因为集中监控的设计方式会将生产设备的所有数据都汇总到中央处理器，中央处理器需要处理分析很多数据。因此，电气自动化控制系统运行效率较低，出现错误的概率也相对高。采用远程监控设计方式设计而成的电气自动化控制系统，相对灵活，成本有所降低，还能给企业带来很好的管理效果。远程监控电气自动化控制系统在工作过程中，需要传输大量信息，现场总线长期处于高负荷状态，因此应用范围比较小。以现场总线监控为基础设计出的监控系统应用了以太网与现场总线技术，既有很强的可维护性，也更加灵活，应用范围更广。现场总线监控电气自动化控制系统的出现，极大地促进了我国电气自动化控制系统智能化的发展。工业生产企业往往会根据实际需要，在这三种监控设计方式中选取一种。

（一）现场总线监控

随着经济社会的发展、科学技术的进步，当前智能化电气设备有了较快的发展，计算机网络技术已经普遍应用在变电站综合自动化系统中，我们也积累了丰富的运行经验。这些都为网络控制系统应用于电力企业电气系统奠定了良好的基础。现场总线以及以太网等计算机网络技术已经在变电站综合自动化系统中得到较为广泛的应用，而且已经积累了较为丰富的运行经验，同时智能化电气设备也取得了一定的发展，这些都给在发电厂电气系统中应用网络控制系统奠定了重要的基础。在电气自动化控制系统中，现场总线监控方式的应用可以使得系统设计的针对性更强，由于不同的间隔，其所具备的功能也有所不同，因此能够依照间距的具体情况来展开具体的设计。现场总线监控方式不但具备远程监控方式所具备的一切优点，还能够大大减少模拟量变送器、I/O卡件、端子柜以及隔离设备等，智能设备就地安装并且通过通信线和监控系统实现连接，能够省下许多控制电缆，大大减少了安装维护的工作量以及投入资金，进而使得所需成本得以有效降低。除此之外，各装置的功能较为独立，装置间仅仅经由网络来予以连接，网络的组态较为灵活，这就使得整个系统具有较高的可靠性，每个装置的故障都只会对其相应的元件造成影响，而不会使系统发生瘫痪。所以，在未来的发电厂计算机监控系统中，现场总线监控方式必然会得到较为广泛的应用。

（二）远程监控

最早研发的自动化系统主要是远程控制装置，主要采用模拟电路，由电话继电器、电子管等分立元件组成。这一阶段的自动控制系统不涉及软件，主要由硬件来完成数据的收集和判断，无法完成自动控制和远程调解。它们对提高变电站的自动化水平、保证系统安全运行发挥了一定的作用，但是由于这些装置相互之间独立运行，没有故障诊断能力，在运行中若自身出现故障，不能提供告警信息，有的甚至会影响电网安全。远程监控方式具有节约大量电缆、节省安装费用、节约材料、可靠性高、组态灵活等优点。由于各种现场总线的通信速度不是很高，而电厂电气部分的通信量又相对比较大，所以这种方式适应于小系统监控，而不适应于全厂的电气自动化系统的构建。

（三）集中监控

集中监控方式主要特点是运行维护便捷、系统设计容易、控制站的防护要求不高。但基于此方法的特点是将系统各个功能集中到一个处理器进行处理，处理任务繁重致使处理速度受到影响。此外，电气设备全部进入监控，会随着监控对象的大量增加导致主机冗余的下降，电缆树立增加，成本加大，长距离电缆引入的干扰也会影响到系统的可靠性。同时，隔离刀闸的操作闭锁和断路器的连锁采用硬接线，通常为隔离刀闸的辅助接点经常不到位，造成设备无法操作，这种接线的二次接线复杂、查线不方便，增加了维护量，并存在因为查线或传动过程中由于接线复杂造成误操作的可能。

电气自动化控制系统的设计思想一定要将各环节中的优势予以较好的把握，并且使其充分地发挥出来，与此同时，在电气自动化控制系统的设计过程中一定要坚持与实际的生产要求相符，切实确保电气行业的健康可持续发展。在电气自动化控制系统的不断探索中，需要相关工作人员认识当前存在的不足，并且通过不断学习新技术、新方法等，不断提高自己，从而不断推动我国电气自动化控制系统的发展。

第四节　电气自动化控制设备的可靠性测试与分析

一、加强电气自动化控制设备可靠性研究的重要意义

伴随着电气自动化的发展，控制设备的可靠性问题就变得非常突出。电气自动化程度是一个国家电子行业发展水平的重要标志，同时自动化技术又是经济运行必不可少的技术手段。电气自动化具有提高工作的可靠性、提高运行的经济性、保证电能质量、提高劳动生产率、改善劳动条件等作用。

电气自动化控制设备的可靠性对企业的生产有着直接的影响。所以，在实际使用过程中，作为专业技术人员，必须切实加强对其可靠性的研究，结合影响因素，采取针对性的措施，不断强化其可靠性。

（一）可靠性可以增加市场份额

随着国家经济的高速发展，人们对产品的要求也越来越高，用户不仅要求产品性能要好，更重要的是要求产品的可靠性水平高。随着电气自动化控制设备的自动化程度、复杂度越来越高，可靠性技术已成为企业在竞争中获取市场份额的有力工具。

（二）可靠性可以提高产品质量

产品质量就是使产品能够实现其价值、满足明示要求的技术和特点。只有可靠性高，发生故障的次数才会少，那么维修费用也就随之减少，相应地，安全性也随之提高。因此，产品的可靠性是非常重要的，不仅是产品质量的核心，而且是每个生产厂家倾其一

生追求的目标。

二、提升电气自动化控制设备可靠性的必要性分析

由于电气自动化控制设备属于现代电气技术的结晶，其具有较强的专业性，所以为了确保其能更好地为生产提供服务，促进生产效率的提升。在实际工作中，作为电气专业技术人员，必须充分意识到提升其可靠性的必要性。具体来说，主要体现在以下几个方面。

（一）提升其可靠性能够使生产环节安全高效的开展

现代企业为了满足消费者的需要，在产品生产过程中往往需要应用电气自动化控制设备，这主要是其有助于生产效率的提升，提高产品的技术含量。因而，只有提升其可靠性，才能确保企业始终处于最佳的服务生产状态，从而确保企业的各项任务安全高效地开展。

（二）提升其可靠性能够使产品的质量提升

产品质量就是生命，企业要想在竞争日益激烈的市场环境中占有一席之地，就必须在实际生产过程中注重产品质量的提升，而提升产品质量离不开现代科学技术的支持，尤其是电气自动化控制技术设备的支持，只有提高其可靠性，才能确保所生产的产品质量的高效性，从而在提高产品质量的同时促进企业核心竞争力的提升。

（三）提升其可靠性有助于有效地降低企业生产成本

企业经济效益的高低源自自身成本的多少，而在企业生产中，如果电气自动化控制设备的可靠性不足，势必会因此带来维修成本的提升，因而只有加强对其的维护和保管，促进其可靠性的提升，才能更好地实现完成生产和降低成本的目标。

三、影响电气自动化控制设备可靠性的因素

既然提高电气自动化控制设备的可靠性具有十分强烈的必要性，那么为了更好地采取有效的措施促进其可靠性得到提升，就必须对影响电气自动化控制设备可靠性的因素有一个全面的认识，具体来说，主要有以下几点。

（一）内在因素

内在因素主要是指电气自动化控制设备本身的元件质量较为低下，因此难以在恶劣的气候下高效运行，同时难以抗击电磁波的干扰。这主要是因为生产企业在生产过程中偷工减料，为了降低成本而降低其生产工艺质量，导致电气自动化控制设备元件自身的可靠性

和质量下降，加上很多电气自动化控制设备需要在恶劣环境下运行，这就会导致可靠性降低，而电磁波干扰又难以避免，所以会影响其正常运行。

（二）外在因素

外在因素主要是指人为因素，在电气自动化控制设备的使用和管理工作中，工作人员没有完全履行自身的职责，导致电气自动化控制设备长期处于高负荷的运行状态，电气自动化控制设备出现故障后难以得到及时修复，加上部分操作人员在实际操作中难以按照规范进行操作，导致其性能难以得到高效发挥。

四、可靠性测试的主要方法

确定一个最适当的电气自动化控制设备可靠性测试方法是非常重要的，是对电气自动化控制设备可靠性做出客观准确评价的前提条件。国家电控配电设备质量监督检验中心提供了对电气自动化控制设备进行可靠性测试的方法，在实践中比较常用的主要有以下三种。

（一）实验室测试法

实验室测试法是通过可靠性模拟进行测试，利用符合规定的可控工作条件及环境对设备运行现场的使用条件进行模拟，以便实现以最接近设备运行现场所遇到的环境应力对设备进行检测，统计时间及失效总数等相关数据，从而得出被检测设备的可靠性指标。用同样的规定可以控制的工作条件和环境条件，模拟现场的使用条件，使被测设备在现场使用时与所遇到的环境相同，在这种情况下进行试验，并将累计的时间和失败次数等其他数据通过数理统计得到可靠性指标，这是一种模拟可靠性试验。这种实验方法易于控制所得数据，并且得到的数据质量较高，实验结果可以再现、分析。但是受试验条件的限制很难有与真实情况有相对应的数据，同时试验费用很高，而这种试验一般都需要较多的试品，所以还要考虑到被试产品的生产批量与成本因素。因此，这种试验方法比较适用于生产大批量的产品。

（二）现场测试法

现场测试法是通过对设备在使用现场进行的可靠性测试记录各种可靠性数据，然后根据数理统计方法得出设备可靠性指标的一种方法。该方法的优点是试验需要的试验设备比较少，工作环境真实，其测试所得到的数据能够真实反映产品在实际使用情况下的可靠性、维护性等参数，且需要的直接费用少，受试设备可以正常工作使用。不利之处是不能在受控的条件下进行试验、外界影响因素繁杂，有很多不可控因素在试验条件中的再现性比试验室的再现性差。

电气自动化控制设备可靠性现场测试法具体包含三种类型。

（1）是可靠性在线测试，即在被测试设备正常运行过程中进行测试；

（2）是停机测试，即在被测试设备停止运行时进行测试；

（3）是脱机测试，需要从设备运行现场将待检测部件取出，安装到专业检测设备当中进行可靠性测试。

单纯从测试技术方面分析，后两种测试方法相对简单，但如果系统较为复杂，一般只有设备保持运行状态时，才可以定位出现故障的准确位置，故只能选择在线测试。在实践中，进行现场测试时具体选择哪种类型的测试，要看故障的具体情况以及是否可以实现立即停机。

电气自动化控制设备可靠性现场测试法与实验室测试法相比较，不同之处主要体现在以下两点：第一，现场测试法安装及连接待测试设备的难度较大，主要原因在于线路板已经被封闭在机箱中，这就导致测试信号难以引进，即便是在设备外壳处预留了测试插座，也需要较长的测试信号线，在进行电气自动化控制设备可靠性现场测试时，无法使用以往的在线仿真器；第二，由于进行设备可靠性现场测试通常不具备实验室的测试设备和仪器，这就给现场测试手段及方法提出了更高的要求。

（三）现场测试法

所谓保证实验法，就是通常经常谈到的“烤机”，具体指的是在产品出厂前，在规定的条件下对产品所实施的无故障工作试验。通常情况下，作为研究对象的电气自动化控制设备都有着数量较多的元器件，其故障模式显示方式并非以某几类故障为主，而是具有一定的随机性，并且故障的表现形式多样。所以，其故障服从于指数分布，换句话说，其失效率是随着时间的变化而变化的。产品在出厂之前在实验室所进行的烤机，从本质上讲，就是测试和检测产品早期的失效情况，通过对产品进行不断的改进和完善，以确保出厂产品的失效率均已符合相关指标的要求。实施电气自动化的可靠性保证实验，所花费的时间较长，因此，如果产品是大批量生产，这种可靠性检测方法只能应用于产品的样本，如果产品的生产量不大，则可以将此种保证实验测试法应用在所有产品上。电气自动化设备可靠性保证实验主要适用范围是电路相对复杂、对可靠性要求较高并且数量不大的电气自动化控制设备。

五、电气自动化控制设备可靠性测试方法的确定

确定电气自动化控制设备可靠性的测试方法，需要对实验场所、实验环境、待测验产品以及具体的实验程序等因素进行全面的考察和分析。

（一）实验场地的确定

电气自动化设备可靠性测试实验场地的选择，需要结合设备可靠性测试的具体目标来进行。如果待测试的电气自动化控制设备的可靠性高于某一特定指标，就需要选取最为严酷的实验场所进行可靠性测试；如果只是测试电气自动化控制设备在正常使用状况下的可靠性，就需要选取最具代表性的工作环境作为开展测试实验的场所；如果进行测试的目的只是获取准确的可比性数据资料，在进行实验场所选择时需要重点考虑与设备实际运行相同或相近的场所。

（二）实验环境的选取

因为对于电气自动化控制设备而言，不同的产品类型所对应的工况也有所不同，所以，在进行电气自动化控制设备可靠性测试时，选取非恶劣实验环境，这样被测试的电气自动化控制设备将处于一般性应力之下，由此得到的设备自控可靠性结果更加客观和准确。

（三）实验产品的选择

在选择电气自动化控制设备可靠性测试实验产品时，要注意挑选比较具有代表性、具有典型特点的产品。所涉及的产品种类比较多，如造纸、化工、矿井以及纺织等方面的机械电控设备。从实验产品规模上分析，主要包括大型设备以及中小型设备；从实验设备的工作运行状况来分析，主要可以分为连续运行设备和间断运行设备。

（四）实验程序

开展电气自动化控制设备可靠性实验需要由专业的现场实验技术人员严格按照统一的实验程序操作，主要涉及测试实验开始及结束的时间、确定适当的时间间隔、收集实验数据、记录并确定自控设备可靠性相关指标、相应的保障措施以及出现意外状况的应对措施等方面的规范。只有严格依据规范进行自控设备可靠性实验操作，才可以确保通过实验获取的相关数据的可靠性和准确性。

（五）实验组织工作

开展电气自动化控制设备可靠性测试实验最为重要的内容就是实验组织工作，必须组建一个高效、合理且严谨的实验组织机构，主要负责确定实施自控设备可靠性实验的主要参与人员，协调相关工作、对实验场所进行管理、组织相关实验活动、收集并整理实验数据、分析实验结果、对实验所得到的数据进行全面深入分析，并在此基础上得出实验结论。此外，实验组织机构还需要负责组织协调实验现场工程师、设备制造工程师以及可靠性设计工程师相互之间的关系与工作。

六、提高控制设备可靠性的对策

要提高电气自动化控制设备的可靠性，必须掌握设备的特殊性能，并采用相应的可靠性设计方法，从元器件的正确选择与使用、散热防护、气候防护等方面入手，使系统的可靠性指标大大提高。

（1）从生产角度来说，设备中的零部件、元器件，其品种和规格应尽可能少，应该尽量使用由专业厂家生产的通用零部件或产品。在满足产品性能指标的前提下，其精度等级应尽可能低，装配也应简易化，尽量不搞选配和修配，力求减少装配工人的体力消耗，便于厂家自动进行流水生产。

（2）电子元器件的选用规则。根据电路性能的要求和工作环境的条件选用合适的元器件。元器件的技术条件、性能参数、质量等级等均应满足设备工作和环境的要求，并留有足够的余量；对关键元器件要进行用户对生产方的质量认定；仔细分析比较同类元器件在品种、规格、型号和制造厂商之间的差异，择优选择。要注意统计在使用过程中元器件所表现出来的性能与可靠性方面的数据，作为以后选用的依据。

（3）电子设备的气候防护。潮湿、盐雾、霉菌、气压、污染气体对电子设备的影响很大，其中潮湿的影响是最主要的。特别是在低温高湿条件下，空气湿度达到饱和时会使机器内元器件、印制电路板出现上产生凝露现象，使电性能下降，故障率上升。

（4）在控制设备设计阶段，首先，研究产品与零部件技术条件，分析产品设计参数，研讨和保证产品性能和使用条件，正确制定设计方案；其次，根据产量设定产品结构形式和产品类型。全面构思，周密设计产品的结构，使产品具有良好的操作维修性能和使用性能，以降低设备的维修费用和使用费用。

（5）控制设备的散热防护。温度是影响电子设备可靠性最广泛的一个因素。电子设备工作时，其功率损失一般都以热能形式散发出来，尤其是一些耗散功率较大的元器件，如电子管、变压管、大功率晶体管、大功率电阻等。另外，当环境温度较高时，设备工作时产生的热能难以散发出去，将使设备温度升高。

综上所述，保证电气设备的可靠性是一个复杂的、涉及广泛知识领域的系统工程。只有在设计上给予充分的重视，采取各种技术措施，同时，在使用过程中按照流程操作，及时保养，才会有满意的成果。

第五节　电气自动化控制技术的应用

电气自动化控制技术可以在更多的领域中实现价值。现阶段的电气自动化控制技术集成了现代很多高端的科学技术，包括信息技术、电子技术、计算机技术、智能控制等，新时期的电气自动化控制技术，有效地将这些先进技术融于一体，不仅具有更多的功能，而且操作更简便、更加安全可靠。新时期的电气自动化控制技术可以应用在更多领域，比如，军事工业、建筑业、生产企业等。计算机技术的不断成熟与发展，为电气自动化控制技术水平的提高创造了条件，计算机技术可以使电气自动化控制系统进行最优化控制，监控管理生产设备，提高当代企业的自动化程度。

一、电气自动化控制技术在工业中的应用

20世纪中叶，在电子信息技术、互联网智能技术发展的影响下，工业电气自动化技术初步应用于社会生产管理中，经过半个多世纪的发展，工业电气自动化技术的发展日臻成熟，逐渐应用于社会生产、生活的方方面面，对于电子信息时代的发展具有至关重要的时代意义。进入信息化时代以来，人们的生产、生活观念同步变化，对工业电器行业的发展提出了更高的要求，工业电气系统不得不进行与时俱进的改革。同时，随着电气自动化技术水平的日益完善，电气自动化技术在工业电气系统的发展已成为必然趋势，具有跨时代的研究价值，对于社会经济的发展有着十分重要的推动意义，可以进一步推动国家的繁荣昌盛。

（一）电气自动化控制工业应用的发展现状

工业电气自动化的应用能够促进现代工业的发展，它可以有效节约资源，降低生产成本，为我国带来更大的经济效益和社会效益。工业电气自动化技术能够有效提升我国电气化技术的使用水平，有效缩短我国在工业电气自动化方面与国外发达国家之间的差距，促进我国国民经济的快速发展。很多PLC厂商依照可编程控制器的国际标准，推出很多符合该标准的产品和软件。在工业电气自动化领域，电气自动化技术的应用为工业领域增添了新的活力，我们可以通过现场总线控制系统连接自动化系统和智能设备，解决系统之间的信息传递问题，对工业生产具有重大的意义。现场总线控制系统与其他控制系统相比具有很多优势和特点，如智能化、互用性、开放性、数字化等，已被广泛应用于生产的各个层

面，成为工业生产自动化的主要方向。

（1）科技的不断发展推动了电气自动化的快速发展，使得电气自动化被广泛应用于工业生产中，各类自动化机械正逐步替代人工进行工作，或做着一些由于环境恶劣而导致人工无法完成的工作，有效节约了生产成本和生产时间，提升了工作效率，为企业带来了更大的经济效益。同时，工业电气自动化技术也被广泛应用于人们的日常活动中。为了给社会培养更多的电气自动化人才，我国很多高校都开设了电气自动化专业。

近年来，电子科技的不断发展，推动了工业电气自动化技术在各个工业生产领域和人们日常活动中的应用，并取得了显著成效。纵观工业电气自动化的发展历程，信息技术的快速发展直接决定了工业电气的自动化发展，并为工业电气自动化的发展提供了基础，同时，也推动了工业电气自动化技术的应用。大规模的集成电路为工业电气自动化的应用提供了设备依赖，使物理科学固体电子学对工业电气自动化的发展产生了重要的影响。

（2）电气自动化控制工业具体应用。随着时代的发展，工业电气自动化推动了现代工业的发展，提升了我国电气自动化技术的水平，增强了我国的工业实力。国家标准的颁布为PLC设计厂商提供了可编程控制器的参考，为工业电气自动化技术的应用增添了新的活力。可编程控制器可以实现现场总线控制系统与智能设备、自动化系统的连接，以此解决各个系统之间信息传递存在的问题。这对工业生产具有重要影响。例如，数字化、开放性、互用性、智能化的电气自动化发展方向，逐渐在工业生产中一一实现，对其系统结构的设置也被广泛应用到生产活动的各个层面中。

设备与化工厂之间的信息交流在现场总线控制系统建立的基础上逐渐加强，这为它们之间的信息交流提供了便利，现场总线控制系统还可以根据具体的工业生产活动内容设定，针对不同的生产工作需求，建立不同的信息交流平台。

（二）电气自动化控制工业应用的发展策略

1.统一电气自动化控制系统的标准

电气自动化工业控制体系的健全和完善，与拥有有效对接服务的标准化系统程序接口是分不开的。在电气自动化的实际应用过程中，可以依据相关技术标准规范、计算机现代化科学技术等，推动电气自动化工业控制体系的健康发展和科学运行，这样不仅能够节约工业生产成本、降低电气自动化运行的时间、减少工业生产过程中相关工作人员的工作量，还能够简化电气自动化在工业运行中的程序，实现生产各部之间数据传输、信息交流、信息共享的畅通。例如，在有效对接相同企业的EMS实践系统、E体系的过程中，可以通过自动化技术与计算机平台科学处理生产活动中的各类问题，统一办公环境的操作标准，另外，在统一电气自动化控制系统标准还能推动创建自动化管理的标准化程序的进程中，解决不同程序结构之间的信息传输问题，因此，可以将其作为电气自动化控制工业的未来发展应用主体结构的类型。

2.架构科学的网络体系

架构科学的网络体系，有利于推动电气自动化控制工业的健康化、现代化、规范化发展，发挥积极的辅助作用，实现现场系统设备的良好运行，促进计算机监控体系与企业管理体系之间交叉数据、信息的高效传递。同时，企业管理层还可以借用网络控制技术实现对现场系统设备操作情况的实时监控，提高企业管理效能。而且，随着计算机网络技术的发展，在电气自动化控制网络体系中还要建立数据处理编辑平台，营造工业生产管理安全防护系统环境。因此，应建立科学的网络体系，完善电气自动化控制工业体系，发挥电气自动化的综合运行效益。

3.完善电气自动化系统工业应用平台

完善电气自动化系统工业应用平台则需建立健康、开发、标准化、统一的应用平台，这对电气自动化控制体系的规范化设计、服务应用具有重要的作用和影响。良好的电气自动化系统工业应用平台能够为电气自动化控制工业项目的应用、操作提供支撑、保障，并在系统运行的各项工作环节中发挥积极的辅助作用，有效地缓解工业生产中电气自动化设备的实践、应用所消耗的经济成本，同时可以提升电气设备的服务效能和综合应用率，满足用户的个性化需求，实现独特的运行系统目标。在实际应用中，可以根据工业项目工程的客户目标、现实状况、实际需求等运行代码，借助计算机系统中CE核心系统、操作系统中的NT模式软件实现目标化操作。

（三）工业电气自动化控制技术的意义与前景

工业电气自动化技术在工业电气领域的应用，其意义通常在于对市场经济的推动作用和生产效率的提升效果两个方面。在市场经济的推动作用方面，工业电气自动化技术的应用在实现各类电器设备最大化使用价值的同时，有效强化工业电气市场各个部门之间的衔接，保证工业电气管理系统的制度性发展，以工业电气管理系统制度的全面落实确保工业电气系统的稳定、快速发展，切实提升工业电气市场的经济效益，进而促进整体市场经济效益的提升。在生产效率的提升效果方面，工业电气自动化技术的应用可以提升工业电气自动化管理监督的监控力度，进行市场资源配置的合理优化和工业成本的有效控制，同时给生产管理人员提供更加精确的决策制定依据，在降低工业生产人工成本的同时，提升工业生产效率，促使工业系统的长期良性循环发展。

通过工业电气自动化的发展，可以有效地节约现代工业、农业及国防领域的资源，降低成本费用，从而取得更好的经济效益和社会效益。随着我国工业自动化水平的提高，我们可以实现自主研发，缩短与世界各国之间的距离，从而推动国民经济的发展。我国的工业电气自动化企业应完善机制和体制，确立技术创新的主导地位，通过不断提高创新能力，努力研发更好的电气自动化产品和控制系统。通过加强我国电气自动化的标准化和规范化生产，以科学发展观为指导思想，以人为本，学习先进的技术和经验，充分发挥人的积极性，从而加快企业转变经济增长方式，使我国的工业电气自动化技术和水平得到发展和提高。

随着我国工业电气自动化技术的发展，社会各界对其的关注度不断提高。为了实现工业电气自动化生产的规模化和规范化，应当不断规范我国电气自动化技术领域的相关标准。同时，为了进一步推动我国工业电气自动化技术的发展，提升我国工业电气自动化技术的自主研发能力，应当进一步完善相关体制、机制和环境政策，为企业自主研发电气自动化系统和产品提供发展空间，通过不断提高我国工业电气自动化技术的创新能力，推动工业电气自动化生产企业经济增长方式的改变和工业电气自动化技术科学发展的新局面。通过相关的分析可知，我国工业电气自动化会不断朝着分布式信息化和开放式信息化的方向发展。

（四）工业电气自动化技术的应用

1.工业电气自动化技术的应用现状

在互联网信息技术的推动下，现有的工业电气自动化技术以包括计算机网络技术、多媒体技术等IT信息技术为核心，结合诸如计算机CAD软件技术等人工智能技术，进行工业电气系统的故障实时监测和诊断，进行工业电气系统的全面有序控制，逐步实现工业电气系统的管理优化和完善。同时，在当前形势下，工业电气自动化技术的应用关键在于工业电气仿真模拟系统的实现，以工业电气仿真系统辅助相关工作人员进行工业电气数据的事前勘测，为相关工作人员提供更加先进的电气研究系统，进而深入进行工业电气系统的研究。

此外，当前的工业电气自动化技术运用计算机操作系统建立的工业电气系统的开放式管理平台，操作灵活、管理有效、维护有序，使工业电气系统的自动化发展初见成效。

2.工业电气自动化技术的应用改革

在工业电器系统的发展中，工业电气自动化技术的应用改革关键在于计算机互联网技术的应用和可编程逻辑控制器技术的应用。在工业电气自动化的计算机互联网技术应用中，计算机互联网技术的关键作用在于控制系统的高效性，进行工业电气配电、供电、变电等各个环节的全面系统性控制，实现工业电气配电、供电、变电等的智能化开展，配电、供电、变电等操作的效益更加高效，工业电气系统的综合效益得以有效提高。同时，工业电气自动化技术的应用可以实现工业电气电网调度的自动化控制，进行电网调度信息的智能化采集、传送、处理和运作等环节，工业电气系统的智能化效果更加显著，经济效益最大化得以实现。在工业电气自动化的PLC技术的应用中，借由PLC技术的远程自动化控制性能，自动进行工业电气系统工作指令的远程编程，有效地过滤工业电气系统的采集信息，快速高效地进行工业电气过滤信息的处理和储存，在工业电气系统的温度、压力、工作流等方面的控制效果明显，可以进行工业电气系统性能的全面完善，提高工业电气系统的工作效益，进而实现市场经济效益的全面提升，加快我国国民经济和社会经济的发展进程。

二、电气自动化控制技术在电力系统中的应用

随着科学技术的不断发展，电气自动化技术对电力系统的作用也越来越重要。虽然我国对应用于电力系统中的电气自动化技术的研究起步比较晚，但近年来还是取得了一定的成绩。当然，目前国内的这些技术与国外的先进水平相比，仍存在比较大的差距。所以，对应用在电力系统中的电气自动化技术的开展与研究已经迫在眉睫。显而易见，电气自动化控制技术在监测、管理、维修电力系统的步骤中都有很大影响，它能通过计算机了解电力系统实时的运行情况，可以有效解决电力系统在监测、报警、输电等过程中存在的问题，它扩大了电力系统的传输范围，让电力系统输电和生产效率得到了很大的提高，更让电力系统的运营获得了更高的经济价值，进而促进了电气自动化控制在我国电力系统的运用。

科学技术的日益进步和信息化的快速发展是电力系统不断前进的根本推力。近年来，随着计算机技术在电力系统中的不断向前发展，电力行业突飞猛进，电气自动化控制技术的发展已成为我国目前电力系统发展的主要问题。在这种趋势下，传统的运行模式已满足不了人们日益增长的需求，为了解放劳动生产力、节约劳动时间、降低劳动成本和促进资源的合理利用，电气自动化控制技术便应运而生，而传统的模式便逐渐退出舞台。电气自动化就成为电力行业的霸主。电气自动化主要是利用现如今最先进的科技成果和顶尖的计算机技术对电力系统各个环节和进程进行严格的监管和把控，从而保证电力系统的稳定和安全。目前，电气自动化技术已渗透至各个领域，所以对电气自动化技术的深入了解和分析对国民经济的发展有划时代的意义。

（一）电力系统中应用电气自动化控制技术的应用概述

1.电力系统中应用电气自动化控制技术的发展现状

随着我国经济社会发展进程的日益推进，各行各业和家庭生活中对于电力的需求量与日俱增，我国电网系统的规模也在日趋增大，传统的供变电和输配电控制技术必然无法满足现阶段日益增高的电力生产和配送的要求。由于电气自动化控制技术具有高效、快捷、稳定、安全等优势，符合我国电力系统发展更多元、更复杂、更广泛的特点，能够切实降低电力生产成本、提高电力生产和配送效率、保障电力供应安全稳定，并对提升电力企业的竞争力和企业价值具有非常重要的促进作用，因而电气自动化控制技术在我国电力系统

中得到了非常广泛的应用。目前，我国的电力系统中对于电气自动化控制技术的应用已日趋成熟和完善。

2.电力系统中电气自动化控制技术的作用和意义

近年来，我国的科学技术日益进步，尤其是在计算机技术领域和PLC技术领域不断取得崭新的科技成果，使得我国的电气自动化技术也获得了飞速发展。

其中，计算机技术称得上是电力系统中电气自动化技术的核心，其重要作用在供电、变电、输电、配电等电力系统的各个核心环节均有体现。正是得益于计算机技术的快速发展，我国涉及各个区域、不同级别的电网自主调动系统才得以实现。同时，依赖于计算机技术，我国的电力系统实现了高度信息化的发展，大大提高了我国电力系统的监控强度。

PLC技术是电气自动化控制技术中另一项至关重要的技术。它是对电力系统进行自动化控制的一项技术，使得电力系统数据信息的收集和分析更加精确、传输更加稳定可靠，有效降低了电力系统的运行成本，提高了运行效率。

3.电力系统中电气自动化控制技术的发展趋势

现阶段，电气自动化控制技术大程度提高了电力系统的工作效率以及安全性，改变了传统的发电、配电、输电形式，减少了电力工作人员的负荷，并对其安全起到了积极的作用。同时，该技术改变了电力系统的运行方式，让电力工作人员在发电站内就可以监测整个电力网络的运行状况，并可以实时采集运行数据。以后的电气自动化控制会在一体化方面有所突破，现阶段的电力系统只能实现一些小故障的自主修理，对于一些稍微大一点的计算机故障还是束手无策。在人工智能化逐渐提高的未来，相信这一难题也会被我们攻克。将电力系统的检测、保护、控制功能集为一体，我们的电力系统将会更加安全和经济。

随着经济的日益发展，电气自动化控制技术在电力系统中得到了越来越广泛的应用。随着我国科技的不断进步，电气自动化控制技术也将向水平更高、技术更多元的方向发展，诸如信息通信技术、多媒体信息技术等科学技术，也将被纳入电气自动化的应用范畴。具体说来，可大致分为以下几个方面。

（1）我国电力系统中电气自动化技术的发展已趋于国际标准化。我国电力行业为了更好地与国际接轨、开拓国际市场，也对我国电气自动化技术的研发实施了国际统一标准。

（2）我国电力系统中电气自动化技术的发展已趋于控制、保护、测量三位一体化。在电力系统的实际运行中，将控制、保护、测量三者的功能进行有效的组合和统一，能够有效提高系统的运行稳定性和安全性，简化了工作流程，减少了资源重复配置，提高了运行效率。

（3）我国电力系统中电气自动化技术的发展已趋于科技化。随着电气自动化在我国电力系统中应用范围不断扩宽，其对计算机技术、通信技术、电子技术等科学技术的要求也不断提高。将先进的科学技术成果，不断应用到电力系统的实际工作中，将是电气自动化技术在我国电力系统中发展的另一大趋势。

（二）电气自动化控制技术在电力系统中的具体应用

1.电气自动化控制的仿真技术

我国的电气自动化控制技术不断和国际接轨。随着我国科技的进步和自主创新能力的增强，电力系统中对于电气自动化技术的研究逐渐深入，相关科研人员已经研究出了达到国际标准的可直接利用的仿真建模技术，大大提高了数据的精确性和传输效率。仿真建模技术不仅能对电力系统中大量的数据信息进行有效的管理，还能够构建出符合实际状况的模拟操作环境，进而有助于实施对电力系统的同步控制。同时，针对电气设备产生的故障，还能够有效地进行模拟分析，从而排除故障，提高系统的运行效率。另外，该项技术还有利于对电力系统中的电气设备进行科学合理的测试。

仿真技术在实际应用中需要诸多技术的支持，其核心技术是信息技术，它是以计算机及相关的设备作为载体，综合应用了系统论、控制论等一系列技术原理，实现对系统的仿真，从而实现对系统的仿真动态试验。应用仿真技术能够有效地对不同的环境进行模拟，从而在正式地试验之前预先进行仿真试验，进一步确保电力系统运行的稳定与可靠。通常情况下，仿真试验会作为项目可行性论证阶段的试验，只有确保仿真试验通过以后才能够正式地进行实验室试验。采用仿真技术，电力系统就可以直接通过计算机的TCP/IP协议对电力系统运行中的信息和数据进行采集，然后通过网络传送到发电厂的数据信息终端中，具备一定仿真模拟技术的智能终端设备就可以快速地对电力系统运行过程中的各项信息数据进行审核评估。通过将仿真技术应用于电力系统运行中，电力系统在运行中可以直接采集运行的信息和数据并做出判断，以确保电力系统在运行过程中能够及时地发现故障。

2.电气自动化控制的人工智能控制技术

人工智能是以计算机技术为基础，通过对程序运行方式进行优化，从而让计算机实现对数据的智能化收集与分析，通过计算机来模拟人脑的反应与操作，从而实现智能化运行的一种技术。人工智能技术最主要的核心技术还是计算机技术，其在运行的过程中依赖先进的计算机技术与数据处理技术，能够有效地提高电力系统的运行水平。通过人工智能技术应用到电力系统中，大大提高了设备和系统的自动化水平，实现了对电力系统运行的智能化、自动化和机械化的操作和控制。电力系统中采用人工智能技术主要是对电力系统中的故障进行自动检查并将故障信息进行反馈，从而使电力系统发生故障时能够得到及时维修。当电力系统出现故障后，其主要工作方式是由人工智能技术中的馈线安装自动化终端通过对电力系统故障进行分析。最后，检查中心在较短的时间内对故障数据信息进行检测，从而发现发生故障的原因，进而能够及时对电网系统进行维修。

人工智能控制技术极大地促进了我国电力系统的安全性、稳定性和可控性。对于复杂的非线性系统而言，智能控制技术具有无法替代的重要作用。电力系统中智能控制技术的应用，不但提高了系统控制的灵活性、稳定性，还能增强系统及时发现和排除故障的能力。在实际运行中，无论电力系统的哪个环节出现故障，智能控制系统都能及时发现并做出相应的处理。同时，工作人员还能够利用智能控制技术对电网系统进行远程控制，这大大提高了工作的安全性，增强了电力系统的可控性，进而提高了电力系统整体的工作效率。

3.电气自动化控制的多项集成技术

电力系统中运用电气自动化的多项集成技术，对系统的控制、保护与测量等工程进行有机结合，不仅能够简化系统运行流程、提高运行效率、节约运行成本，还能够提高电力系统的整体性，便于对电力系统的环节进行统一管理，从而更好地满足不同客户的用电需求，提升电力企业的综合竞争力。

4.电气自动化控制技术在电网控制中的应用

电网的正常运行对电力系统输配电的质量有着关键性的作用。电气自动化控制技术能够实现对电网运行状况的实时监控，并能够对电网实行自动化调度。在有效地保障输配电效率的同时，促进了电力企业改变传统的生产和配送模式不断走向现代化，提高了企业的生产效率和经营效率。电网技术的发展离不开计算机技术和信息化技术的飞速进步。电网技术包括对电力系统中的各个运行设备进行实时监测，在提高对电力系统运行数据信息的收集效率，使工作人员能够实时掌控设备运行情况的同时，更能够自动、便捷地排除故障设备，并且已经可以自动维修一些故障设备，大大提高了对电气设备检修、维护的效率，加快了电力生产由传统向智能化转变的进程。

5.计算机技术的应用

从技术层面来分析，电气自动化控制技术取得成功最重要的原因就是和计算机技术结合，并在电力系统中得到广泛的利用。电子计算机技术被应用在电力系统的运行检修、报警、分配电力、输送电力等重要环节，以实现控制系统的自动化。计算机技术中应用最广泛的就是智能电网技术，运用计算机技术我们可以利用复杂的算法对各个电网进行电力分配。智能电网技术代替了人脑对配电等需要高强度计算的作业，被广泛应用在发电站和电网之间的配电和输电过程中，不但减轻了电力工作人员的负担，而且降低了出错的概率。电网的调度技术在电力系统中也是一个很重要的应用，它直接关系到电力系统的自动化水平，其主要工作是对各个发电站和电网进行信息收集，然后对信息进行分类汇总，让各个发电站和电网之间实现实时沟通联系，进行线上交易，同时它还可以对我们的电力系统和各个电网的设备进行匹配，提高设备的利用率，降低电力的成本。同时，它还有记录数据的功能，可以实时查看电力系统的各项运行状态。

6.电力系统的智能化

就现在的科技水平而言，我们已经在电力系统设备的主要工作原件、开关、警报等设备方面实现了智能化。这意味着我们能通过计算机控制危险设备的开关，对主要的发电设备进行实时监测，并实现报警功能。智能化技术在运行过程中可以收集设备的运行数据，方便我们对电力系统的监控和维护，而且可以通过数据分析出设备存在的问题，从而起到预防作用。在以后的智能化实验中，我们将着力研究输电、配电等设备的智能化。

传统的电力系统需要定期指派人员进行检测和检修工作，在电气实现自动化控制之后，电力系统可以实现实时在线监控，记录设备运行过程中的每一个数据，并且能够实现有效地跟踪故障因素，通过对设备记录数据的研究和分析及时发现设备存在的隐患，并鉴别故障的程度：如果故障程度较低可以实现自我修复，如果故障程度较高可以起到警报作用，这一技术不仅提高了电力系统的安全性，而且降低了电力设备的检修成本。

7.变电站自动化技术的应用

电力系统中最重要的一环就是变电站，发电站和各个电网之间就是通过变电站而联系在一起的。变电站的自动化主要建立在计算机技术应用的基础上。要实现电力系统整体的电气控制自动化，不可缺少的环节就是实现变电站自动化。在变电站自动化中，不仅一次设备如变压器、输电线或者光缆实现了自动化、数字化，它的二次设备也部分实现了自动化，比如，某些地区的输电线已经升级为计算机电缆、光纤来代替传统的输电线。电气自动控制技术可以在屏幕上模拟真实的输电场景，并记录每个时刻输电线中的电压，不仅对输电设备进行了监控，还对输电中的数据进行了实时记录。

8.数据采集与监视控制系统的应用

数据采集与监视控制系统的简称为SCADA（Supervisory Control And Data Acquisition）系统，它是以计算机为基础的分布控制系统与电力自动化监控系统，在电网系统的生产过程中实现调度和控制的自动化系统。其主要作用是在电网运行过程中对电网设备进行监视和控制，进而实现对电网系统的采集、信号的报警、设备的控制和参数的调节等功能，在一定程度上促进了电网系统的安全稳定运行。在电网系统中加入SCADA系统，不仅能够有效地保障电力调度工作，还能够使电网系统的运行更加智能化和自动化。SCADA系统的应用，能够有效地降低电力工作人员的工作强度，保障电网的安全稳定运行，从而促进电力行业的发展。

三、电气自动化控制技术在楼宇自动化中的应用

在现代的城市建筑中，随着科学技术和建筑行业的高速发展，城市建筑的质量和性能

都得到了大幅提升，并且随着信息技术在社会各领域中的广泛应用，其性能得到进一步大幅提升。其中，电气自动化就是现代城市建筑中应用最为广泛的技术，该技术能够大幅提高建筑的性能，从而提高人们的生活质量。与此同时，在电气自动化的不断应用过程中，其本身也得到了相应的发展，从而使得电气自动化的水平得到了大幅提高。然而，就我国电气自动化在现代建筑自控系统中应用的实际情况而言，其中还存在一些较为严峻的问题，这些问题不仅影响建筑的质量和性能，甚至还可能留下极大的安全隐患，进而威胁建筑用户的生命财产安全。因此，为了提高楼宇自控系统的水平，加大对电气自动化的分析研究力度就显得尤为重要。

（一）楼宇自动控制系统的概述

楼宇自控系统是建筑设备自动化控制系统的简称，而建筑设备通常是指那些能够为建筑所服务或者能够为人们提供一些基本生存环境所必须用到的设备。在现代房屋建筑中，随着人们生活水平的不断提高，这些设备也越来越多，如在居民家中通常都会应用到空调设备和照明设备以及变配电设备等，而这些设备都能够通过一定的科学技术和手段来进行自动化控制，从而使这些设备得到更加合理的利用。与此同时，将这些设备实行自动化管理不仅能够节省大量的能源资源以及人力物力，还能够使这些设备更加安全稳定地运行。随着科学技术的高速发展，在现代建筑领域中，各种建筑理论和建筑技术都得到了快速发展，并且各种先进的建筑理论和建筑技术也层出不穷，从而为现代建筑实现电气自动化创造了有利条件。

建筑设备主要是指那些为建筑服务的、提供人们基本生存环境（风、水、电）所需的大量机电设备，如暖通空调设备、照明设备、变配电设备以及给排水设备等，通过实现建筑设备自动化控制，以达到合理利用设备，节省能源、节省人力，确保设备安全运行之目的。

前些年人们提到楼宇自控系统，是指建筑物内暖通空调设备的自动化控制系统，近年来其已涵盖建筑中所有可控的电气设备，而且电气自动化已成为楼宇自控系统不可缺少的基本环节。在楼宇自控系统中，电气自动化系统设计占有重要的地位。最近几年，随着社会经济的发展，人们的生活水平不断提高，因此人们对现代的建筑也提出了更高的要求，楼宇自控系统应运而生。然而，之前所谓的楼宇自控系统通常只是局限于建筑物内的一些空调设备，因此，为了提高楼宇自控系统的水平，加大对电气自动化的分析研究力度，不仅意义重大，而且迫在眉睫。本书从电气接地出发，对电气自动化进行了深入的分析，然后对电气自动化在楼宇自控系统中的应用进行了详细阐述，希望能够起到抛砖引玉的效果，使同行相互探讨、共同提高，进而为我国建筑行业的发展添砖加瓦。

（二）电气接地

在建筑物供配电设计中，接地系统设计占有重要的地位，因为它关系到供电系统的可靠性、安全性。尤其是近年来，大量智能化楼宇的出现对接地系统的设计提出了许多新的要求。目前，电气接地主要有以下两种方式。

1.TN–S系统

TN–S是一个三相四线加PE线的接地系统。通常，建筑物内设有独立变配电所时进线采用该系统。TN–S系统的特点是，中性线N与保护接地线PE除在变压器中性点共同接地外，两线不再有任何电气连接。中性线N是带电的，而PE线不带电。该接地系统完全具备安全和可靠的基准电位。只要像TN–C–S接地系统一样采取同样的技术措施，TN–S系统可以用作智能建筑物的接地系统。如果计算机等电子设备没有特殊要求时，一般都采用这种接地系统。

在智能建筑里，单相用电设备较多，单相负荷比重较大，三相负荷通常是不平衡的，因此在中性线N中带有随机电流。另外，由于大量采用荧光灯照明，其所产生的三次谐波叠加在N线上，加大了N线上的电流量，如果将N线接到设备外壳上，会造成电击或火灾事故；如果在TN–S系统中将N线与PE线连在一起再接到设备外壳上，那么危险更大，凡是接到PE线上的设备，外壳均带电，会扩大电击事故的范围；如果将N线、PE线、直流接地线均接在一起，除会发生上述的危险外，电子设备将会受到干扰而无法工作。因此，智能建筑应设置电子设备的直流接地、交流工作接地、安全保护接地，以及普通建筑也应具备的防雷保护接地。

此外，由于智能建筑内多设有具有防静电要求的程控交换机房、计算机房、消防及火灾报警监控室，以及大量易受电磁波干扰的精密电子仪器设备，所以在智能楼宇的设计和施工中，还应考虑防静电接地和屏蔽接地的要求。

2.TN–C–S系统

TN–C–S系统由两个接地系统组成，第一部分是TN–C系统，第二部分是TN–S系统，分界面在N线与PE线的连接点。该系统一般用在建筑物的供电由区域变电所引来的场所，进户之前采用TN–C系统，进户处做重复接地，进户后变成TN–S系统。TN–C系统前面已做分析。TN–S系统的特点是：中性线N与保护接地线PE在进户时共同接地后，不能再有任何电气连接。该系统中，中性线N常会带电，保护接地线PE没有电的来源。PE线连接的设备外壳及金属构件在系统正常运行时，始终不会带电，因此TN–S接地系统明显提高了人及物的安全性。同时，只要我们采取接地引线，各自都从接地体点引出，选择正确的接地电阻值使电子设备共同获得一个等电位基准点等措施，TN–C–S系统就可以作为智能型建筑物的一种接地系统。

（三）电气保护

1.交流工作接地

工作接地主要指的是变压器中性点或中性线（N线）接地。N线必须用铜芯绝缘线。在配电中存在辅助等电位接线端子，等电位接线端子一般均在箱柜内。必须注意，该接线的端子不能外露；不能与其他接地系统，如直流接地、屏蔽接地、防静电接地等混接；也不能与PE线连接。在高压系统里，采用中性点接地方式可使接地继电保护准确动作并消除单相电弧接地过电压。中性点接地可以防止零序电压偏移，保持三相电压基本平衡，这对于低压系统很有意义，可以方便使用单相电源。

2.安全保护接地

安全保护接地就是将电气设备不带电的金属部分与接地体之间做良好的金属连接，即将大楼内的用电设备以及设备附近的一些金属构件，用PE线连接起来，但严禁将PE线与N线连接。

在现代建筑内，要求安全保护接地的设备非常多，有强电设备、弱电设备以及一些非带电导电设备与构件，均必须采取安全保护接地措施。当没有做安全保护接地的电气设备的绝缘损坏时，其外壳有可能带电。如果人体触及此电气设备的外壳就可能被电击伤或造成生命危险。在一个并联电路中，通过每条支路的电流值与电阻的大小成反比，即接地电阻越小，流经人体的电流越小，通常人体电阻要比接地电阻大数百倍，经过人体的电流也比流过接地体的电流小数百倍。当接地电阻极小时，流过人体的电流几乎等于零。实际上，由于接地电阻很小，接地短路电流流过时所产生的压降很小，所以设备外壳对大地的电压是不高的。人站在大地上去碰触设备的外壳时，人体所承受的电压很低，不会有危险。加装保护接地装置并且降低它的接地电阻，不仅是保障智能建筑电气系统安全、有效运行的有效措施，也是保障非智能建筑内设备及人身安全的必要手段。

3.屏蔽接地与防静电接地

在现代建筑中，屏蔽及其正确接地是防止电磁干扰的最佳保护方法，可将设备外壳与PE线连接；导线的屏蔽接地要求屏蔽管路两端与PE线可靠连接；室内屏蔽也应多点与PE线可靠连接。防静电干扰也很重要。

在洁净、干燥的房间内，人的走步、移动设备，各自与地摩擦均会产生大量静电。例如，在相对湿度为10%~20%的环境中，人的走步可以积聚3.5万伏的静电电压，如果没有良好的接地，不仅会对电子设备产生干扰，甚至会将设备芯片击坏。将带静电物体或有可能产生静电的物体（非绝缘体）通过导静电体与大地构成电气回路的接地叫作防静电接地。防静电接地要求在洁静、干燥的环境中，所有设备外壳及室内（包括地坪）设施必须均与PE线多点可靠连接。

4.直流接地

一幢智能化楼宇内包含有大量的计算机、通信设备和带有电脑的大楼自动化设备。这些电子设备在进行输入信息、传输信息、转换能量、放大信号、逻辑动作、输出信息等一系列动作时，都是通过微电位或微电流快速进行的，且设备之间常要通过互联网进行工作。因此，为了使其准确性高、稳定性好，除需有一个稳定的供电电源外，还必须具备一个稳定的基准电位。可采用较大截面的绝缘铜芯线作为引线，一端直接与基准电位连接，另一端供电子设备直流接地。该引线不宜与PE线连接，严禁与N线连接。

5.防雷接地

智能化楼宇内有大量的电子设备与布线系统，如通信自动化系统、火灾报警及消防联动控制系统、楼宇自动化系统、保安监控系统、办公自动化系统、闭路电视系统等，以及它们相应的布线系统。这些电子设备及布线系统一般均属于耐压等级低、防干扰要求高、最怕受到雷击的部分。直击、串击、反击都会使电子设备受到不同程度的损坏或严重干扰。因此，智能化楼宇的所有功能接地，必须以防雷接地系统为基础，并建立严密、完整的防雷结构。

智能建筑多属于一级负荷，应按一级防雷建筑物的保护措施来设计，接闪器采用针带组合接闪器，避雷带采用25×4（mm）镀锌扁钢在屋顶组成小于等于10×10（m）的网格，该网格与屋面金属构件做电气连接，与大楼柱头钢筋做电气连接，引下线利用柱头中的钢筋、圈梁钢筋、楼层钢筋与防雷系统连接，外墙面所有金属构件也应与防雷系统连接，柱头钢筋与接地体连接，组成具有多层屏蔽的笼形防雷体系。这样不仅可以有效防止雷击损坏楼内设备，而且能防止外来电磁的干扰。

第七章　电气自动化工程的常用技术与技能

第一节　基本技术技能

电气自动化工程的基本技术技能主要包括：常用工具及器械的正确使用，导线的连接，导线与设备端子的连接，常用电工安全用具及器械的正确使用，常用电工检修测试仪表的正确使用，各种器械工具的使用，管路敷设及穿线，杆塔作业的基本要领，常用电气设备元器件及测量计量仪表的安装接线，常用电工调整试验仪器仪表的使用及调整试验方法，常用机械设备安装要点，电气故障判断及处理方法，电气工程及自动化工程读图及制图等。

一、常用仪器仪表的使用

常用仪器仪表包括万用表、钳形表、绝缘电阻表、接地电阻表、电桥、场强仪、示波器、图示仪、电压比自动测试仪、继电保护校验仪、开关机械特性测试仪、局部放电测试仪、避雷器测试仪、接地网接地电阻测试仪、直流高压发生器、智能介质损耗测试仪、智能高压绝缘电阻表、直流数字电阻测试仪、电缆故障测试仪、双钳相位伏安表、自动LCR测量仪、高压试验变压器、高电压升压器、大电流升流器等。

作为一名电气工程师，无论从事电气工程中的哪种工作，常用仪器仪表的使用都是非常重要的，其目的主要有以下四点。

（1）检验或测试电气产品、设备、元器件、材料的质量。

（2）检验或测试电气工程项目的安装、制造质量及其各种参数。

（3）调整和试验电气工程项目的各种参数、自动装置及动作等。

（4）大型、关键、重要、贵重、隐蔽设施的检验、测试、调整、试验，必要时要亲自进行，确保万无一失。

二、电气工程项目读图

电气工程项目的图样很多，从某种意义上讲，图样决定着工程项目的命运，特别是原理图、I/O接口电路图、制作加工图、工程的平面布置图、电气接线图等尤为重要。

读图首先是要把图读懂，而更重要的是要读出图样中的缺陷和错误，以便通过正确的渠道去纠正或修改设计。但是，在工程实践中，一些人过多依赖图样、迷信图样，或者由于经验、技术的匮乏没有读出缺陷和错误而导致工程项目出现不同程度的损失，这里我们举几个简单的例子。

某煤气站工程，电源容量为2台10/0.4kV 800kVA变压器，4台380V、240kW加压机，原设计采用DW10-1500空气断路器直接启动。当时一工程师看过图样后，觉得空压机直接启动有问题，应采用减压启动，便与另外一电气技术人员商讨，得出了与其一致的结论。于是，这个问题拿到了图样会审会上。设计人员当场坚持认为没有问题，并说电源容量够，距离很近，能启动。工程只能按设计进行，但是等到试车时便出现了问题，一是启动时间太长，电动机发热，无法正常启动，如坚持启动就有烧坏电动机的可能；二是一启动其他回路的接触器就掉闸，供电母线电压跌落太大。最后只能修改设计，改原设计为补偿启动，但是在原柜上加补偿器已没有空间，只能将自耦变压器装在地下的通道里。修改后的启动柜启动时间为18s，一启动就成功，对系统没任何影响，至今运行良好。

华北某电厂启动锅炉房炉排电动机为一台三速笼型电动机，在看控制原理图时，工程师发现主电路接线有错误，照此接线安装电动机不能启动。图中的主要错误是三条横向的三相回路与三条竖向的三相回路交叉连接处没有涂上圆点“+”，导致主电路不能正确接通。通过建设单位找到原设计人，设计者检查后确认图中有误，变更后进行安装接线，试车时电动机调速正常，运行良好。

某厂锅炉房55kW引风机电动机原设计为星三角启动，工程师读图时觉得不妥，建议改为减压补偿器启动。但原设计人员认为没有改的必要，坚决不改，照图施工后勉强启动，但启动时间长、电流大。交工后在系统试运行时，便出现接触器烧坏、启动困难、引起其他设备跳闸等故障，最后电动机线圈被烧。建设单位提出索赔，责任落到设计单位，设计单位不服，告到法院，对簿公堂，最终设计单位败诉，不但要赔偿建设单位的损失，也失去了自己的市场和声誉。更换后的原型号、原厂家同批55kW电动机采用75kW补偿器启动，一次启动成功，至今运行良好。

华北某风力发电工程，800kVA（0.69/35kV）升压变压器高压侧熔断器选择不合适，安装人员建议增大两级额定电流，并选择有风挡式的适合高原大风场所使用的机型，但设计人员坚持己见，结果在升压变压器投入使用时（正值冬季，风力达6、7级）发生熔断器熔丝熔断及线间弧光短路。

可见，读图是电气工程中最重要的一步。图样是工程的依据，是指导人们安装的技术文件，同时工程图样具有法律效力，任何违背图样的施工或误读而导致的损失对于安装人员来说都要负法律责任。因此，电气安装人员要通过读图熟悉图样、熟悉工程并正确安装，特别是对于初学者来说尤为重要。

因此，无论从事电气工程项目哪方面的工作，你必须学会读图，其主要目的如下。

（1）掌握工程项目的工程量及主要设备、元器件、材料、编制预算或造价。

（2）掌握工程项目的分项工程，编制施工（研制）组织设计或方案，布置质量、安全、进度、投资计划，掌握工程项目中的人、机、料、法、环等各个环节，进行技术交底、安全交底，掌握各种注意事项（包括应急预案、安全方案、环境方案等），确保工程项目顺利进行。

（3）掌握关键部位、重要部位、贵重设备或元器件、隐蔽项目等的安装或研制技术、工艺及注意事项。

（4）掌握工程项目中的调试重点，布置调试方案、准备仪器仪表及调试人员。

（5）编制送电、试车、试运行方案及人力需求，确保一次成功。

（6）掌握运行及维护重点，确保安全运行。

（7）掌握检修重点，安排检修计划及人力需求，确保系统安全运行。

（8）掌握工程项目元器件、设备的修理重点，编制修理方案，准备材料、工具及人员。

（9）掌握故障处理方法，熟悉各个部位、设备、元器件、线路等处理时的轻重缓急，避免事故扩大。

（10）制定安全措施、环保措施。

（11）收集、整理工程项目资料，建立工程项目技术档案。

（12）布置工程项目交工验收。

（13）向用户阐述工程项目重点部位、运行方法及注意事项、调整试验方法及参数以及检修、修理、维护、安全、环保、故障处理等相关事宜，确保系统正常运行。

读图是工程项目中最重要的环节，不仅是保证工程项目顺利进行以及检测、修理、安全、环保、故障处理、维护的最重要手段；是提高技术技能、积累实践经验、向专家型发展的必经之路；也是项目进行研发、创新，实现高端技术的重要手段。

三、电动机及控制

电动机是电气工程中最常用、最多、最重要的动力装置，容量从几十瓦到几百千瓦，电压等级从十几伏到十千伏，有直流和交流之分，控制系统复杂。特别是用在生产工艺系统中的电动机，与自动控制系统、传感器及检测装置、A/D以及D/A转换装置、微机装置有着错综复杂的关系，并与电动机的启动、调速、停机以及控制系统中的温度、压力、物位、流量、机械量、成分分析等参数联锁控制，完成生产工艺的要求。

因此，对电动机本身及其控制、启动及保护装置、线路设置、联锁装置等技术的掌握对于一名电气工作人员来讲是尤为重要的，不懂电动机及其控制技术，在电气行业是难以立足的。

1.电动机及其控制要熟练掌握以下内容

（1）电动机的结构及其内部线圈的接法，这对电动机的控制、修理有极大的帮助。

（2）电动机常用启动控制装置及其控制原理图，包括直接启动、星三角启动、串联电抗启动、自耦变压器启动、频敏变阻器启动、正反转启动及控制、软启动器启动及其控制、变频器启动及其控制，以及电动机的保护及其保护装置等。

（3）电动机的选择及其启动控制装置的选择，也就是上述（2）中各种启动控制装置都适合哪种电动机及其拖动的机械负载，这是一个非常重要的内容。

（4）电动机启动控制调速与生产工艺系统的接口及接口电路，包括与传感器、检测装置、A/D及D/A转换装置、微机装置及自动控制系统的联锁电路。

2.电动机的测试和试验，判定电动机的质量优劣及性能，主要包括以下内容。

（1）力学性能的测试和试验，如转动惯量、振动、转动有无卡阻、声音是否正常等。

（2）电气性能的测试和试验，如绝缘、转速、电流、直流电阻、空载特性、短路特性、转矩、效率、温升、电抗、电压波形、噪声、无线电干扰等。

电动机及其启动控制装置、联锁装置的运行、维护、检修、修理、故障处理技术，是衡量电气工程师水平高低的最为实际的技能。

2.直流电机的试验项目及要求

测量励磁绕组和电枢的绝缘电阻；测量励磁绕组的直流电阻；测量电枢整流片间的直流电阻；励磁绕组和电枢的交流耐压试验；测量励磁可变电阻器的直流电阻；测量励磁回路连同所有连接设备的绝缘电阻；励磁回路连同所有连接设备的交流耐压试验；检查电机绕组的极性及其连接的正确性。

注：6 000kW以上同步发电机及调相机的励磁机，应按本条全部项目进行试验。

①测量励磁绕组和电枢的绝缘电阻值，不应低于0.5MΩ。

②测量励磁绕组的直流电阻值，与制造厂数值比较，其差值不应大于2%。

③测量电枢整流片间的直流电阻值，应符合下列规定：对于叠绕组，可在整流片间测量；对于波绕组，测量时两整流片间的距离等于换向器节距；对于蛙式绕组，要根据其接线的实际情况来测量其叠绕组和波绕组的片间直流电阻。相互间的差值不应超过最小值的10%，由于均压线或绕组结构而产生有规律的变化时，可对各相应的片间电阻进行比较判断。

④励磁绕组对外壳和电枢绕组对轴的交流耐压试验电压，应为额定电压的1.5倍加750V，并不应小于1 200V。

⑤测量励磁可变电阻器的直流电阻值，与产品出厂数值比较，其差值不应超过10%。调节过程中应接触良好，无开路现象，电阻值变化应有规律。

⑥测量励磁回路连同所有连接设备的绝缘电阻值不应低于0.5MΩ。

注：不包括励磁调节装置回路的绝缘电阻测量。

①励磁回路连同所有连接设备的交流耐压试验电压值应为1 000V，不包括励磁调节装置回路的交流耐压试验。

②检查电机绕组的极性及其连接是否正确。

③调整电机电刷的中性位置是否正确，满足良好换向要求。

④测录直流发电机的空载特性和以转子绕组为负载的励磁机负载特性曲线，与产品的出厂试验资料比较，应无明显差别。励磁机负载特性宜在同步发电机空载和短路试验时同时测录。

3.交流电动机的试验项目及要求

测量绕组的绝缘电阻和吸收比；测量绕组的直流电阻；定子绕组的直流耐压试验和泄漏电流测量；定子绕组的交流耐压试验；绕线转子电动机转子绕组的交流耐压试验；同步电动机转子绕组的交流耐压试验；测量可变电阻器、启动电阻器、灭磁电阻器的绝缘电阻。

四、电力变压器及控制保护

电力变压器是电气工程中的电源装置，是重要的电气设备。由于用途不同，其结构也不尽相同，电压等级也不同，容量从10kVA到几MVA。最常用的变压器电压等级为10/0.4kV、35/10kV、35/0.4kV、110/35（10）kV，是工厂、企业、公共线路中常见的电源变压器。

电力变压器是静止设备，只向系统提供电源，其控制、保护装置较为复杂，特别是35kV及以上的电力变压器更为复杂。电力变压器一般由断路器控制，设置的保护主要有非电量保护（主要指气体、油温）、差动保护、后备保护（主要指过电流、负序电流、阻抗保护）、高压侧零序电流保护、过负荷保护、短路保护等。这些保护装置与断路器控制系统构成了复杂的二次接线，并与微机接口，这部分内容是电力变压器及变配电所的核心技术。对于10/0.4kV的变压器控制和保护较为简单，控制一般由跌落式熔断器或柜式断路器构成，保护一般只设短路保护，有的也增设过载保护。

电力变压器及控制保护要掌握以下内容。

（1）变压器的结构及其内部线圈的接法。

（2）变压器一次控制装置及其二次接线，主要有跌落式熔断器、断路器（少油、真空、磁吹等型式）、负荷开关、高压接触器、接地开关、隔离开关等及与其配套的高压柜等。

（3）变压器二次控制装置及二次接线，主要有断路器、熔断器、刀开关、换转开关、接触器及与其配套的低压柜等。

（4）继电保护装置及其二次接线，主要有差动保护装置、电流保护装置、电压保护装置、方向保护装置、气体保护装置、微机型继电保护及自动化装置等。

（5）变压器及其控制保护装置的选择、运行、维护、检修、修理、故障排除等。

（6）变压器的测试和试验，并判定其质量的优劣。

五、常用电量计量仪表及接线

电量计量仪表主要有电流表、电压表、电能表、功率表、功率因数表和频率表。其中，电流表、电压表、电能表、功率因数表有交流、直流之分。电能表则分有功、无功两种；有单相、三相之分；结构上又有两元件、三元件之分。

电压表、电流表、电能表、功率因数表、频率表、功率表直接接入电路中较为简单，当高电压、大电流时必须经过互感器接入，接入时较为复杂。电能表的新型号表接线更为复杂。

电量仪表主要由电流线圈和电压线圈构成，其接线规则是相同的，即电流线圈（导线较粗、匝数较少）必须串联在电路中，电压线圈（导线较细、匝数较多）必须并联在电路中。使用互感器时，电流互感器的一次是串联在电路中，二次直接与表的电流线圈连接；电压互感器的一次是并联在电路中，二次直接与表的电压线圈连接。

掌握电表的接线目的主要是监督操作人员接线是否正确，并及时纠正错误的接线方式，避免发生事故或电表显示电量不正常。

六、常用电气设备、元器件、材料

常用电气设备包括变压器、电动机及其开关和保护设备，开关和保护设备又分高压、低压及保护继电器与继电保护装置。

元器件主要包括电子元器件和电力电子元器件，如半导体器件、传感元件、运算放大及信号器件、转换元件、电源、驱动保护装置及变频器等。

材料主要包括绝缘材料、半导体材料、磁性材料、光电功能材料、超导和导体材料、电工合金材料、导线电缆、通信电缆及光缆、绝缘子及安装用的各种金工件（角钢支架、横担、螺栓、螺母等）和架空线路金具、混凝土电杆、铁塔等。

第二节　通用技术技能

一、通用技术技能的内容

通用技术技能主要是掌握以下工程项目的设计、读图、安装、调试、检测、修理及故障处理等。

照明设备及单相电气设备、线路；低压动力设备及低压配电室、线路（其中最主要的是三相异步电动机及其启动控制设备）；低压备用发电机组；高低压架空线路及电缆线路；10kV、35kV变配电装置及变电所（其中最主要的是电力变压器及其控制保护装置）；防雷接地技术及装置；自动化仪表及自动装置；弱电系统（专指火灾报警、通信广播、有线电视、保安防盗、智能建筑、网络系统）；微电系统（专指由CPU控制的系统或装置）；特殊电气及自动化装置等。

二、电气工程设计

电气工作人员应对电气工程的设计需掌握以下内容。

①电气工程设计程序技术规则；②工业车间及生产工艺系统的动力、照明、生产工艺及电动机控制过程的设计；③自动化仪表应用工程、过程控制的自动化仪表工程设计；④35kV及以下变配电所的设计；⑤35kV及以下架空线路的设计；⑥建筑工程电气设计，包括动力、照明、控制、空调电气、电梯等；⑦弱电系统的设计，包括火灾报警、通信广播、防盗保安、智能建筑弱电系统；⑧编制工程概算；⑨主要设备、元器件及材料；⑩工程现场服务、解决难题。

三、电气工程的设计程序与技术规则

电气工程设计是一项复杂的系统工程，特别是工程项目较大、电压等级较高、控制系统复杂、强电和弱电交融、变压器及电动机容量较大、生产工艺复杂等原因或者是采用的新设备、新材料、新技术、新工艺较多时，更能凸显其复杂性和高难度。

为了保证电气工程设计的质量和造价、环保节能，保证系统的功能和安全以及建成投入使用后的安全运行，从事电气工程设计的单位或个人必须遵守电气工程设计程序与技术规则。

电气工程设计程序与技术规则分为以下三大内容。

（一）设计工作技术管理

（1）电气工程设计必须符合国家现行标准规范的要求并按已批准的工程立项文件（或建设单位的委托合同）及投资预算（概算）文件进行。

（2）承接电气工程的设计单位必须是取得国家建设主管部门或省级建设主管部门核发的相应资质的单位；电力工程设计还必须取得国家电力主管部门和建设主管部门核发的相应资质许可证，无证设计、越级设计都是违法行为。

（3）电气工程设计、电力工程设计选用的所有产品（设备、材料、辅件等）的生产商必须是取得主管部门核发的生产制造许可证的单位，其产品应有型式试验报告或出厂检验试验报告、合格证、安装使用说明书，无证生产是违法行为。设计单位推荐使用的产品不得以任何形式强加于建设单位和安装单位。

（4）设计单位对其选用的产品必须注明规格、型号，若有代用产品的应写明代用产品的规格、型号。

（5）承接电气工程设计的单位中标或接到建设单位的委托书后应做好以下工作。

①组织相应的技术人员、设计人员审核或会审标书或委托书，提出意见和建议，并由总设计师汇总，以便确定设计方案。

②确定结构、土建、给排水、采暖通风、空调、电力、电气、自动化仪表、弱电、消防、装饰等专业的设计主要负责人，并由其成立设计小组，同时进行人员分工。人员的使用要注重其能力和工作态度、职业道德等。

③各设计小组负责人通过座谈，相互沟通，对各专业设计交叉部分进行确认，并确定设计思路，达成共识，提交总设计师。

④由总设计师确定设计方案，并下发给各专业设计小组。各组应及时反馈设计信息，变更较大的必须通知其他相应小组，并由总设计师批准。

⑤凡是涉及土建工程的电气工程，对于其结构、土建、装饰，设计小组应先出图，确保进度。

⑥由总设计师组织设计交底，向建设单位、主管部门详细交代设计思路和设计方案，征得意见和建议，最后达成一致性的意见。

⑦建立项目设计质量管理体系，确定监督程序和方法，确保设计质量。

⑧编制项目设计进度计划，确保建设单位对设计期限的要求。进度计划要在保证设计质量的前提下编制。

⑨对设计中使用的设备进行测试或调整，确保设计顺利进行，并进行备份。

⑩召开项目设计组织协调及动员大会，责任要落实到人、进度要明确、质量必须保

证，同时要求后勤部门做好服务及供应工作。

（二）现场勘察

（1）电气工程现场勘察。电气工程现场勘察主要是勘察电源的电压等级、进户条件、进户距离等，并根据其结果确定是否设置变压器、架空引入（电缆引入）以及防雷保护等。

（2）电力工程现场勘察。电力工程现场勘察主要是勘察电源的电压等级及容量、送电的距离及容量、送电路径的地理、气候、环境及自然保护的状况等，并根据其结果确定变电所的位置及设置、变压器的台数及容量、输电线路的线径及杆型、防雷保护等。

（三）项目设计的过程控制及管理

（1）设计人员在项目设计的全过程中，必须按照国家标准设计规范和项目设计方案的要求进行设计，设计方案有更改时，必须经过总设计师批准。

（2）电气工程设计可按工程量的大小、设计期限的长短、技术人员的多少等因素进行分组设计，以保证设计质量和进度计划。

（3）各组每天统计进度；每周举行进度调整会，相应增加人员或加班，确保周计划完成；每月举行调度会，汇总进度情况，做出相应调整。

（4）健全图样会审、会签制度。专业小组负责人应对质量、进度负责，做好自查。图样会审应公开公正，会签应认真负责。

（四）项目设计的实施及管理

1.电气工程

（1）熟悉设计方案，掌握各专业设计交叉部位的设计规定。

（2）熟悉土建和结构设计图样，掌握建筑物墙体地板、开间设置、几何尺寸、梁柱基础、层数层高、楼梯电梯、窗口、门口、变配电间及竖井位置等设置。

（3）按照土建工程和设备安装工程的设计图样和使用条件确定每台用电器（电动机、照明装置、事故照明装置、电热装置、动力装置、弱电装置及其他用电器）的容量、相数、位置、标高、安装方式，并将其标注在土建工程平面图上。

（4）以房间、住户单元、楼层、车间、公共场所为单位，确定照明配电箱、启动控制装置、开关设备装置、配电柜、动力箱、各类插座及照明开关元件等的结构型式、相数、回路个数、安装位置、安装方式、标高，并将其标注在图上。

（5）确定电源的引入方式、相数、引入位置、第一接线点，并将其标注在图上。

（6）按照各类用电器的容量及控制方式确定各个回路、分支回路、总回路和电源引入回路导线、电缆、母线的规格、型号、敷设方式、敷设路径、引上及引下的位置及方式，并将其标注在图上。

（7）计算每个房间、住户单元、楼层、车间、公共场所的用电容量，确定照明配电箱、启动控制装置、开关设备装置、配电柜、动力箱、各类插座及照明开关元件的容量、最大开断能力、规格、型号，并将其标注在图上。

（8）计算同类用电负荷的总容量，进而计算总用电负荷的总容量，确定电源的电压等级、相数、变压器、进线开关柜（箱）的容量、台数及继电保护方式。

（9）确定变压器室的平面布置、配电间的平面布置、引出引入方式及位置，确定接地方式。

2.弱电工程

（1）按照土建工程和设备安装工程提供的图样和设计方案的要求确定弱电元器件（探测器、传感器、执行器、弱电插座、电源插座、音响设备安装支架、验卡器等）的规格、型号、位置、标高、安装方式等，并将其标注在以房间、住户单元、楼层楼道、车间、公共场所为单位的土建工程提供的建筑物平面图上。

（2）按上述单位及元器件布置确定弱电控制箱、控制器的位置、标高、安装方式，并将其标注在平面图上。

（3）按照各类弱电元器件及装置的布置，确定各个回路、分支回路、总回路导线（电缆）的规格、型号、敷设方式、敷设路径、引上及引下的位置及方式，并将其标注在平面图上。

（4）统计每个房间、住户单元、楼层楼道、车间、公共场所的弱电元器件，确定其控制箱、控制器的容量、规格、型号，并将其标注在平面图上。

（5）确定控制室的平面布置、线缆引入引出方式及位置，确定接地方式。

（6）画出各个弱电系统的系统分布图、标注各种数据、设计选用系数、调整试验测试参数等。

（7）写出设计说明、安装调试要求，主要材料、元器件设备型号、规格、数量一览表，电缆清册、图样目录。

（8）绘制初步设计草图，为图样会审、会签、汇总提供成套图样，并按会审、会签、汇总提出的意见和建议修改初步设计，最后绘制成套设计图样。

3.电力线路工程

（1）按照线路勘察测量结果确定线路路径、起始及终点位置、耐张段、百米桩、转角等，并将其标注在地形地貌的平面图上，该图即为线路路径图。

（2）路径图应标注路径的道路、河流、山地、村镇、换梁及交叉、跨越物等。

（3）按照档距、气候条件、输送电流容量、耐张段距离等确定导线的规格、型号，绘制导线机械特性曲线图。

（4）按照档距、气候条件、电流容量、耐张段距离、导线规格型号、断面图参数确定直线杆（塔）、耐张杆（塔）、转角杆（塔）的杆（塔）型，绘制杆（塔）结构图。

（5）按照上述条件确定杆塔的基础结构，绘制基础结构图，列出材料一览表。

（6）绘制拉线基础组装图、导线悬挂组装图、避雷线悬挂组图、避雷线接地组装图、抱箍及部件加工图、横担加工图等。

（7）写出设计说明、安装要求、主要材料、设备规格、型号及数量一览表。

（8）绘制初步设计草图，为图样会审、会签、汇总提供成套图样，并按会审、会签、汇总提出的意见和建议修改初步设计，最后绘制成套设计图样。

4.变电配电工程

（1）按照电力工程现场勘察的结果及建设单位提供的条件和资料，初步确定变电配电所的位置、设置、变压器容量与台数、电压等级、进户及引出位置及方式等，并按此向土建结构设计小组提供平面布置草图、相关数据、变压器、各类开关及开关柜、屏的几何尺寸及重量等。其中，变配电所的布置可按地理环境的实况及土地使用条件采用室外、室内、多层等不同的布置方式。

（2）绘制变电所主结线图。

（3）绘制变电所平面布置图（室内、室外、多层）。

（4）确定各类设备元器件材料及母线的规格、型号、安装方式、调试要求及参数。

（5）确定变电所二次回路及继电保护方式（传统继电器、微机保护装置），绘制二次回路各图样，包括接线。

（6）绘制防雷接地平面图，编制接地防雷要求。

（7）绘制照明回路图及维修间电气图。

（8）编制设计说明、安装要求，绘制设备安装图、加工制作图、电缆清册、设备元器件材料一览表。

（9）编制设计依据，调整试验参数等。

（10）绘制初步设计草图，为图样会审、会签、汇总提供成套图样，并按其提出的意见和建议修改初步设计，最后绘制成套设计图样。

第三节　电气系统安全运行技术

电气系统安全运行技术是电气工程及自动化工程的中心技术，电气系统的不安全将会给系统带来不可估量的损失和危害。保证电气系统的安全是电气工程最重要的职责。

一、保证电力系统及电气设备安全运行的条件

电气工程设计技术的先进性及合理性是保证电力系统及电气设备安全运行的首要条件，其中方案的确定、负荷及短路电流的计算、设备元器件材料的选择计算、继电保护装置的整定计算、保安系统的计算、防雷接地系统的计算及设计等均应采用先进技术并具有充分的合理性。

设备、元器件、材料的质量及可靠性是保证电力系统及电气设备安全运行的重要条件之一，设备、元器件、材料的购置应根据负荷级别及其在系统中的重要程度选购，一级负荷及二、三级负荷中的重要部位、关键部件应选用优质品或一级品，二、三级负荷的其他部件至少应选用合格品，任何部件及部位严禁使用不合格品。严禁伪劣产品进入电气工程，是保证安全运行的重要手段。

安装调试单位的资质及其作业人员的技术水平和职业道德是保证电力系统及电气设备安全运行的重要条件之一，安装调试应按国家技术监督局和建设部联合发布的国家标准“电气装置安装工程施工及验收规范”进行并验收合格，其中一级负荷及二、三级负荷中的关键部位、重要部件，应由建设单位、设计单位、安装单位、质量监督部门、技术监督部门及其上级主管部门的专家联合验收合格；涉及供电、邮电、广播电视、计算机网络、劳动安全、公安消防等部门的工程，必须由其上级主管部门的有关专家参加联合验收。验收应对其工程进行总体评价并送电试车或试运行。其他负荷级别的工程，根据工程大小，由设计单位、建设单位、安装单位及质量监督部门验收合格。电气工程应委托监理，小型工程可委派有实际经验的人作为驻工地代表，监督安装的全过程，这是保证安装质量最可靠、有效的办法。

运行维护技术措施的科学性及普遍性是保证电力系统及电气设备安全运行的必要条件之一，是保证安全运行的关键手段。运行维护技术措施主要是要落实在“勤”“严”“管”三个字上。“勤”是指勤查、勤看、勤修，以便及时发现问题及隐患，并及时处理，将其消灭在萌芽状态；“严”是指严格执行操作规程、试验标准，并有严格的管理制度；“管”

是指有一个强大的、权威性的组织管理机构和协作网，以便组织有关人员做好运行维护工作。

作业人员的技术水平（包括安全技术）、敬业精神、职业道德及管理组织措施是保证电力系统及电气设备安全运行的必要条件之一，是保证安全运行的关键因素。周密严格的管理组织措施是作业人员及安全工作的总则，对作业人员应有严格的考核制度及办法，并有严明的奖惩条例，作业人员个个钻研技术，人人敬业爱业，即能保证安全运行。

全民电气知识和安全技术的普及是保证电力系统及电气设备安全运行的社会基础。在现代社会，电的应用越来越广泛，几乎人人都要用电或享受电带来的效益。因此，普及用电知识和安全用电技术，使每个人都掌握电气常识就更为重要。只有人人都具备一定的电气知识，并掌握一定的安全用电常识，电力系统及电气设备的运行才会越安全，同时如果人人都能发现事故隐患，及时报告、及时处理，电气系统就能安全稳定地运行。

发电系统和供电系统的安全性、可靠性及供电质量是保证电力系统及电气设备安全运行的基础。发电供电系统的安全性及可靠性是由设计、安装、设备材料、运行维护决定的，也决定着电压、频率、波形，这对用电单位来说是至关重要的，也就是说，只有发电系统安全了、可靠了，电压质量保证了，用电单位才能正常用电。供电线路的机械强度、导电能力以及防雷等对用电单位也是至关重要的，也是供电部门必须保证的。

综上所述，电气系统的安全运行因素是多方面的，缺一不可，同时各方面的联系也是紧密不可分的，当这些条件都具备的时候，也就是电气系统安全运行的时候。

二、保证电气系统安全运行采取的维护技术措施的要点

运行维护技术措施的要点就是“勤”“严”“管”三个字。

（1）“勤”就是对电气线路及电气设备的每一部分、每一参数勤检、勤测、勤校、勤查、勤扫、勤修。这里的“勤”是指按周期，只是各类设备周期不同而已。除按周期进行清扫、检查、维护和修理外，还必须利用线路停电机会进行彻底清扫、检查、紧固及维护修理。

（2）“严”就是在运行维护及各类作业中，严格执行操作规程、试验标准、作业标准，并有严格的管理制度，现有各种规程、标准、制度100多种。

（3）“管”是指用电管理机构及组织措施，这个机构应该是有权威性的，一般由电气专家和行政负责人组成，能解决处理有关设计、安装调试、运行维护及安全方面的难题，同时从上到下直至每个用电者都应有一个强大的安全协作网，构成全社会管电用电的安全系统，这是保证电气系统安全运行的社会基础。

三、电气系统安全运行技术的主要内容

（1）高压变配电装置。高压变配电装置主要包括安全运行基本要求、巡视检查项目内容及周期、停电清扫项目内容及周期、停电检修项目内容及周期、预防性测试项目内容及周期、变配电装置事故处理方法及注意事项等。

（2）电力变压器。电力变压器主要包括变压器安全运行基本要求，巡视检查项目内容及周期、主要监控项目内容、检修项目内容及周期标准、试验项目内容及周期、异常运行及故障缺陷处理方法、互感器、消弧线圈、变压器运行注意事项等。

（3）高压电气设备、电容器、电抗器运行注意事项及其检查、清扫、检修、试验的项目内容及周期等。

（4）低压配电装置及变流器、变频器运行注意事项及其巡检、清扫、检修、试验项目内容及周期等。

（5）电动机。电动机主要包括安全运行及启动装置的基本要求条件，巡检、检修、试验项目内容及周期，异常运行及故障缺陷处理方法、主要测试项目及方法，启动装置、电动机的正确选择方法等。

（6）工作条件及生产使用环境对电气设备的型号、容量、防护形式、防护等级的要求等。继电保护二次回路、自动装置、自动控制系统安全运行基本条件要求，巡视检查、校验调整项目内容及周期，异常运行及事故处理方法，安全运行注意事项等。

（7）架空线路、电缆线路、低压配电线路的安全运行条件、基本要求，巡检、检修、维护的项目内容及周期，不同季节对线路的安全工作要求等。

（8）特殊环境（指易燃、易爆、易产生静电、易化学腐蚀、潮湿、多粉尘、高频电磁场、蒸气以及建筑工地、矿山井下等与常规环境有明显不同的环境）电气设备及线路的安全运行技术及管理等。

（9）机械设备、电梯、家用电器及线路、弱电系统、自动化仪表及其他用电装置安全运行技术及管理等。

第四节　电气工程安全技术

一、电气安全组织管理措施和技术措施

电气组织管理措施分为管理措施、组织措施和急救措施三种。管理措施主要有安全机构及人员设置，制订安全措施计划，进行安全检查、事故分析处理、安全督察、安全技术教育培训，制定规章制度、安全标志以及电工管理、资料档案管理等。组织措施主要是针对电气作业、电工值班、巡回检查等进行组织实施而制定的制度。急救措施主要是针对电气伤害进行抢救而设置的医疗机构、救护人员以及交通工具等，并经常进行紧急救护的演习和训练。

技术措施包括直接触电防护措施、间接触电防护措施以及与其配套的电气作业安全措施、电气安全装置、电气安全操作规程、电气作业安全用具、电气火灾消防技术等。

组织管理措施和技术措施是密切相关、统一而不可分割的。电气事故的原因很多，如设备质量低劣、安装调试不符合标准规范要求、绝缘破坏而漏电、作业人员误操作或违章作业、安全技术措施不完善、制度不严密、管理混乱等，都会导致事故发生，这里面既有组织管理的因素，也有技术的因素。经验证明，虽然有完善先进的技术措施，但没有或欠缺组织管理措施，也将发生事故；反过来，只有组织管理措施，而没有或缺少技术措施，事故也是要发生的。没有组织管理措施，技术措施将实施不了，也得不到可靠的保证；没有技术措施，组织管理措施只是一纸空文，解决不了实际问题。只有把两者统一起来，电气安全才能得到保障。因此，在电气安全工作中，一手要抓技术，使技术手段完备，一手要抓组织管理，使其周密完善，只有这样，才能保证电气系统、设备和人身的安全。

二、电气安全管理工作的中心内容

（一）安全检查

检查内容主要有：

（1）电气设备、线路、电器的绝缘电阻、可动部位的线间距离、接地保护线的可靠完好，接地电阻是否符合要求；

（2）充油设备是否滴油、漏油；

（3）高压绝缘子有无放电现象、放电痕迹；

（4）导线或母线的连接部位有无腐蚀或松动现象；

（5）各种指示灯、信号装置指示是否正确；

（6）继电保护装置的整定值是否更动；

（7）电气设备、电气装置、电器及元器件外观是否完好；

（8）临时用电线路及装置的安装使用是否符合标准要求；

（9）安全电压的电源电压值、联锁装置是否正确；

（10）安全用具是否完好且在试验周期之内，保管是否正确；

（11）特殊用电场所的用电是否符合要求；

（12）安全标志是否完好齐全且安装正确；

（13）避雷器的动作指示器、放电记录器是否工作；

（14）携带式检测仪表是否完好且在检定周期之内，保管及使用是否正确；

（15）电气安全操作规程的贯彻与执行情况；

（16）现场作业人员的安全防护措施及自我保护意识和安全技术掌握状况；

（17）急救中心及其设施、触电急救方法普及和掌握情况；

（18）电气火灾消防用具的完好及使用保管状况；

（19）携带式、移动式电气设备的使用方法及保管状况；

（20）变电室的门窗及玻璃是否完好，电缆沟内是否有动物活动的痕迹，屋顶有无漏水，电缆护套有无破损；

（21）架空线路的杆塔有无歪斜、有无鸟巢，导线上有无悬挂异物，弧垂是否正常，拉线是否松动，地锚是否牢固，绝缘子和导线上有无污垢，树高能否造成短路；

（22）电气设施的使用环境与设备的要求是否相符，如潮湿程度、电化腐蚀等；

（23）电气作业制度的执行情况、违章记录、事故处理记录等。

①电气安全生产管理方面有无漏洞，如电工无证上岗、施工图未经技术及督察部门审查、各种记录不规范等。

②安全生产规章制度是否健全。

③各级负责人及安全管理人员对电气安全技术、知识掌握的状况以及是否将电气安全放在生产的首位，有无安全交底及安全技术措施等。

④检查人员的组成。一般由电气工程技术人员、安全管理人员、有实践经验且技术水平较高的工人组成。同时，根据检查的规模及范围，检查可由供电部门、劳动部门、消防部门、上级主管部门以及本单位设备动力科（处）、安全科（处）主管安全工作的领导者参加。

⑤检查周期通常应一月一小查，半年一大查，大查一般安排在春季（雨季到来之

前）及秋季（烤火期之前）。小查时，组成人员应少一些，检查的项目应有重点；大查时，组成人员需多一些，检查的项目要全、检查要细。检查中凡发现不符合要求的须限期修复，并由检查人员复查合格。

（二）制订安全技术措施计划

安全技术措施计划是与本单位技术改造、工程扩建、大修计划等同步进行的。要根据本单位电气装置运行的实际情况以及安全检查提出的问题，结合电网反事故措施和安全运行经验，与技改部门、安全部门以及设计、安装、大修单位等协同编制年度的安全技术措施计划，如线路改造或换线、变压器更换或增容、开关柜改造等。安全技术措施计划应与单位生产计划同步下达，并保证资金的落实。安全措施经费通常占年技改资金的20%左右，在提出安全措施计划的同时，应将设备、材料列出，并确定工期。

（三）电气安全教育培训

电气安全教育培训是一项长期性的工作，是一项以预防为主的重要措施。对于刚进厂的学徒工、大中专及技校毕业生、改变工种和调换岗位的工人、实习人员、临时参加现场劳动的人员以及接触用电设备的各类人员都要进行三级（厂、车间、班组）电气安全教育，可通过举办专业培训班、广播、电视、图片等形式开展宣传教育活动。

对于电气人员，一方面要提高电气技术，另一方面要提高安全技术。可以通过开展技术比赛、安全知识竞赛、答辩、反事故演习、假设事故处理、现场急救演示等各种形式来提高其电气技术和安全技术。

（四）建立资料档案

所谓资料档案，就是指电气工作中使用的各种标准、规程及规范、各种图样、技术资料、各种记录等。这些资料应该存档，并按档案管理的要求进行分类保管，做到随时可以查阅、复印，以保证电气系统的安全运行。

标准、规范、规程主要有各类电气工程设计规范、电气装置安装工程施工及验收规范、全国供用电规则、电气事故处理规程、电气安全工程规程、电气安全操作规程、变压器运行规程、电气设备运行和检修规程、电业安全工作规程等。

各种图样主要有供电系统一次接线图、继电保护和自动装置原理图、安装接线图、中央信号图、变配电装置平面布置图、防雷接地系统平面图、电缆敷设平面图、架空线路平面图、动力平面图、控制原理接线图、照明平面图、特殊场所电气装置平面图、厂区平面图、土建图等。

技术资料主要有变压器、发电机组、开关及断路器、继电保护及自动装置、大中型电机及启动装置、主要仪器仪表、各类开关柜、各类电气设备的厂家原始资料，如说明书、图样、安装、检修、调试资料及记录等。

各种记录主要有运行日志、电气设备缺陷记录、电气设备检修记录、继电保护整定记录、开关跳闸记录、调度会议记录、运行分析记录、事故处理记录、安装调试记录、培训记录、电话记录、巡视记录、安全检查记录等。

各用电单位可根据具体情况收集整理上述资料并存档，通常每一台电气设备或元器件应有其单独的资料档案卷宗备查。

（五）事故处理

事故包括人身触电伤亡事故和电气设备（包括线路）事故两大类。对于人身触电伤亡事故，必须遵循先进行急救并送至医院的原则；对于电气设备、线路事故，必须遵循先进行灭火，然后再更换设备或修复直至恢复送电的原则。事故现场处理完毕后，应遵照“找不出事故原因不放过，本人和群众受不到教育不放过，没有制定出防范措施不放过”的原则，成立相应级别的调查组，对事故进行认真调查、分析和处理，教育群众，认真吸取教训，并采取相应的防范措施，以确保今后不再发生类似事故。同时，写出事故报告和处理结果，根据事故的大小和范围发放或张贴布告，以示警告。调查组一般由负责安全的安全员、技术人员及经验丰富的工人组成，中型及以上事故必须由单位主管安全的负责人主持小组工作。经验证明，无论事故大小或是否造成伤亡，只要遵循上述原则，均能受到深刻的教训，减少或杜绝今后事故的发生。

事故的调查必须实事求是，有些人为了推卸责任而弄虚作假，给事故处理带来了困难，这是事故处理中必须注意的。只有把事故处理提高到法制的轨道上来，才有利于电气安全工作的开展。在处理事故时还应注意以下几点。

（1）必须在单位各级负责人的思想认识上找事故原因，是否真正做到了“安全第一，预防为主”。

（2）必须在安全生产管理上找事故原因，堵住管理上的漏洞。

（3）必须在安全规章制度上找事故原因，进而修订有关制度。

（4）必须提高全员的安全意识和技术水平，做到“安全第一，人人有责”。

三、保证电气安全的技术措施

直接触电防护措施是指防止人体各个部位触及带电体的技术措施，主要包括绝缘、屏护、安全间距、安全电压、限制触电电流、电气联锁、漏电保护器等。其中，限制触电电流是指人体直接触电时，通过电路或装置，使流经人体的电流限制在安全电流值的范围以内，这样既能保证人体的安全，又可以使通过人体的短路电流大大减小。

间接触电防护措施是指防止人体各个部位触及正常情况下不带电而在故障情况下才变为带电的电器金属部分的技术措施，主要包括保护接地或保护接零、绝缘监察、采用Ⅱ类绝缘电气设备、电气隔离、等电位连接、不导电环境，其中前三项是最常用的方法。

电气作业安全措施是指人们在各类电气作业时保证安全的技术措施，主要有电气值班安全措施、电气设备及线路巡视安全措施、倒闸操作安全措施、停电作业安全措施、带电作业安全措施、电气检修安全措施、电气设备及线路安装安全措施等。

电气安全装置主要包括熔断器、继电器、断路器、漏电开关、防止误操作的联锁装置、报警装置、信号装置等。

电气安全操作规程的种类很多，主要包括高压电气设备及线路的操作规程、低压电气设备及线路的操作规程、家用电器操作规程、特殊场所电气设备及线路操作规程、弱电系统电气设备及线路操作规程、电气装置安装工程施工及验收规范等。

电气安全用具主要包括起绝缘作用的绝缘安全用具，起验电或测量作用的验电器或电流表、电压表，防止坠落的登高作业安全用具，保证检修安全的接地线、遮栏、标志牌和防止烧伤的护目镜等。

电气火灾消防技术是指电气设备着火后必须采用的正确灭火方法、器具、程序及要求等。

电气系统的技术改造、技术创新、引进先进科学的保护装置和电气设备是保证电气安全的基本技术措施。电气系统的设计、安装应采用先进技术和先进设备，从源头上解决电气安全问题。

第五节　负载估算及设备、元器件、材料的选择

负载计算及设备、元器件、材料的选择较为复杂，在现场由于时间紧急和特殊条件的限制，往往采用估算的方法以解燃眉之急，而后再用正常的计算方法进行核实，估算方法是现场电气工作人员必须具备的技能之一。

一、负载估算方法

低压220V系统一般条件下每1 000W负荷按5A计算，支路负载电流相加后乘以0.6即为干路的负载；干路负载电流相加后乘以0.5即为低压系统的总负载。

低压380V三相动力系统或其他三相系统一般条件下每1 000W负载按2A计算，支路负

载相加后乘以0.5～0.8即为干路的负载；干路负载电流相加后乘以0.4～0.6即为低压系统的总负载。其中，0.5～0.8和0.4～0.6一般按以下原则进行选取：轻载起动较多的取较小的值，重载启动较多的取较大的值；直接启动较多的取较大的值，间接启动较多的取较小的值；变频启动较多的取中间值。

高压系统相比低压系统的负载电流要小得多，10kV系统（指三相平衡系统）每1kW负载电流按0.07～0.08A计算，6kV系统（指三相平衡系统）每1kW负荷电流按0.12～0.14A计算。在选择设备、材料、元器件时，高压和低压考虑的重点不同，高压系统往往考虑最多的是绝缘，而低压系统考虑最多的则是电流的大小。

二、设备、元器件、材料的选择

现场选择设备、元器件、材料时总的原则有五个：一是电压等级与原来相同；二是其防护型式、防护等级与现场环境特征相符；三是其容量（载流量）应大于或等于原设备、元器件、材料的容量；四是注意节约的原则；五是保护装置应与其要求相符。

（一）变压器的选择

变压器的选择要考虑变压器容量允许全电压启动电动机的最大功率，一般条件下全电压启动电动机的最大功率应不大于变压器容量的20%～25%。

（二）高压电器的选择

高压电器的容量（额定电流）应大于所在回路或通过设备的计算电流，计算电路可按前文的负载估算方法进行估算。

（三）低压电器的选择

低压电器的选择主要是过载系数K的选择，这样既能在正常工作条件下承载负载电流，又能躲过启动时的冲击电流，也能在非正常工作条件下切断事故电流而自动跳闸，其中接触器必须与熔断器或断路器配合使用。

一般条件下K可按下述方法进行选择。

1.熔体额定电流的选择

（1）熔体额定电流必须小于熔断器的额定电流。

（2）单台设备直接启动的电动机K为电动机额定电流的2～3.5倍，可按轻载、中载、重载的顺序选择。

（3）多台设备直接启动且不同时启动时，总熔体按容量最大一台额定电流的2～3倍再加上其他设备的额定电流。若几台同时起动且其总容量超过该线路中最大的一台时，总熔体额定电流应在加上这几台设备额定电流的和后再按2～3倍选择。

（4）笼型电动机启动器熔体按电动机额定电流的1.5～3倍选择，并按轻载、重载和启动方式不同选择，轻载取较小值；绕线转子电动机按1.25～2倍选择。

（5）照明电路中，熔体额定电流一般取计算电流的1～1.1倍，高压汞灯按1.3～1.7倍，高压钠灯按1.5倍选取。

2.低压开关设备元件的选择

低压断路器、接触器开关设备元器件的额定电流应大于回路的额定电流，其系数K断路器取1.5～2.5倍，接触器取1.5～2.5倍，刀开关取1.1～1.5倍。其中，轻载启动、无较大动力设备的线路、照明电路及无感性负载的电路取下限，而重载启动、有较大动力设备、感性负载则取上限。

3.热继电器的选择

热继电器的额定电流一般为1.5倍的被保护电器额定电流，整定值一般为0.95～1.1倍的电器额定电流。Y联结电动机不宜选用带断相保护的热继电器，热继电器一般不宜选用额定电流大于60A的，若大于60A则应选用5A的，并配电流互感器使用。

4.电动机启动器的选择

启动器的选择应按负载性质、启动方式、启动时负载的大小来综合考虑。一般条件下，各类启动器的额定功率应大于电动机一个等级。

（1）10kW以下电动机可用磁力启动器直接启动，55kW以下的电动机当电源容量允许时也可在轻载时直接启动。

（2）10kW以上电动机轻载启动可选用Y－△启动器减压启动，仅适用△联结电动机。

（3）10kW以上电动机重载启动应选用自耦减压启动器、串联阻抗减压启动器、变频启动器、软启动器，不宜采用Y－△启动器。

（4）绕线转子电动机一般用凸轮控制器与转子串联电阻启动，也可用频敏启动控制柜、串联阻抗启动柜启动。

5.民用电器、照明装置一般应按估算电流选择

选用带漏电的断路器、插座，一般为5～10A。插座宜选用两用（双孔、三孔均有）插座。

6.电工仪表的选择

电工仪表的选择主要考虑电压等级、量程、公差等级、与互感器配合使用等。

（1）电压表选用时，低压一律采用直读式，量程应大于额定值的1.5倍左右，高压应配用电压互感器，电压表一律使用100V额定值的。

（2）电流表选用时，20A及以下的可选用直读式的，量程为最大值的1.5倍左右；大

于20A时应配用电流互感器，电流表一律使用5A额定值的，电流互感器的量程应大于最大值的1.5倍左右，绝缘等级应与系统额定电压相符。

（3）电能表应按供电线制选用，低压额定负载50A以下可选用直读式，其额定电流应大于负载电流。50A以上时应配用电流互感器，电能表一律为5A额定值的，电流互感器量程应大于最大值的1.5倍左右。高压系统一律选用5A的，并配用互感器，电压互感器一次电压与供电电压相符，二次电压为100V；电流互感器同上。

第六节　控制系统的设计及实施

控制系统是电气工程及自动化的核心部分，控制技术、控制系统的设计及实施在电气工程及自动化中占有重要的位置，是核心技术。电气工程技术人员应具备常用的控制系统设计技术以及实施技术，主要包括变配电系统继电保护控制技术、电动机控制技术、生产工艺系统控制技术、自动化仪表应用及其自动控制技术等。

控制系统可分为人工手动控制和自动控制两种。按元器件区分，有继电器—接触器控制、可编程序控制器控制、单片机控制，用到的元器件有低压电器、接触器和继电器、智能电器、传感器、控制器、计数器、编码器、步进电动机、各种模块等。

一、继电器—接触器控制

继电器—接触器控制是一种常用的电动机控制、变配电系统继电保护控制技术，一般情况下应用在不需无级调速的电动机控制以及容量不大的变配电系统中。继电器—接触器控制应当主要掌握以下内容。

（一）电动机控制常用继电器的类别及用途

用于电动机控制系统的继电器主要有热继电器、电流继电器、错相继电器、温度继电器、速度继电器、时间继电器、中间继电器等。

（1）热继电器一般用于小型电动机的过电流保护，当电动机过载电流使热元件发热时，其变形后可使继电器动作，常闭触点打开控制电源电路使电动机停转。

（2）电流继电器常用于大中型电动机的过电流保护，并与时间继电器配合使用，当过电流时间超过允许值时，时间继电器动作而打开控制回路电源。

（3）错相继电器常用于不允许反转的设备上，如电梯、风机、水泵等。错相继电器能对设备的供电电源进行实时监控，在电源发生过电压、欠电压、相序、三相电压不平衡、断相等异常时迅速切断电源。

（4）温度继电器常与埋设于定子绕组中的微型热传感器配合使用，当定子过电流而发热到大于允许温度时，温度继电器动作切断控制回路。

（5）速度继电器为机械式继电器，一般安装于电动机的轴头上，当电动机超速时其接点便切断控制回路电源，常用于电梯、起重机控制回路。

（6）时间继电器与电流继电器、接触器配合，以确定过电流时间和接触器切换时间。

（二）继电器、接触器辅助触点的使用

（1）得电吸合的继电器，其常闭触点打开的时间略早于常开触点闭合的时间；时间继电器的延时触点常开和常闭动作无时差。

（2）接触器的辅助触点，其常闭触点打开的时间略早于常开触点闭合的时间。

（3）继电器常开触点、接触器辅助常开触点串联使用时，只有所有常开触点都闭合时，回路中才有电使线圈得电；而当有一个常开触点打开时，回路断电。

（4）继电器常开触点、接触器辅助常开触点并联使用时，有一常开触点闭合，回路使有电线圈得电；而所有常开触点打开后，回路才能断电。

（5）继电器常闭触点、接触器辅助常闭触点串联使用时，有一常闭触点打开，回路断电；而所有常闭触点闭合，回路才得电。

（6）继电器常闭触点、接触器辅助常闭触点并联使用时，只有常闭触点全部打开时回路才断电；而有一常闭触点闭合，回路便得电。

（7）当常闭触点和常开触点串联使用时必须为不是同一元件的触点，回路得电必须使常闭触点闭合，而常开触点全部闭合；回路失电必须有一常开触点打开或常闭触点打开。

（8）当常闭触点和常开触点并联使用时必须为不是同一元件的触点，回路得电必须常闭触点闭合或常开触点有一闭合；回路失电必须常开触点全部断开且常闭触点同时打开。

（9）时间继电器一般均有延时触点，但有的时间继电器同时还有瞬时打开或闭合的触点，使用时应注意；而有的继电器除有瞬时动作的常闭常开触点，有的同时还有延时触点，使用时应注意。

（10）双联按钮动作时常闭触点打开先于常开触点闭合，常开触点闭合滞后常闭触点打开。

（11）中间继电器主要用于其他继电器触点不足而由其代替补充。

二、可编程序控制器的控制

可编程序控制器（PLC）控制是随着电子技术、微机技术的发展而产生的一种新型控制技术，以微处理器为核心，集自动化、计算机、通信于一体的新一代工业自动化控制技术。PLC采用可编程序的存储器、存储逻辑运算、顺序控制、定时、计数和数学运算等操作指令，通过数字或模拟信号的输入和输出，控制各种生产机械及生产过程。执行元件一般有接触器、变频器及其他动力装置等。PLC控制主要掌握以下内容。

（1）中央处理单元CPU的类别，如通用微处理器（8086、80286、80386）、单片机芯片（8031、8096、M6801）、双极型位片式微处理器（AMD-2900系列）。

（2）存储器的类别，如CMOSRAM、EPROM和E2PROM，其中系统存储器为厂商编写的系统程序，用户不需要更改；用户存储器一般采用CMOSRAM，可随机存取数据，但应随时注意锂电池的电容量及有效期；用户的操作数总是对应一个地址，用以表示该操作数的位置，而输入输出的地址是与连接到相应接口的输入或输出设备有关的。

（3）输入输出接口。PLC的输入信号要经过输入接口，但必须将其转换成能够接收和处理的标准数字信号，如开关量信号、传感器的模拟量信号，主要有压力、温度、流量、电压、电流、液位、机械量等信号。输出接口是要把CPU处理过的数字信号转换成现场执行器能够接收的控制信号，执行器包括电磁阀、电动阀、信号显示、电动执行器等，输出模块具有功率放大、电隔离、滤波、电平转换、信号锁存作用。输入接口按电流性质设置有交流光隔离器和交直流式光隔离器；输出接口有继电器、晶体管和晶闸管三种形式，要注意输出电流的大小与负载性质、环境温度有关。

（4）输入输出接口的扩展。CPU的输入输出点数可按实际点数的需要采用与其专用配套的扩展I/O模块进行扩展。模块有开关量I/O模块、模拟量I/O模块以及专供热电阻、热电偶、步进控制、伺服控制等专用功能的特型模块。同时，可按控制系统的需要选用不同功能的扩展模块对PLC进行硬件重组，也可对PLC进行升级改版，主要是替换或增加相应的扩展模块并修改相应的控制软件，以达到控制系统的要求功能及控制精度。

（5）外围设备。外围设备主要有编程器、外部存储器、图形监控系统、打印机、计算机等。其中，编程器主要用来输入程序、监视系统运行情况、完成某些特定功能等。编程器一般专机专用。

（6）程序编制方法。程序编制方法主要有梯形图程序设计、指令表程序设计、功能块图程序设计、结构文本程序设计、顺序功能图程序设计，其中梯形图、顺序功能图应用较广，也易掌握。

可编程序控制器随着电子技术、微机技术的发展也在不断改进以提高性能和功能，为适应技术进度的需要，电气工程师应密切注意其动向，当新产品出现时应加以关注，并进行模拟应用，才不会落后于技术的发展。

三、单片机的控制

单片机是将CPU、存储器、串行接口、并行接口、定时器、计数器等计算机的各个组成部分运用大规模集成电路技术将其集成于一个芯片之内，在自控系统、智能仪表、实时分布控制、机床自动化、变配电装置继电保护等方面有着极为广泛的应用。MCS–51单片机控制主要掌握以下内容。

（1）掌握单片机的编程。编程通常使用高级语言或汇编语言，在现场控制中常用汇编语言。汇编语言中助记符采用指令的英文缩写，使用时便于记忆和分类。电气工程师应熟记常用的助记符及部分指令功能，便于现场操作。

（2）最小系统的应用。最小系统由8031单片机、74LS373、EPROM2764各一片组成，由复位键、晶振等元件配合，组装后接通电源即可。74LS373、EPROM2764为存储器。

（3）定时/计数器。定时/计数器既可用于定时控制，外部信号计数，也可作为串行接口波特率发生器，均可编程。其工作方式由CPU软件设置，设置后定时/计数器即可按设定的工作方式单独运行，并不影响CPU的其他操作，当计满溢出时才能中断CPU的当前操作，并有信号发出。

（4）中断系统。中断是微机技术常用的一种数据传输方式，即暂时停止正在执行的主程序，转为执行外部设备请求中断的服务程序，当请求中断执行完毕后再返回暂时停止的主程序而继续运行。单片机一般有多个中断源，可提供两个中断请求服务，使用非常灵活。

（5）单片机的扩展功能。MCS–51系列单片机可扩展程序存储器、数据存储器及输出输入接口。扩展时在MCS–51上接入外部程序存储器或外部数据存储器，扩展时外部存储器须与主机配套。IO端口的扩展一般使用8255A，8255A亦可与外围设备连接，如打印机、显示器等。

（6）接口技术。这里的接口主要是单片机与原始数据或信号的接口，常用的输入输出设备主要有显示器、键盘、A/D（模/数）、D/A（数/模）转换器等，其中A/D转换器和D/A转换器尤为重要。在控制系统中，首先要把生产工艺过程的参数进行测量，如温度、压力、流量、液位、机械量（如速度、行程、几何尺寸等）、电流、电压、频率等，然后将其通过A/D转换器转换成二进制数字信号再引入单片机中进行处理，处理后的结果要通过D/A转换器转换成模拟量再去控制或调整相应外部各种生产工艺过程中的设备，这样即可形成一个自动控制系统，包括供配电的继电保护及控制系统。其中，D/A、A/D及其配套的传感器、变送器和数据采集系统、控制系统是自动控制系统的关键技术。

目前，单片机的控制应用极为广泛，如大型锅炉、电梯、泵站、供配电、机械加工、机械手、机器人、空调、智能建筑、自动化仪表、起重机械、小型发电、化工生产、石化、造纸、冶金、食品、包装机械印刷、数控机械、汽车制造等行业，都是电气工程师必须掌握的技术。在控制系统中还有很多与其配套的技术，如伺服驱动系统、数控系统、柔性制造系统、识别系统、传感器技术、测量技术、信息技术等。这就要求电气工程师必须不断学习，不断掌握新技术和相关技术，才能紧跟技术发展的步伐。

四、常用自动控制组件及装置

（1）计数器。主要用于数量控制及显示、长度控制及显示、位置控制及显示等，选用时要注意参数，注意与配套元件信号的统一性。

（2）计时器。主要用于时间控制，选用的方式同计数器。

（3）温度控制器。主要用于温度控制及显示，选用时要注意参数的匹配以及一次元件的选用型式（热电偶、热电阻）。

（4）功率控制器。主要用于功率控制及显示，选用时注意参数的匹配。

（5）面板仪表。主要用于电压、电流、功率、功率因数、转速、速度等的测量和显示。

（6）转速表、速率表、脉冲表。主要用于转速、速率、脉冲的测量和显示。

（7）显示单元。主要用于PLC显示、计算器显示及其他显示。

（8）传感器控制器。主要用于一些机械量的控制和检测，配有检测用的传感器。

（9）接近传感器。主要用于机械量的检测和控制，配有相应电缆，如微动开关，只要有物体靠近便动作并发出信号，选择时应注意参数。

（10）光电传感器。包括光电传感器、光纤传感器、自动门传感器、区域传感器等，选用时注意参数的选择。

（11）压力传感器。主要用于压力（包括负压）的检测，分负压型、正压型和正负压复合型，选择时应注意参数。

（12）旋转编码器。主要安装在转动装置上用以检测停止位置、转动角度、测定薄片物体长度等机械量的测量，选择时除参数外，应注意配套装置。

（13）步进电动机与驱动器。主要用于低速旋转和微量调节的超精度控制，步进电动机的旋转是以步进角度为单位的，选用时应注意参数的选择及与其配套的装置。

（14）称重控制器。主要用于测量和控制工艺过程中物体、物料的重量，选用时注意参数的选择。

（15）显示控制器。主要用于显示和控制系统之中，与模拟量输出的各种传感器、变送器配合，完成温度、压力、流量、物位、成分分析、位移、力、速度、加速度等机械量的测量，具有变换、显示、传送、记录和控制等功能，其接收电压、电流、热电阻、热电偶等信号。

（16）流量积算仪。主要用于气体、流体流量的测量、变换、传送、记录、积算和控制，一般与流量传感器、变送器配合使用。主要类别有模拟量输入流量积算仪、温度压力补偿流量积算仪、定量控制仪等，选用时要注意参数及配套装置。

（17）可编程给定器、定时器、计时器。主要用于自控系统的给定、定时、计时等控制，选用时注意参数的选择。

（18）报警器。主要用于自控系统的报警系统，如巡回检测报警器、闪光报警器。

（19）监控系统。主要包括设备机房、变配电所及装置、各类仓库、空气质量等监控系统，主要由数据采集器、传感器组成，利用通信网络实现数据采集、显示、控制报警、分析管理等功能。

（20）数据采集系统。主要有以下几种。

①KLP3100油井油口在线生产数据远程测控系统，主要设备有KL-R5010数据采集设备、各类传感器等。

②KLP3200水文、气象、地震检测系统，主要设备有KL-R5210数据采集设备、各类传感器等。

③KLP3300危险气体输送管道泄漏监控系统，主要设备有分类传感器，配有隔爆型、本安型防爆传感器、变送器等。

④KLP4100罐群油水界面检测系统，主要设备有多段微电容串联组合检测探极、在线自校正式双界面液位变送器及两路4～20mA或RS-485串行数据变送器输出。

⑤KLP4200车辆监测分析系统，主要设备有采集器及各类传感器。

⑥KLP4300汽车齿轮变速器加载实验检验系统，主要设备有转矩检测传感器、XST高精度仪表、噪声计、主控器等。

⑦市政专用监控系统，主要有KLP5100市政水电气专用监控系统，KLP5200供水变压变量专用监控系统，KLP5300防水处理专用监控系统。

⑧KL-2000监控仪，主要监控环境、通信、空调、报警、船舶等场所。

⑨信号调整模块。配有温湿度、浸水、烟雾、被动远红外传感器，用于上述机房、库房、银行、邮局等室内环境状态监控。

⑩无线传输I/O模块。配有调试串口、历史数据存储、动态数据存储等，用于数据采集现场离散性高、铺设通信线路困难的区域，如矿山、采掘、水文、地质、交通运输等行业。

⑪以太网八路模拟量输入模块。KLM-6000模块基于以太网数据采集，可在模块中提供数据采集和网络连接，采用以太网标准，可将其添加到网络中。有八路模块输入，可同

时监控八个4～20mA模拟量传感器。

用于控制系统实现自动化的设计方法及常用自动化设备，装置很多，可以说是应有尽有，关键是怎样运用它，以及使用或运行后的维护、保养、检修、试验。另外，在选型时要注意其接口的通用性。

第八章　电气工程新技术发展

第一节　电力系统大电网互联技术

一、大电网互联技术的效益体现

我国电力系统的发展，是世界电力系统发展的重要组成部分。我国电力系统发展面临的大容量远距离输电和大电网互联问题，将是我们未来要解决的主要问题。环境保护制约和电力体制改革的影响也将提上日程，所以必须引起我们的高度重视。在我国，大型电厂、电源基地，特别是大型水电站的建设，往往导致跨省、跨区大容量远距离送电，对大电网发展起着决定性作用。大电网互联是实现更大区域范围内资源优化配置和逐步缩小东西部地区经济差距的客观需要，这一发展战略的实施已经成为促进全国联网的重要因素。而且，大电网互联可以取得显著的联网效益，实现更大范围内的资源优化配置，取得联网送电效益，有利于加大中西部地区能源资源的开发力度，有利于电力工业实施可持续发展战略，更好地适应市场经济的需要。主要效益体现在以下几个方面。

（1）错峰效益。我国地域辽阔，东西时差大，南北季节差异大，经济的不同结构和增长方式使地区的负载特性差异大，联网具有可观的错峰效益。

（2）水、火电互补效益。利用各电网电源结构的不同，可以获得水电、火电等的相互调节效益。例如，华北与西北、华北与华中、福建与华东联网可以大大提高水电的利用容量，利用其空闲容量取得调峰效益。

（3）水电流域补偿调节效益。利用不同江河流域水电群水库特性和水文特性的差异，可以获得巨大的水电补偿效益。

（4）互为备用效益。电网互联，为电网之间互相调剂余缺和协调规划与运行提供了前提条件，在互联电网事故时互相支援，大大提高了电网的可靠性。在相同的可靠性标准下，可以相应减少火电装机容量，这是电网互联普遍性的效益。

扩大电网有利于充分发挥大型水电站、火电站的作用和效益，可在更大范围内实现系统经济运行；形成更大区域内的发电、供电竞争局面，相互开拓电力市场，进而取得企业和社会的双重效益；大大改善大机组的运行环境，有效地解决小网大机的系统运行问题。

三大电网互联及跨国联网的发展，也带来了稳定性破坏和大面积停电事故的威胁，使人们对大电网互联运行的控制问题给予高度重视。

二、互联电力系统低频振荡控制的研究

对电网互联运行安全的最大威胁是运行稳定性的破坏。电力系统稳定按性质可分为三种，即功角稳定、电压稳定和频率稳定，其中功角稳定又分暂态稳定和系统低频振荡。对互联电网，特别是具有长条形结构的弱互联交流电网，功角稳定问题中的低频振荡尤为突出。电网互联后跨区低频振荡模式常表现为弱阻尼，振荡频率一般在0.1～1Hz范围。为消除振荡的威胁，首先应仔细研究整定系统中主要发电机的电力系统稳定器（PSS，Power System Stabilizer），迄今为止，PSS仍然是抑制低频振荡最经济有效的措施。其次，应研究系统中现有高压直流输电、静止无功补偿器、附加控制器的参数整定，使之提供附加阻尼效果。可考虑用电力电子装置改造现有可投切补偿装置，使之提供平滑的阻尼控制，如线路串联电容补偿增加晶闸管控制的部分。最后考虑在系统中增装完全用于阻尼振荡的新装置。

三、全球卫星定位系统（GPS）在电网安全监视和稳定控制中应用的研究

在电力系统中实施相位控制是电力系统稳定控制的最新概念和直接方法。采用全球卫星定位系统实现的同步相量测量技术和光纤通信技术，为相量控制提供了实现条件。在GPS（Global Positioning System）系统中，共有24颗卫星绕地球轨道运行。它们距地面约20 000km。地球表面任意一点均可接收到卫星发出的精确度在1μs以内的时间脉冲。这样，电力系统中任意变电站均可接收GPS发来的精确时间脉冲，给当地测量电压波形以时间标记，其标度的相位精确度对50Hz的波形为0.018min。光纤通信系统将各变电站的测量信息收集汇总处理后，即可得到各变电站之间动态相量的变化，并据此实施相量控制。

四、防止大面积停电的控制和恢复策略的研究

当今电力系统调度中心的能量管理系统（EMS，Energy Management System）基本上是以处理稳态方式调度运行为主。其中，静态安全分析主要监视偶然事故下母线电压越限或线路、元件过负载，并给予处理指导。而更严重故障下的稳定控制，则一般需通过离线分析提供采取的措施，快速的继电保护和安全自动装置实现实时动作。前述GPS相量测量系统提供了可实时跟踪功角变化轨迹的可能性，从而可通过预测不稳定现象的演化实时决定应采取的控制措施。可预期GPS相量测量装置与常规RTU（Remote Terminal Unit）相结

合，使调度中心的EMS系统功能从稳态向动态转变，将使大电力系统的全局稳定和恢复控制成为可能。

近年来，在EMS系统中采用直接法在线分析监视系统暂态稳定已取得重要成果。将现有的离线分析程序加以改造，与直接法相结合，以适应在线稳定分析的要求，从而得到更为充分的信息，并在国内外一些电网中得到实际应用。另外，还应进一步开展事故后恢复策略的研究，为处理事故过程中的大量警报信息，采用人工智能等科学方法。

全国互联电力系统带来巨大好处的同时，也带来了很大的潜在问题。互联电力系统牵一发而动全身，一旦出现故障，波及范围及造成的危害也大大上升，因此大面积停电的风险也更大。近年来，国内外相继出现大规模停电事故，这些停电事故不但在国民经济上造成了巨大的损失，而且也给人民的生活造成了一定程度的影响。

第二节　电工制造技术的最新发展

一、研制大型新发电机组

我国目前主要还是靠燃煤发电，重要的是要提高机组效率、降低煤耗。发展大容量、高参数和高效率的火电机组，进行100万千瓦级超临界压力机组的研制和批量生产是一条有效途径。采用超临界机组较亚临界机组热耗较低、经济性较好，容量越大，优越性越显著。研究开发高效率、低排放、少污染的新型燃煤发电技术，如循环流化床锅炉、增压流化床锅炉联合循环发电技术，以及整体煤气化燃气—蒸汽联合循环发电技术；广泛采用洁净煤技术，如先进实用的洗煤技术，煤炭转化的煤气气化、干馏和液化技术，煤炭废弃物的洁净处理等；应用环保设备，推广烟气脱硫技术；适应中国国情，研究劣质煤、贫煤等的燃烧技术。

在大型水轮机组的研制方面，必然有许多机械、力学、电磁、发热及冷却等方面的问题需要研究解决。首先是优化设计方案选择，涉及机组运行的动态响应和稳定性，机械结构强度，振动噪声；其次是巨型推力轴承的润滑，转轮的制造工艺和机组的热变形与冷却技术等。电磁方面诸如气隙磁场，气隙偏心电磁不平衡力，铁芯饱和影响，实际磁场分布和杂散损耗计算，定转子损耗和温度场、定子线棒换位和附加铜损耗、阻尼绕组电磁力和损耗、端部漏磁及损耗和应力的计算等问题，都有待严密的理论分析和数值计算来指导实际应用。

二、智能电器和电气新材料

近年来，电器的设计、研制和开发进入了一个崭新的时代。电器在技术理论和产品结构上正处于不断更新和全面提高的阶段。传统的有触点电器在结构原理、最佳结构设计和应用新材料、新工艺方面不断改进和完善。真空电器、半导体电器以及其他新型电器，如微电子技术和电器技术结合的机电一体化电器或智能化电器，亦在开拓发展中，电器产品向着组合化、成套化发展。而且，将智能化技术引入低压电器，使低压电器技术在研究、检测、生产的各个环节上发生了根本性的变化。

智能断路器就是将智能型监控器的功能与断路器集成在一起，断路器的保护功能大大加强，可实现长延时、短延时、瞬时过电流保护、接地、欠电压保护等保护功能。在断路器上可显示电压、电流、频率、有功功率、无功功率、功率因数等系统运行参数。目前，在供电系统中大量使用软启动器、变频器、电力电子调速装置、不间断电源等装置，使电网和配电系统中出现了大量的高次谐波，而模拟式电子脱扣器一般只反映故障电流的峰值，造成断路器在高次谐波的影响下发生误动作。带微处理器的智能化断路器反映的是负载电流的真实有效值，可避免高次谐波的影响。

与传统的双金属片热继电器相比，微电子控制的智能式热继电器具有一系列优点。比如，可避免出现电动机过载、断相、三相不平衡、反相、低电流、接地失压、欠电压等故障，并可根据数字显示故障的类型，保护不同启动条件与工作条件下的电动机，动作特性可靠。

将微处理器引入交流接触器中，实现智能交流接触器的启动、保护、分断全过程优化控制。目前采用了特殊结构的触头系统，实现了接触器的无弧、少弧分断，大大提高了接触器的电寿命。将微电子技术和计算机技术结合，形成智能混合式交流接触器。在智能交流接触器基础上研制的新型智能混合式交流接触器，只采用三个单相晶闸管与接触器触头并联，就可实现吸合与分断过程中的无弧运行，从而大大降低混合式交流接触器的成本，实现全过程的优化控制，达到了节能、节材、无声运行、高操作频率、高电寿命的效果，并且还实现了与计算机的双向通信功能。

在智能电器元件的基础上，研制和开发智能开关柜，使控制系统的自动化程度大大提高。随着计算机技术的飞速发展，CAD（Computer Aided Design）和CAM（Computer Aided Manufacturing）技术使低压电器的设计与研究跨进了一个新阶段，产品的开发周期大大缩短。三维计算机辅助设计系统集设计、制造和分析于一体。计算机辅助设计包含结构设计、实体造型、特性分析与动态显示功能。CAD软件具有相应的专家模块，可以很方便地根据性能要求确定电器的结构形式，合理安排励磁系统、反力系统，选择合理的触桥类型、灭弧装置等。低压电器产品的造型非常复杂，计算机系统可以方便地根据给定的离散数据与工程问题的边界条件，来定义、生成、控制和处理，从而提供构成产品几何模型所需要的曲面造型。CAD/CAM技术不仅能够进行电器的外观设计，而且还具有很强的计算能力。有限元算法是电磁场计算的主要算法之一，计算机分析软件包括运动分析、受力分析、有限元分析、塑料压注成型分析等，主要用于构思、检验产品模型，解决三维几何模型设计的复杂空间布局等问题。

将计算机技术、传感器技术、电力电子技术与电器技术结合在一起，实现了电器动态过程各参数的可视化实时监测。另外，还应用了软测量技术、数据事例技术以及模糊识别技术，解决了难以直接测量的特性参数的软测量、电器动态过程中的疏失误差以及电器性能的综合评估等问题。

电介质材料的种类繁多，有固体、液体和气体，还有单晶、陶瓷、非晶、高分子聚合物和生物物质等。电介质材料的许多独特性质在技术上的应用，促进了电介质物理的实验研究和理论探讨。现在电介质物理已经成为凝聚态物理学下的一个最具发展前景的三级分支学科。电介质理论和电介质材料的应用都有突出进展。

作为绝缘电介质材料的应用，体现在一些传统的绝缘材料被电气、机械和耐热等性能更佳的材料替代。电力电缆中油纸绝缘被交联聚乙烯替代，硅橡胶复合材料替代陶瓷材料应用在绝缘子中，环氧正逐步替代传统的油纸绝缘，并应用在较高电压等级的电力变压器中，聚酰亚胺或者以它为基础材料的复合材料可能将逐步替代云母带应用于电机线棒中。更重要的是随着纳米技术的发展，无机纳米/聚合物复合材料越来越受到电气工程人员的青睐，无机纳米材料在电、磁、光学、力学等方面有一些高于传统陶瓷材料的性能，同时聚合物又具有易于加工等性能，这样形成的复合材料，不仅可以保留无机纳米材料自身的优点，又可以获得一些其他优异性能。

第三节　大功率电力电子技术

一、大功率电力电子器件的重大进展

电力电子器件用于电力拖动、变频调速、大功率变流装置，已经是比较成熟的技术。大功率电子器件的快速发展也引起了电力系统的重大变革，通常称为“硅片引起的第二次革命”。近十多年来，硅可控整流器、可关断的晶闸管、绝缘门极双极性三极管等大功率高压开关器件的开断能力不断提高。近年来，大功率电子器件已经广泛应用于电力的

一次系统。晶闸管用于高压直流输电已经有悠久的历史了。大功率电子器件应用于灵活交流输电、定质电力技术以及新一代直流输电技术则是之前的事。新的大功率电力电子器件的研究开发和应用，将成为21世纪电力研究的前沿课题。

二、灵活交流输电技术（FACTS，Flexible AC Transmission Systems）

灵活交流输电技术是20世纪80年代后期出现的新技术，近年来在世界上发展迅速。未来这项技术将在电力输送和分配方面引起重大变革，对于充分利用现有电网资源和实现电能的高效利用将会发挥重要作用。灵活交流输电技术是指电力电子技术与现代控制技术结合以实现对电力系统电压、参数（如线路阻抗）相位角、功率潮流的连续调节控制，从而大幅提高输电线路输送能力，提高电力系统稳定水平，降低输电损耗。

在紧密相连、多电压等级的复杂互联电网中，由于电网内部线路及联络线在运行中的实际潮流分布与设计输送能力相差甚远，一部分线路已过载或接近稳定极限，而另一部分线路却被迫在远低于线路额定输送容量下运行。于是就提出了灵活调节线路潮流、突破瓶颈限制、增加输送能力，充分利用现有电网资源的要求。由于环保的严格限制，新建输电线路十分困难，使得这一要求更为迫切。传统调节电力潮流的措施，如机械控制的移相器、带负载调变压器插头、开关投切电容和电感、固定串联补偿装置等，只能实现部分稳态潮流的调节功能，而且，由于机械开关动作时间长、响应慢，无法适应在暂态过程中快速、灵活、连续调节电力潮流、阻尼系统振荡的要求。因此，电网发展的需求促进了灵活交流输电这项新技术的发展和应用。近年来，灵活交流输电技术已经在美国、日本、瑞典、巴西等国家重要的超高压输电工程中得到应用。在我国，尽管此项技术已在多个输电工程中得到应用，并证明了它在提高线路输送能力、阻尼系统振荡、快速调节系统无功、提高系统稳定等方面的优越性能，但其推广应用的进展步伐比预期的要慢。其主要原因有：工程造价比常规的解决方案高，因此只有在常规技术无法解决的情况下，用户才会求助于FACTS技术，另外，FACTS技术还需要进一步完善。目前，FACTS技术的应用仅局限于个别工程，如果大规模应用FACTS装置，还要解决一些全局性的技术问题，例如，多个FACTS装置控制系统的协调配合问题，FACTS装置与已有的常规控制、继电保护的衔接问题，FACTS控制纳入现有的电网调度控制系统问题等。

随着电力电子器件性能的提高和造价的降低，以电力电子器件为核心部件的FACTS装置的造价降低，可能会在不远的将来比常规的输配电方案更具竞争力。由于静止同步补偿器不需要采用大量的电容器就可以实现无功的快速调节，而电容器的价格多年来比较稳定，不可能大幅下降，相反，电力电子器件的价格会不断降低。若将超导储能装置与静止同步补偿器配合，可以实现系统有功功率的快速调节，这是以往任何常规设备所不能胜任的。FACTS技术也在不断改进，一些新的FACTS装置被开发出来，例如，可转换静止补偿器（Convertible Static Compensator，CSC），它由多个同步电压源逆变器构成，可以同时控制两条以上的线路潮流（包括有功功率、无功功率）、电压、阻抗和相角，并能实现线路之间的功率转换。可转换静止补偿器具有下列功能：静止同步补偿器的并联无功补偿功能，静止同步串联补偿器的功能，综合潮流控制器功能，控制两条线路以上潮流的线间潮流控制功能，CSC被认为是第三代灵活交流输电装置。电力电子器件的发展趋势是：一方面，研制经济性能好的器件，以便降低设备造价；另一方面，研制开断功率更大的高性能器件。最近，国外公司宣布研制成功以碳化硅为基片的电力电子器件。基片的耐压和热容量可大幅提高，元件的损耗大大降低，从而使其断开功率有望实现数量级的飞跃。这预示着用电子高压断路器取代机械的高压断路器（油断路器、六氟化硫断路器、真空断路器等）已成为现实的可能。如果电力系统的高压机械开关一旦被大功率的电子开关取代，则电力系统完全的灵活调节控制将成为现实。

三、定质电力技术

定质电力技术是应用现代电力电子技术和控制技术来实现电能质量控制，并提供用户特定要求的电力供应技术。现代工业的发展对提高供电的可靠性、改善电能质量提出了越来越高的要求。在现代企业中，由于变频调速驱动器、机器人、自动生产线、精密的加工工具、可编程控制器、计算机信息系统的日益广泛使用，对电能质量的控制提出了日益严格的要求。这些设备对电源的波动和各种干扰十分敏感，任何供电质量的恶化都可能造成产品质量的下降，从而产生重大损失。

为保证优质的不间断供电，有些重要用户往往自己采取措施，如安装不间断电源，但是这并不是经济合理的解决办法。根本的解决办法在于供电部门能根据用户的需要，提供可靠和优质的电能供应，因而，便产生了以电力电子技术和现代控制技术为基础的定质电力技术。为提高配电网无功调节的质量，已开发出用于配电网的静止无功发生器。静止无功发生器由储能电路、可关断的晶闸管或绝缘门极双极性三极管变换电路和变压器组成，它的功能是快速调节电压，发生和吸收电网的无功功率，同时抑制电压闪变，是“定质电力”的关键设备之一。此外，静止无功发生器和固态开关配合，可在电网发生故障的暂态过程中保持电压恒定。另一关键设备是动态电压恢复器（Dynamic Volt-age Restorer，DVR），它由直流储能电路、变换器和次级串联在供电线路中的变压器构成。变换器根据检测到的线路电压波形情况，产生补偿电压，使合成的电压动态保持恒定。无论是短时的电压低落或过电压，通过DVR均可以使负载上的电压保持动态恒定。

四、同步开断技术

同步开断是指在电压或电流的指定相位完成电路的断开或闭合。在理论上应用同步开断技术便可完全避免电力系统的操作过电压。这样，由操作过电压决定的电气设备绝缘水平可大幅降低，由于操作引起设备（包括断路器本身）的损坏也可大大减少。目前，高压开关都是属于机械开关，开断的时间长、分散性大，难以实现准确的定相开断。目前的同步开断设备是应用一套复杂的电子控制装置，实时测量各种影响开断时间分散性的参量变化，对开断时刻的提前量进行修正。即便采取了这种代价昂贵的措施，由于机械开关的特性，也不能做到准确的定相开断，设计人员更不敢贸然降低电气设备的绝缘水平，以防同步开断失败造成设备损毁。因此，同步开断的优势没有发挥出来，而实现同步开断的根本出路在于用电子开关取代机械开关。

现在的电力系统由于还依赖高压机械开关（油断路器、六氟化硫断路器、真空断路器等）实现线路、设备、负载的投切，尚不能做到完全可控。这是因为机械的慢过程不可能控制电的快过程。目前，电网控制只能做到部分控制，本质上仍然是一个调度员的决策支持系统。如果电力系统的高压机械开关一旦被大功率的电子开关取代，则电力系统可以实现全可控同步控制。

第四节 状态维修技术

一、应用背景

状态维修技术可以包含以可靠性为中心的维修技术和预测维修技术。这两项技术最初应用于航空航天系统，后来移植应用于核电站的维修，近年已成功地用于发电厂设备的维修，并正在用于输变电设备的检修。电力系统的可靠性在很大程度上取决于电力设施的可靠性。随着电网容量的增大和用户对供电可靠性要求的提高，维修管理的重要性日益显现出来。维修费用占电力成本的比例不断提高，一座现代化核电站的运行维修费用已超过燃料费用。如何采取合理的维修策略和正确决定维修计划，以保证在不降低可靠性的前提下节省维修费用，已成为电力部门或负责设备维修公司面临的重要课题。过去电气设备维修常用的定时检修和以定时检修为基础、根据经验决定延长或缩短维修周期的做法，已不能满足需要，更要发展新技术。

二、主要技术内容

以可靠性为中心的维修（Reliability Centered Maintenance，RCM）和预测性维修（Preventive Maintenance，PM）是互相紧密联系而又不同的两个技术领域。以可靠性为中心的维修，是在对元件的可能故障、对整个系统可靠性影响评估的基础上决定维修计划的一种维修策略。RCM技术在20世纪60年代末开始发展起来，当时由于宽体客机的投运，系统变得十分复杂，航空系统沿用的定时大修的传统方法在经济上变得不可接受，而根据元件故障后果的严重程度确定维修计划的RCM收到了良好效果，使航空系统的可靠性提高，现在RCM已成为全世界几乎所有航空公司采用的方法。预测性维修是根据对潜伏性故障进行在线或离线测量的结果和其他信息来安排维修的技术，其关键是依靠先进的故障诊断技术对潜伏性故障进行分类和严重性分析，以决定设备（部件）是否需要立即退出运行和应及时采取的措施。

综上所述，电气设备状态维修技术涉及复杂大系统可靠性评价、先进的传感技术、信息采集处理技术、电磁干扰抑制技术、信号模式识别技术、故障严重性分析、寿命估计等领域。

目前，电气设备状态监测的研究热点有采用各种新型传感器、高抗干扰信号传输技术、数字信号分析技术，研究智能化、多特征量、动态、综合绝缘诊断技术，开发电力设备绝缘新的特征量检测系统；研究超宽频带局部放电检测与标定技术；研究大型电气设备多因子（电、热、机械、环境、化学）加速老化试验。同时，还采用模型试样和电气设备真实试样进行实验室加速老化试验，并与现场老化结果对比，得到更接近实际设备老化的规律。今后，应对大型电气设备的状态进行大区域监控，并利用网络技术，实现网上专家会诊和高层次的网络决策。

三、先进传感器

先进的传感器是实现预测性维修的重要手段，是一个长盛不衰的研究热点。故障诊断技术的发展首先取决于能否获取尽可能多的有用信息，这是数据处理和诊断决策的基础。为了提高故障诊断水平，研究各种新型传感器便成为电力界的研究热点。原来用于军事的传感技术，也有一部分移植到电气设备的状态监测上来。例如，用于锅炉管道高温应变测量的光纤传感器，它是带有内部谐振腔的光导纤维，可直接贴在被测管道上，测量锅炉燃烧室中温度的传感器，是用氧化铝保护的铂电阻，其测量精确度优于1%。

美国电力研究院已开发出一种直接测量分析油中气体的半导体传感器，可在线直接测量和分析油中的四种气体并监视其变化趋势，现已应用于一些电力部门的变压器。下一步工作是把测量微水的传感器和它集成起来，并配合负载电流测量，弄清油中气体、水分随负载的变化关系。在紫外线下发荧光的一些传感器，可能会用于测量发电厂中的高温和应变，还可用来研究利用偏振光遥测电场和磁场的技术和研究用压电材料的薄膜测量腐蚀和积尘。传感器如何测得数据的远距离传输和无线传输也是需要解决的一个重要问题。

四、故障诊断的信息处理技术

对采集到的信号加工处理，要比采集信号本身更为困难。从现场中大量的背景干扰信号中提取有用的信号，根据测得的信号进行故障分类，判断故障的严重程度，以便决定设备是否需要退出运行。为抑制现场测量中不可避免的电磁干扰，除应用硬件滤波器和数字滤波技术以外，近年的研究发现小波变换技术可有效地滤除稳态信号（如现场测试中经常遇到的载波信号干扰和嘈杂声干扰），可以把有用信号从比信号强几个数量级的干扰信号中提取出来。故障信号的分类则是更为困难的研究课题。过去用频谱来区分故障类型的方法有很大的局限性，因为许多不同类型的故障信号频谱往往有一部分甚至大部分是重叠的，在频域内很难加以区分，故研究故障的指纹特征以及提取和识别指纹特征的方法便成为故障诊断研究的一个重要分支。研究的故障分类的方法有神经网络、专家系统、小波分析、分形维分析等。

基于互联网的虚拟电气设备医院，能够有效地检索信息、保存和扩展有关电气设备维护方面的论述资料、提供信息互动的详细资料。数字图书馆的发展使基于互联网的电气设备虚拟医院成为可能。数字图书馆不仅等效于带有信息管理工具诊断材料的数字化的收集，而且是一个将收集、服务和单位成员集中到一起的环境。它支持设备的生产、使用和电力维护单位中的数据信息保护。更进一步的是，随着大量基于数字通信技术的使用，基于诊断和维护技术开发的人工智能工具，可以通过网络联系并改进运行和维护等单位的个人、小组或组织者的研究工作方式、彼此间的通信及处理日常业务的传统方式。随着数字图书馆的应用将有望发生改变，因为许多全球范围内的单位成员越来越倾向于将基于互联网的知识库，作为关于电气设备诊断和维护的主要来源。

基于互联网的虚拟电气设备医院的目标不仅是要开发用于电气设备的新诊断技术或新维护策略，而且要简化人工诊断和维护信息访问的现状，加速信息提取，将知识和信息集成到常规设备诊断和维护中，减少运行和维护的成本，进一步优化资源的使用。

基于互联网的虚拟电气设备医院是一个基于互联网的信息中心，定义诊断、维护信息的收集、集成、巩固和分发的运行策略，加速在线监测和诊断技术以及电气设备维护经验的更新；以一站式测试、监测、诊断和维护的知识仓库形式提供服务；以一站式标准收集和组织所有相关标准，包括测试过程、诊断技术、维护指南和策略、综合测试结果、培训等；以一站式信息存储机构，提供当前与设备诊断和维护相关的人工研究活动，包括一些普遍的诊断技术和维护管理算法，集成许多在维护单位中经常用于数据挖掘、特征提取、诊断和维护的信号处理技术。

第五节　电工新技术

电工新技术是电气工程与其他学科相结合的产物，它的基础是电工基础理论与其他学科基础理论相结合而形成的。例如，冷等离子体的基础是电磁学，电磁场对生物效应的基础是电磁场与生物学，有的精密微细加工要结合放电、超声、材料几个方面的学科来研究。此外，在电工新技术的发展过程中，必然出现许多问题，它将反过来对电气工程学科提出许多新的研究内容。例如，在高功率脉冲技术中研究电子束在变化磁场中运动的特性，其能量分布、密度分布、电子束脉冲波形变化等；电磁波在等离子体中的散射；用磁流体力学处理等离子体；磁场对人体的作用；等等。所以，电工新技术的发展对开拓电气工程学科领域有着重要作用。有些电工理论问题可以在各个领域中研究。例如，非线性问题在电力系统、等离子体、非线性电路等领域进行研究。电工新技术牵涉的领域很广，从学术内容以及研究的问题来看，主要归纳为以下几个方面。

一、高功率脉冲技术

高功率脉冲技术是把储存在电场或磁场中的能量迅速以脉冲的形式释放出来，并加以利用。德国E.Marx 发明了电容并联充电、串联放电而获得脉冲高电压大电流Marx发生器。这一方法至今仍被广泛采用，它在气体中放电可以产生高温等离子体、发射粒子束及X射线；在空气中对金属丝放电能产生气体冲击波，可模拟核爆炸的冲击波；在液体中放电能产生水击效应，进而引起水激波。由于近年来科学研究和军事方面的需要，高功率脉冲技术得到了进一步迅速的发展。它主要应用的领域有：电子束及离子束的产生与加速，离子束是一种定向能武器，还可用于热核聚变、加速器、自由电子激光、离子注入等高技术及相应的工业应用。强γ射线及X射线，核爆炸产生的γ射线，如果照射在导弹外壳上，会产生“内电磁脉冲”，能间接地破坏电子部件，并且这种电磁脉冲是不能靠外屏蔽来排除的。热核聚变，一种方法是用高功率脉冲装置对泵化锂线、充爪金属薄管或金属环棒放电，利用其强大的磁压力引起核聚变；另一种方法是用激光对氖靶丸进行压缩、加热引起核聚变。高功率激光器，一般激光器的效率比较低，用电子束激发高压CO_2激光器，其总效率达25%。用电子束泵浦准分子激光器，可以获得效率高、功率大、波长短的激光。电磁脉冲辐射，核爆炸产生的电磁辐射影响范围很广，应研究它对电子元件及系统的作用，以及在屏蔽层、管道系统、土壤及岩石中的传播和衰减。

二、环境保护中的电工新技术

强磁分离技术是一项新技术，它能有效地对极细粒度（至数微米）、弱磁性物质进行分离。磁分离技术可用于废水净化和处理，目前已在钢厂废水处理方面得到实际应用。日本还对化工电镀废水进行磁分离的中间实验，对铬、镉、铅等有毒离子的去除率可达99%以上。我国曾对常州运河水进行磁分离试验，细菌去除率可达99%以上。

强磁分离装置分为常规装置和超导装置两大类。常规装置采用常规磁体，其最高磁场强度为2T左右，目前已在钢厂废水处理及高岭土提纯方面获得应用。超导磁分离装置的磁场强度可达5～8T，尚处在应用研究和样机试验阶段。

在环境保护科学领域，静电除尘技术很早就引起了人们的重视。目前，静电技术已发展到抑制各种开放性尘源，如工厂、矿山的各种粉尘、酸雾和有害气体等。同时，静电技术还可应用于去除空气中的超微尘粒，以达到超净环境的要求，这对超大规模集成电路生产有特别重要的作用。此外，利用高电压技术还可以进行消毒和灭菌，如对果汁、啤酒等进行放电灭菌，它不仅可以克服常规高温高压灭菌所造成的破坏饮料营养成分的缺点，而且成本也较常规灭菌技术低。因此，进行这方面的技术基础研究，将大大促进环境科学的进一步发展，并将产生较大的社会效益和经济效益。

利用高压脉冲电晕放电技术（过程后）和磁分离技术（过程前）进行煤脱硫已经在研究中。我国是一个煤矿资源十分丰富的国家，能源结构以燃煤为主。在我国所开采的煤中含硫量高于2%的高硫煤约占20%，而我国中南、西南地区不少煤矿含硫量竟高达5%～6%。由于大量燃烧高硫煤，造成了空气中粉尘含量增加，SO_2污染日益严重。因此，发展高压脉冲电晕放电技术和高梯度强磁分离等技术对解决大气污染、改善和保护环境有着重大意义。

三、生物中的电工新技术

目前电工新技术已是发展高新技术所不可缺少的一环，它在医学、生物学等领域已获得广泛应用。例如，利用生物分子中原子核在磁场中产生共振的现象，人们可以得到样品的核磁共振信号或核磁共振谱，了解物质组织结构、物质内部的动态过程以及物质内部的相互作用等，从而使核磁共振技术成为当前许多领域内必不可少的研究和测试手段。目前，利用核磁共振原理制成的核磁共振仪已广泛应用于生物、化学等领域，它可以对样品进行定性和定量的分析，了解反应过程和反应机理，确定分子结构等，在药物分析上可以分析药物成分和结构。由于核磁共振仪用途广而且已逐渐普及，因此世界上许多国家都竞相发展此项技术，并趋向技术更高的谱仪，这就需要有更高场强的高均匀磁体或脉冲磁体，因而对电工技术又提出了更高的要求。

高梯度磁分离技术首先是应用于选矿工业。由于选矿工业具有很高的磁场梯度，这项技术便很快地引入生物医学研究中，如利用它可以将顺磁的红细胞从血浆中分离出来，培制成纯红细胞或无红细胞的血浆，或将红细胞干燥后作为储备血浆。此外，还可用磁分离技术分离有磁种子剂吸附骨髓中的癌细胞，以达到治疗癌症的目的。

与此同时，强磁场还被用来抑制癌细胞。在强磁场下，某些细胞及离体癌细胞可被有效地抑制，例如，用磁性胶体注入血管，靠体外强磁体来引导至肿瘤部位，阻塞其营养供应而使肿瘤萎缩；用体外强磁体来引导带有高倍抗药的磁性胶丸进行病灶直接治疗。

近年来利用磁场对水进行处理也引起人们的关注。水受磁场处理后，其活性增强，表面能力减小、渗透性增强，有利于水向细胞膜的渗透，从而促进新陈代谢。研究表明，磁化水应用范围很广，如用磁化水浸泡种子可以促进其发芽、用磁化水灌溉可以增加农作物产量、用磁化水养鱼可以增产。此外，磁化水还可以用于防治结石病、厌氧性寄生虫的排除，以及一些溃疡、炎症的治疗。磁化水还可以提高酿酒产量、硬水软化等。

利用高电压脉冲放电，产生冲击波，可利用体外冲击波破碎人体内泌尿系统和胆道系统内的结石。体外冲击波碎石技术是将体外产生的冲击波，通过适当的介质传入体内泌尿或胆道系统，将其中的结石冲击裂解为粉末或碎石颗粒，使其自行排出体外。由于体外碎石技术没有侵入性损伤，痛苦小。我国都已生产出多种型号的碎石机，并在医疗系统中得到广泛应用。

利用电磁热效应可以治疗癌症。电磁热效应是指将一定频率和功率的电磁辐射照射在生物体上时，引起局部体温上升。当体温升高超过组织的调温能力，受照射组织内吸收的能量远大于生物体的新陈代谢能力时，会使组织的传热机能产生混乱，最后导致组织的破坏和死亡。人们可以有针对性地照射癌细胞，从而达到治疗的目的。

利用电磁非热效应可以治疗各种疾病。电磁非热效应，是主要研究各种频率电磁场所产生的生物效应，特别是着重研究电磁能量密度并不很强，在人体内产生的热量和温度并不明显的情况下，对生物体造成的影响。这种影响常常发生在分子及细胞一级的水平上，如脑组织钙溢出量增加，外加电场中细胞膜破裂以及电磁波对酶活性的影响等。现在广谱的电磁场非热效应已越来越多地应用在治疗中，已有大量骨折愈合、加热病变组织和神经再生等电磁非热效应治疗效果显著的报道。将来，人们可以看到某种药物和其相应电磁场联合作用的治疗方法。

电磁场对生态环境效应的研究是一门新兴的边缘学科。虽然近来电磁波辐射已开始被人们用于各种加工行业，如食品、木材、皮革、茶叶、蚕茧、灭菌等，同时在农作物育种和处理有毒物质等方面也有令人满意的效果。但是人们也发现，电磁波辐射对人体也有显著的生物学作用。长期低强度电磁波辐射会引起人们的神经系统、内分泌系统、消化系统、心血管系统等产生变化，使人产生血压下降、视力衰退、消化不良等一系列症状，对人们的身体健康造成一定威胁。静电场和高电压放电对胚胎可能会有致畸的作用。另外，电离辐射强度超过一定水平就可能对人体产生危害作用。很多关于电离辐射对动物产生影响的研究表明，各种电离辐射，不论是α、β、γ射线和X射线，还是中子经体内或体外照射，在一定条件下都有诱发癌症的可能，但是目前对辐射诱发癌症的机制还不太清楚。

随着气体或液体中放电技术逐步在环境保护、精细加工等方面获得实际应用，人们接触高压放电的机会也日益增多。由于空气中高压放电将产生电离辐射、臭氧、NO_2、噪声和剧烈的电磁场变化等有害因素，将会对更多的人造成危害，所以高压放电和电场对人体影响的研究随着时间的增长引起了人们的重视。与此相适应，研究产生危害的阈值、防止污染的措施，都是当今要解决的问题。我国在高压放电的生物效应方面已做了许多研究，如对电磁波污染源的分析，电磁波对生态环境效应以及防治措施等都进行了研究，并均已取得一定成果。

第六节　智能电网的前沿技术

一、新型发电技术

（一）核聚变发电

目前核能最大的用途是发电，此外它还可以作为其他类型的动力源、热源等。按目前世界能源的消费水平，地球上可供利用的核能可供人类使用上千亿年，所以核能在未来将成为人类取之不尽的持久能源。作为一种新能源，核能的和平利用，特别是核能发电在世界范围内发展得非常迅速。核聚变是氢元素发生原子核互相聚合作用伴随着能量释放的核反应过程。目前人类能和平利用的只有裂变能，可控核聚变能利用技术正在攻克。可控核聚变是与未来的经济发展、社会进步和人类文明密切相关的有广阔应用前景的重大研究领域。

（二）海洋能发电

海洋能通常是指海洋中所蕴藏的可再生自然能源。海洋能与海底或海底蕴藏的煤、石油、天然气、热液矿床等海底能源资源不同，也与海水中的铀、锂等化学能源资源不同，它主要是通过波浪、海流、潮汐、盐度差、温度差等方式，以动能、位能、物理化学能等形式通过海水自身呈现出来。海洋能发电系统一般包括能量吸收装置和能量转换装置两个部分。能量吸收装置的作用是吸收海洋能并将其转换成规则运动形态的机械能，而能量转换装置的作用在于将规则运动状态的机械能转换成电能输出。

（三）燃料电池

燃料电池是一种不经过燃烧而以电化学反应方式将储存在燃料和氧化剂中的化学能直接转换成电能的发电装置。燃料电池是名副其实的能量转换装置，原则上只要燃料和氧化剂可以连续不断地从外界供给电池，反应产物可以连续不断地从电池中排出，燃料电池就能连续放电。燃料电池和传统发电相比，具有无可比拟的优势：能量转换效率高，其能效可达 60%～70%，理论能量转换效率可达90%；比能量或比功率高；使用能力强，既可以使用各种初级燃料，也可以使用发电厂不宜使用的低质燃料，但需经专门装置对它们重整制取；污染小，噪声低，大大减少污染排放；高度可靠性。近年来，燃料电池汽车的发展也很迅猛，其具有低排放、燃料多样化、效率高和性能高等特点，在成本和整体性能上也明显优于其他电池的电动汽车。

（四）高空风力发电

目前，高空风力发电主要有两种构架方式：一种是在空中建造发电站，在高空发电，通过电缆输送到地面；另一种类似放“风筝”，通过拉伸产生机械能，再由发电机转换为电能。高空风是一种广泛、相对可靠且潜力巨大的能源。据一项全球范围内的高空风力研究估计，在距地面500～12 000m的高度，有足够的风量满足目前全球百倍的电力需要。如果能够克服风力间歇性问题，高空的风力将变成具有无限潜力的能源宝库。更为重要的是，全球最理想的高空风力资源几乎都位于人口稠密地区，比如，北美东海岸和我国沿海地区。目前，高空风力发电项目在国外也仅停留在试验阶段，还面临诸多技术难题。

（五）其他新型发电技术

目前，还有一些其他新型发电技术尚在研究试验中。例如：海水抽水蓄能发电是将海洋作为下游或者上游水库而节省建设费用的新型抽水蓄能发电方式；煤炭气化复合发电是利用高温把煤炭气化以提高能源利用率并减少有害气体排放的发电方式；太阳能热气流发电是利用温室效应、烟囱效应和涡轮旋转发电技术组合形成全新的发电方式；太空太阳能发电是利用太阳能电池板将太空中的太阳能转化为电能并传输回地面使用；等等。

二、新型输电技术

（一）新型直流输电

在高压直流输出（HVDC，High Voltage Direct Current）系统中，只有输电环节是直流电，发电系统和用电系统仍然是交流电。在输电线路的始端，发电系统的交流电经换流变压器升压后，送到整流器中，整流器将高压交流电变为高压直流电，而直流电通过输电线路传输到逆变器中。逆变器的结构与整流器的结构相同而作用相反，它把高压直流电变为高压交流电，再经过换流变压器降压后，电能就输送到受端交流系统中。常规HVDC的换流器（包括整流器和逆变器）由晶闸管器件构成，适合于远距离、大容量输电。这种换流器工作时需要消耗大量的无功，所以必须为其配置大容量的无功补偿装置，由于晶闸管不具备自关断能力，为了成功实现逆变，还要求受端交流系统必须有自己的电源。为了改善常规HVDC的不足和扩大直流输电方式的应用范围，以下几种新型直流输电技术得到了发展。

1.轻型直流输出

轻型直流输电采用由具备自关断能力的绝缘栅双极晶体管器件构成的电压源换流器。相比于常规 HVDC，它解决了向弱交流系统以及无电源的负荷区送电的问题，轻型直流输电对无功的需要大幅减少，并且能够动态补偿交流母线的无功功率，起到稳定交流母线电压的作用。可再生能源发电站如风力发电等一般装机容量小且远离主网，不易远距离输电，而轻型高压直流输电投资小、输电效率高，是充分利用可再生能源发电的输电方式。

2.多端直流输电

常规的双端HVDC输电系统仅包含一个整流站和一个逆变站，而多端直流（Multi-Terminal high voltage Direct Current，MTDC）输电系统是指含有多个整流站或多个逆变站的直流输电系统，它灵活、快捷地实现了多电源供电、多落点受电。MTDC输电系统主要应用于：由多个能源基地输送电能到远方的多个负荷中心；几个孤立的交流系统之间利用直流输电线路实现联网；等等。当前基于电压源换流器的新型MTDC技术得到快速发展，极大地拓展了MTDC输电系统的应用范围。

3.电容换相直流输电

电容换相直流输电技术在常规HVDC的换流变压器二次侧串联一组电容器，用来补偿换流器的无功消耗。电容换相直流输电技术提高了HVDC运行的稳定性，且无须大容量的无功补偿装置。它有望取代常规HVDC而得到广泛应用，特别是在远距离输电和受端系统较弱的情况下。

（二）半波长交流输电

半波长交流输电（Half Wavelength Alternating Current Transmission，HWACT）是指输电的电气距离接近1个工频半波（对于50Hz系统来说为3000km）的超远距离的三相交流输电。HWACT与中等长度（数百公里）的交流输电相比，有一些截然不同的特性和显著的优点，例如：HWACT在各种运行状态下的过电压水平不高，而空载线路末端电压与带负荷时的电压接近，无须安装无功补偿装置；HWACT实现了点对点的输电；在半波长这种特定的超远距离送电的情况下，HWACT输电的经济性优于HVDC。

（三）分频输电

降低输电系统频率能成比例地提高系统的输送功率极限。我国率先提出了分频输电系统（Fractional Frequency Transmission System，FFTS），它适合于原动机转速较低的水电及风电等可再生能源发电经远距离输电接入系统的应用。FFTS将发电机的低频电能升压后送至输电线路，而线路电抗因低频成比例的下降，达到分频的效果，因此可大幅提高线路输送容量；通过倍频变压器向工频电力系统供电。随着电力电子技术的日趋发展与成熟，采用变频器替代倍频变压器将会获得质量更好的电能。FFTS也存在不少需要深入研究的技术问题，如FFTS产生的谐波电流问题等。

（四）多相输电

多相输电（Multi-phase Power Transmission System，MPTS）是指相数多于三相的交流输电技术。理论上MPTS技术具有诸多优点，例如，它降低了线路线电压和相电压的比值；线路正序电抗下降，而输送功率将大幅提高；等等。但是由于MPTS输电网架结构复杂，短路类型多，继电保护难以实现，限制了它的大规模应用。

（五）无线输电

1.微波输电

微波输电是先通过微波转换器将工频交流电变换成微波（波长介于无线电波和红外线辐射间的电磁波），再通过发射站的微波发射天线送到空间，然后传输到地面微波接收站，最后通过转换器将微波变换成工频交流电，供用户使用。

2.激光输电

激光是一种频率极高的高强度光束。由于激光的方向性强、转换效率高，利用激光可携带大量的能量，激光能量到电能的转换可通过光电池完成。

三、新型变电技术

（一）电力电子变压器

电力电子变压器（Power Electronic Transformer，PET）是一种通过电力电子变换技术实现电力系统中的电压变换和能量传递的新型变压器。同传统的变压器相比，PET有三个显著的特点：体积小、环保效果好；具有极高的供电质量和效率，能够提供满足用户要求的电能；分散式变电。

（二）智能机器人巡查

智能机器人巡检系统是一种综合的复杂系统，它集成了多项先进技术。以一次巡检为例，首先，机器人要到达指定的位置，就要有按照指令行动的动力系统；其次，机器人要将所看到的现场事物记录下来或者要将分析处理的结果进行实际操作，就需要有传感器系统；最后，要对记录的信息进行储存和分析，就必须有数据处理系统。同传统的变电站人工巡检相比，变电站巡检机器人系统控制和运行方式更加灵活，并且不受天气因素的影响，能够明显减轻劳动强度、改善劳动环境、提高劳动效率。

四、新型配电技术

（一）故障电流限制技术

家庭用电中经常会遇到由于家用电器故障导致的熔丝熔断或者保护装置跳闸的情况。这些都是为了避免大的故障电流对家用电器的损坏而设置的保护措施。生活经验告诉我们，并联的两节电池短路时的电流将大于一节电池短路时的电流。因此，随着用户侧分布式电源的增多，短路电流也呈日益增大的趋势，如果不采取有效的抑制短路电流的措施，一旦发生短路故障，开关及用户设备将是无法承受的。随着电力电子技术、超导技术、计算机技术、新材料等的发展，限制短路电流已成为可能，这就依赖于故障电流限制器（Fault Current Limiter，FCL）的研制和开发。国内的FCL研制刚刚起步，应在现有的经济技术基础上寻找一条适合国情的方案。国外对超导FCL和电力电子FLC研究较多，有很多可以借鉴的经验。

（二）主动配电网技术

未来“主动配电网”可能采取类似互联网的形式，即分布式决策和双向潮流。在遍布全系统的所有节点上都将有控制设备。在不同的时段，某一特定用户的供电商可以不同，而且由网络自主决定其体系结构。这样的系统需要在连接处有先进的硬件和管理协议方面予以支持，既可以是对供电商的，也可以是对用户或网络运营商的。这种网络形式将便于分布式发电、可再生能源发电、需求侧管理和灵活储能技术的使用，并为使用新型设备和服务创造机会，当然，这些都以遵守所采用的协议和标准为前提。根据新的电源、新的电力消费习惯和新的管理方案，新的业务和贸易机会可以得到认真对待，它们都支持更清洁和高效的电力生产和消费，以及灵活的、多用户网络的发展，这种网络为所有参与者间的电力和信息交流创造了机会。

（三）即插即用技术

所谓“即插即用”，就是为用户拥有分布式电源（如光伏电池、燃料电池等）及新型用电设备（如电动汽车等）提供便捷、安全、可靠的接入电网的方式，保证用户设备与电网互联后正常运行。可以想象，当即插即用技术得以实现后，用户获得能源的方式将更加灵活。例如，用户可以在自身能源充足时，将风电机组、光伏电池等电源接入电网售电而获得收益；用户可以在电价便宜时对储能装置进行充电，而在电价高时使用或者出售；电动汽车可以在任何地方、任何时间方便地进行充电。此时，用户不再仅仅是电能的消费者，也可以成为电能的提供者。

五、新型用电技术

（一）先进家庭传感器

未来的家庭传感器将更加智能化，功能将逐步融合。水、电、气、热、烟雾、二氧化碳、甲醛等都是家庭传感器的采集对象。传感器不仅可以分析和提取家庭环境的特征数据，而且可以和特定的住宅数据管理分析系统进行信息交互，可以对住宅的日常数据、整体效能和健康指数提供整体分析和科学评估，为人们带来更加和谐、更加绿色、更加健康的生活。

（二）先进用电监控技术

用电监控技术分为两个层面：用电监测技术和用电控制技术。如果用户不了解自己用了多少电，电用在何处的话，节约用电恐怕只是纸上谈兵。老式电能表提供的只是用户在某时段内的总用电量，信息简单且笼统。新型用电监测技术则旨在对用户的电力消费信息进行动态的准实时监测，帮助消费者了解自身的详细用电信息，以指导消费者改变自身的用电行为。

在用电监测技术的基础上，新型用电管理技术倾向于在室内安装各种先进传感器，借此监视整个建筑或家庭的用电习惯，了解用户何时用电，何时需要节电。在信息获取的基础上，结合用户的用电习惯，对整个住宅用电系统进行自动控制，在电器中合理分配电能。

六、新材料与超导电力技术

（一）新材料

随着复合材料、纳米材料、新型硅晶体材料、新型绝缘材料、高温超导材料等新型材料的制成、加工及运营成本的不断下降，它们的实用化已逐步进入人们的视野。下面从不同角度介绍新型材料在电力系统中的典型应用。

1.提高输电能力

我国能源分布和需求都很不均匀，需要走集中发输电的道路。建设智能输电网不能以过度占用资源、牺牲环境为代价，这就需要以最小的输电走廊、尽可能少的投资来获得大规模输电的能力。传统输电线路一般采用钢芯铝绞线，为了获得适当的力学强度，钢芯较粗。如果采用复合材料（如碳纤维）作芯，能以更小的半径获得同样的强度，并且更轻，所以新的导线可以做得更粗，把更多的部分用于电流传输，可使载流量提高1倍。

2.构建坚强网架

全球气候变化使恶劣天气的强度和频率明显增加，导致电网的大规模、群发性故障严重威胁电网的可靠运行。复合材料杆塔具有尺寸小、质量轻、绝缘和抗腐蚀性能好等优点，更坚固耐用。采用复合芯导线也大大提高了输电线的力学性能，提高了其在狂风、覆冰等恶劣工况下的生存能力。表面污损的导线容易发生污闪事故，而憎水材料却具有自清洁能力。“纳米杂化技术”可帮助人们获得具有更大憎水角的纳米材料，将这种材料制成涂料涂在导线上，就为输电线穿上了抵抗污染的“防护装甲”。导线覆冰也对输电安全构成威胁。低居里点铁磁材料能将电磁场能转换为热能，提高导体表面的温度，从而达到融冰效果。

3.促进节能降耗

电能消耗已占人类能源消耗的绝大部分。这里，对提高电能利用率起关键作用的是电力电子元件。采用碳化硅材料制作的电力电子器件与传统的硅基器件相比，功耗更低，能更好地在高温、高电压环境中工作。如果这一升级得以实现，将使全社会在同样用电水平下的总功耗下降一半。目前，碳化硅价格已大幅降低，应用已进入变频空调、电动汽车等民用领域，大规模应用将指日可待。

4.减少温室气体的排放

SF_6气体在绝缘性和灭弧性能上都比空气优秀，因此被大量用于电力系统的开关、变压器等设备中。但是同质量的SF_6气体所产生的温室效应是CO_2的2万倍以上，大部分SF_6的排放是由于电力设备密封不良、老化或维护不当引起的。在替代性气体中，混入20%SF_6的氮气在进一步增压后能达到与SF_6同样的效果。2001年，世界上第一条完全采用该混合气体的绝缘高压线路（GIL）在日内瓦建成。

（二）超导电力技术

超导电力技术是利用超导体的特殊物理性质与电力工程相结合而发展起来的一门新技术。由超导电力技术构造的超导电机、超导电缆、超导变压器、超导限流器、超导储能等先进电力设备，可以用于发、输、变、配、用电等电力相关的各个领域，这些设备具有载荷大、损耗小、响应速度快、载流密度高等特点，可以进一步增大输配电线路输送容量、降低网损、增加能源效率、提高灵活控制能力、改善电能质量、减少设备占地、解决高海拔和重污秽等问题，并有利于环境保护，提高系统的安全性、可靠性和经济性，是21世纪国际上电力工业重要的高技术储备。因此，开展高温超导材料的应用技术研究，对于满足未来先进电力系统的发展和应用需求具有重要的意义。

七、电力大数据技术在智能电网中的应用

（一）电网运行

第一，对电网的工作状态进行监测。在传统的电力系统中，监测的主要是单一的设备，侧重于对设备的运行状态、数据参数等的分析，而没有对整个系统的设备，以及各设备之间的运行状态进行全面监测和数据共享。这就导致电力公司与客户的交流不足，难以了解客户的真正用电量和客户的真正需要，进而在某种程度上影响了客户的使用感受。而基于大数据技术的智慧电网，则能够很好地解决上述问题，使人们能够对电力系统的状态进行实时监测，并且通过数据收集、处理以及分析技术，能够准确地分析出电网的运行情况，进而清楚地了解客户的真实用电需求以及用电特点，为后续的电网生产决策提供一个可靠的基础，减少资源的损耗。此外，与常规的电力系统相比，利用大数据技术构建的智能电网能够更高效地处理大量的数据。该方法在电网运行监测中有着较大的优势，在电网运行监测中有着很大的实用价值。第二，监测电网损耗。电网损耗是电网运行中不可避免的一种现象，只有对电网损耗有清楚的了解，方能对电网进行合理调控与生产，进而提高电力系统的能源效率。然而，传统电网因其本身的复杂性较高，难以实现对电网损耗状态进行及时有效的了解和分析。基于大数据技术，能够对用电数据进行实时监测，并依据用电数据状态和运行特征对用电数据进行科学建模。基于该模型，结合云计算技术，实现电网损耗的精准计算和分析，将极大地提升电网损耗管理的效率和精度。

（二）新能源并网控制

为实现可持续发展，缓解能源供需矛盾，近年来，国家启动了以光伏、风电等发电为主的新能源网络。然而，目前我国风电和光伏系统正面临着电网的波动幅度较大和瞬态电流较大等问题，给风电和光伏系统带来了极大的安全隐患。因此，必须将大数据技术应用于新能源接入电网的监控情景，利用大数据平台持续采集信息，预报出新能源接入电网后的动态变化。在此基础上，利用最大功率追踪控制、对等控制和主从式控制等技术，为电力系统提供了一种新的控制方案。例如，丹麦的维斯塔斯风力发电公司，利用电力大数据技术获取了PB量级的气象信息、卫星图像以及海潮的时序信息，并对其进行了持续的处理，最终构建了一种高精度的数字化气象模型，使其能够直观地反映风力发电区域内的风力发电情况，并以该模型为依据，分别给出各区域风力发电的月、季、年预测结果。

（三）配电网运维

将电力大数据技术应用于配电网的运维工作中，可以进行配电网的预测任务调度、指标管理和问题诊断。在预算任务调度上，借助大数据平台，可以针对电网的传统数据信息和当前批次数据信息进行动态运算、及时分析，获得电力和电量等数据参数，可以将数据绘制为时间趋势走向图，综合其实际走向，对未来的配电网调度进行实时预测，并对设备运行状态进行动态评估，以明确电网调度的效果，可以将预测的数据信息结果作为后续制定调度方案的参照依据。在指标管理上，管理工作人员可以事先在系统中设置具有针对性的配网规模、运行抢修指标限定值，并利用大数据平台进行跟踪采集，了解各项指标的实际状态，对额定值和实时值进行对比分析，在马上超出额定值或已经超出额定值之后，系统可以及时将故障问题报送给有关人员，工作人员综合配电网的实际情况，明确是否需要启动应急处理预案。在问题诊断上，若配电网处于故障或异常状态，可以通过大数据系统分析故障出现之前和之后的数据信息走向和规律，对问题类型进行精准判断，掌握故障的具体成因，并直接锁定故障点位，为后续制订针对性的设备检修计划和现场抢险提供有效参考。

（四）电力大数据在电网规划建设中的指导作用

由于传统电网系统的规划和建设具有很强的经验特性，使电力系统在电网建设的开发和运行中出现了很大的资源调度和需求适配的问题。目前，我国的电网建设已基本达到了智能水平，利用大数据技术对电网所涵盖的地区进行短期、中期、长期的数据预测，并根据当地的经济发展状况，明确地域空间、设备空间、物理空间的动态变化，从而为电网建设的发展提供切实可行的处理措施。如“西电东送”，中国西部的水电资源十分充足，但中西部的经济发展程度比较低下，存在大量的能源过剩问题，可以将其用于支持东部沿海发达的省份。随着“西电东送”项目的全面开工并正式运行，根据我国东部海岸电力市场的不同情况，国家电网利用大数据分析西部各大城市的经济增量、电力资源缺口和人口流动数据等，对“西电东送”电网进行规划和建设，合理分配大数据技术支持下的电力资源。

（五）电网稳定性分析

在电网稳定性分析中，电力大数据技术的作用在于可以建设更为稳定的评估模型，提供持续的电网运行数据信息，综合模型的输出值对当前电网的运行状态进行评估。同时，可以综合各种变量因素，针对电网的稳定性进行预测，给出调整建议，优化整个电网系统。例如，大数据平台通过数据挖掘，发现电网稳定系数已经超出警戒值时，可以直接在系统界面中反馈给有关工作人员，同时以3D模型或图表数据方式来展现问题，可以助力有关工作人员第一时间解决问题。另外，大数据技术还具备一定的跟踪和检测功能，在由于各种外力因素导致电网出现突发问题之后，系统可以监督问题和解决措施的执行情况，并综合执行情况，对电网的稳定状态进行动态评估，若发现问题未得到有效解决，可以引导工作人员及时调整工作方案。

（六）可视化分析

随着电力系统的不断发展，配电网的运营、设备状态监测、新能源接入等都会不断生成大量的信息。电力系统运行状况监控等数据具有比较复杂的特点。同时，在传统的电力系统管理方式中，对电力系统的实时运行状况和数据处理结果采用了文件和表格的方式，对管理人员的理解能力和专业素养提出了很高的要求，工作人员很难在很长的一段时间内从文件和表格中抽取有用的信息，从而导致智能电网的管理效率下降。为此，有必要将可视化的技术应用到电网的大数据系统中。例如，空间信息流显示、三维全景模型、电子地图等，采用了“过程流显示”等方法，使电力系统的工作状况更加直观、明了。比如，将电子地图技术用于故障报警与灾害预警场景，在地图上使用特定的色彩符号来标注出失效设备的位置以及灾害所影响的范围，而不是使用常规的故障代码和设备编号。而在溯源分析场景中，利用历史流显示技术，通过一幅曲线趋势变化图来展现在故障出现之前和之后各个参数的变化方向，从而让管理者能够更清楚地了解到整个故障事件的发生演化过程，在此基础上，对各种类型的故障进行客观分析。

第九章　电气工程实验

第一节　常用仪器和仪表

一、电流表

（一）直流电流表

测量直流电路中电流的仪表称为直流电流表，其标度盘上标有符号“—”。测量直流电流常用磁电式电流表，由磁电式测量机构制成的电流表头，一般只能承受几十微安到几十毫安的电流。当直流电流较大时，可采用分流器来扩大电流表的量程。直流电流表按其测量范围可分为四类，即微安表（μA）、毫安表（mA）、安培表（A）和千安表（kA）。

1.单量程直流电流表

在磁电式测量机构中，由于活动线圈的导线很细，而且电流还要经过游丝，所以允许通过的电流很小，为几微安到几百微安，故其本身所能测量的电流非常小。

为了扩大电流表的测量范围，使其能够在实际应用中测量较大的电流，可采用以下方法：根据并联电路具有分流作用的原理，可在磁电式测量机构的两端并联一只适当阻值的分流电阻。因此，实际使用的直流电流表一般都是由磁电式测量机构与分流电阻并联组成的。

2.多量程直流电流表

在实际直流电流的测量过程中，为方便对测量范围进行选择，即一表多用，需要扩大不同的电流量程。一般可通过采用并联不同阻值的分流电阻，再配合选择开关来实现。

（1）缺点：各个量程之间相互影响，计算分流电阻较复杂。

（2）优点：在上述多量程直流电流表的结构中，转换开关的接触电阻位于被测的电路中，而不在测量机构与分流电阻的电路里，因此对分流准确度没有影响。特别是当转换开关触点接触不良而导致被测电路断开时，保证不会烧坏测量机构。

3.常用直流电流表的规格参数

常用直流电流表的测量范围为0~0.6A和0~3A，其主要规格参数如下所述。

（1）仪表为磁电式仪表。

（2）仪表准确度为2.5级，即在规定条件下使用，最大误差不超过满刻度值的 ±2.5%。

（3）仪表规定工作条件为周围温度0～40℃，相对湿度不超过85%。

（4）仪表使用时的正常温度为20～45℃，环境温度自正常温度（20℃）每变化10℃时所引起的额外误差不大于2.5%。

（5）仪表面板上的符号说明如下：2.5表示仪表的准确度为2.5级；A表示仪表为电流表。

（二）交流电流表

由于目前工业生产中广泛使用的都是正弦交流电，因此，在实际工作中，电工要经常进行交流电流和交流电压的测量，以此来判断电气线路和电气设备是否正常工作。

测量交流电路中电流的仪表称为交流电流表，其标度盘上标有符号“~”。低压交流电流表按其接线方式，可分为直接接入和经电流互感器二次绕组接入两种。直接接入电流表最大电流一般不超过200A，而经电流互感器接入的电流表，测量电流可高达10kA。交流电流表通常分为安装式和便携式两类。

二、电压表

电压表也是电工测量中的主要仪表之一，其外形与电流表相似。

（一）直流电压表

测量直流电路中电压的仪表称为直流电压表。直流电压表的标度盘上标有符号“—”。直流电压表按其量限范围可分为毫伏表（mV）、伏特表（V）和千伏表（kV）。测量直流电压时，一般选用磁电式电压表。

1.单量程直流电压表

电压表由测量机构（表头）和倍压器（也称附加电阻）串联组成。倍压器用高电阻导线绕成，有外接式和内嵌式两种。

2.多量程直流电压表

磁电式测量机构与不同阻值的分压电阻串联，即可组成多量程直流电压表。

优点：高量程的分压电阻共用了低量程的分压电阻，比较经济。

缺点：一旦低量程分压电阻损坏，高量程电压挡就不能使用。

（二）交流电压表

测量交流电路中电压的仪表，称为交流电压表。交流电压表的标度盘上标有符号“~”。测量交流电压时，一般选用电磁式电压表；要求准确度较高时，选用电动式电压表。交流电压表按其量程范围可分为毫伏表（mV）、伏特表（V）和千伏表（kV）。按其接线方式可分为低压直接接入式和高压经电压互感器接入式两种。

1.电磁式交流电压表

电磁式电压表由电磁式测量机构串联附加电阻构成，由于流过电压表固定线圈的电流很小，因此可以采用较细的漆包线来绕制。为了产生足够大的转矩，必须保证一定的励磁安匝数，所以固定线圈匝数较多，通常由直径为0.1～0.5mm的导线绕几百匝甚至几千匝制成。

安装式电磁式电压表一般只有一个量程，直接接入的电压表最大量程为600V，测量较高电压时其应与电压互感器配合使用，在电磁式电压表的表盘上均标有相应的变压比。

便携式电磁式电压表一般都制成多量程电压表，它与磁电式电压表相似，是用附加电阻与固定线圈串联的方法来扩大量程的。

2.电动式交流电压表

电动式电压表的固定线圈和活动线圈一般采用串联连接形式。对于电压低于100V的电动式电压表，由于考虑温度补偿，其固定线圈也可采取并联方式。

电动式电压表测量的电路线性误差，一般通过增减附加电阻的方法来消除。如果仪表为正误差，应增加附加电阻值；反之，则应减小附加电阻值。附加电阻增减的数值，需由仪表的最大误差来决定。

3.整流式交流电压表

整流式交流电压表是在整流式仪表的基础上通过串联分压电阻制成的。按整流电路的形式不同，可分为半波整流和桥式全波整流两大类。

三、功率表

用电动式测量机构活动线圈反映电压、固定线圈反映电流，便可构成电动式功率表。使用电动式测量机构来测量功率时，其固定线圈应串联接入被测电路；而活动线圈与附加电阻应串联后并联接入被测电路。根据国家标准规定，在测量线路中，用一个圆加一条水平实线表示电流线圈，用一条竖直细线表示电压线圈。通过固定线圈的电流就是被测电路的电流，因此称固定线圈为电流线圈；活动线圈支路两端的电压就是被测电路两端的电压，所以将活动线圈称为电压线圈，而活动线圈支路也称为电压支路。

（一）功率表的选择

1.按功率因数cosφ选择

普通功率表是在额定电压、额定电流和额定功率因数cosφ=1的情况下进行度量的，只适用于负载功率因数较大时功率的测量。当负载的功率因数很低时（如在0.5以下），则不宜选用普通功率表，应选用低功率因数功率表进行测量。

2.按量程选择

功率表有三种量程：电流量程、电压量程和功率量程。

电流量程：功率表的串联回路中允许通过的最大工作电流。

电压量程：仪表的并联回路中所能承受的最高工作电压。

功率量程：功率量程等于电流量程和电压量程的乘积。功率量程实质上是由电流量程和电压量程来决定的，它相当于负载功率因数cosφ=1时的功率值。

在使用功率表时，不仅要注意使被测功率不超过仪表的功率量程，通常还要用电流表、电压表去监视被测电路的电流和电压，使之不超过功率表的电流量程和电压量程，以确保仪表安全可靠地运行。因为，在实际测量中，由于使用的大多数负载（如电动机、变压器等）的cosφ<1，因此，只观察被测功率是否超过仪表的功率量程显然是不够的。例如，当cosφ<1时，功率表的指针虽然未指到满刻度值，但被测电流或电压可能已超出了功率表的电流量程或电压量程，结果可能造成功率表的损坏。负载的cosφ越小，仪表损坏状况可能越严重。所以，在选择功率表时，对于仪表量程的最基本要求是，要使功率表的电流量程略大于被测电流，电压量程略高于被测电压。

（二）功率表的使用

1.正确接线方法

功率表的接线应遵循“发电机端”原则。因为常用的功率表为电动式功率表，其转动机构的转矩与两个线圈中的电流方向有关。若其中一线圈的电流方向接反，则转矩就会改变方向，从而导致不仅无法读数，还有可能将指针打弯。因此，为防止线圈接反，通常在两线圈对应于电流流入的端钮上，均标注“*”，称作发电机端。在给功率表接线时，应使电流和电压线圈的发电机端接到电源同一极性的端钮，以保证两个线圈的电流方向均从发电机端流入。

针对不同情况的负载，功率表有电压线圈前接和电压线圈后接两种连接方法。

电压线圈前接时，应将可动线圈和固定线圈的“*”端接在一起，并使固定线圈即电流线圈串联在负载支路上，这样会使流过电流线圈的电流等于负载电流，此接法适用于负载电阻远远大于电流线圈内阻的情况。这是因为电流线圈中流过的电流是负载电流，但电压线圈支路两端的电压是负载和电流线圈上产生的电压之和。因此，功率表反映的功率是负载和电流线圈消耗的功率之和。如果负载的电阻远远大于电流线圈的内阻，则负载消耗的功率远远大于功率表电流线圈消耗的功率，这时功率表的读数更接近实际值。

电压线圈后接时，电流线圈的电流等于负载电流与动圈支路的电流之和，此接法适用于负载为低阻抗的情况。由于电压线圈支路和负载直接并联，因此，加在功率表电压线圈支路两端的电压就等于负载电压。但是，由于电流线圈接在电压线圈支路的前面，所以，通过电流线圈的电流就包含负载电流和电压线圈支路的电流，即在功率表的读数中增加了电压线圈支路的功率损耗，这同样也会造成测量误差。因此，电压线圈后接方式适用于负载电阻比功率表电压线圈支路电阻小得多的情况，从而保证功率表本身对测量结果的影响比较小。

无论采用电压线圈前接还是后接方式，其目的都是尽量减小测量误差，使测量结果较为准确。尽管如此，功率表的测量误差仍会由于受仪表内部损耗的影响而有所增大。在一般的工程测量中，被测功率通常要比仪表本身损耗大得多，因此在满足测量精度的前提下，仪表内部功率损耗对测量结果的影响可以忽略不计。此时，由于功率表电流线圈的损耗通常比电压线圈支路的损耗小，所以，大多采用电压线圈前接方式比较合适。但是，当被测功率很小时，就不能忽略仪表本身的功率损耗，这种情况下应根据仪表的功率损耗值对读数进行校正，或采取一定的补偿措施。

2.正确读数

功率表一般都有几种不同的电流和电压量程，但其标度尺却只有一条。因此，功率表的标度尺上只标有分格数，而不标瓦特数。当选用不同的量程时，功率表标度尺的每一分格所表示的功率值也就不同。通常把每一分格所表示的瓦特数称为功率表的分格常数。

四、其他常用仪器仪表

（一）万用表

万用表全名叫万用电表，是一种最常用、最普及、具有多种测量用途（号称万用）的电子测量仪表。

形象地说，万用表就好比组合刀具。万用表既是电压表，又是电流表，也是欧姆表，还可以测量电平、电容、电感等，类似于组合刀具，既是刀，又是剪刀，也是螺丝刀，还是锉子、锥子、开塞器等。

1.万用表的种类

万用表的种类很多，性能指标各有差异，总体上可分为指针式万用表和数字万用表两大类。

（1）指针式万用表。指针式万用表，就是采用微安表头的指针作为测量指示的万用表。指针式万用表最明显的特征是，表面上装有一个微安表头。

指针式万用表电路主要是由电阻组成的分压器、分流器等，通过波段开关转换测量功能。平时我们所说的“万用表”，通常就是指针式万用表。

指针式万用表可以测量直流电压、交流电压、直流电流、电阻等，有些型号的指针式万用表还可以测量音频电平、电容、电感、晶体管直流参数等。除测量电阻和晶体管外，其他测量功能无须安装电池。

万用表问世以来，很长一段时间都是指针式万用表的天下，因此指针式万用表也被称为传统万用表、模拟万用表。

（2）数字万用表。数字万用表，顾名思义，就是采用数字显示屏作为测量指示的万用表。数字万用表最明显的特征是表面上装有一个液晶显示屏。

数字万用表是一种数字化的新型万用表，采用专用集成电路为核心构成内部电路，通过波段开关转换测量功能。数字万用表的显著特点是测量精度和输入阻抗高，读数准确，显示直观。

数字万用表可以测量直流电压、交流电压、直流电流、交流电流、电阻等，有的还具有测量电容、电感、晶体管、频率、温度等功能。与指针式万用表不同的是，数字万用表的所有测量功能都必须安装电池后才能工作。

2.万能表的功能

万用表实质上是电压表、电流表、欧姆表的有机组合，使用时根据需要，通过转换开关进行转换，所以也有人将万用表称为三用表。

万用表的功能较多，各种型号万用表的功能也不尽相同，但都包括以下基本功能：测量直流电流、测量直流电压、测量交流电压、测量电阻。许多万用表还具有以下派生功能：测量音频电平、测量电容、测量电感、测量晶体管放大倍数等。

（二）介质损耗仪

介质损耗测试仪是发电厂、变电站等现场或实验室测试各种高压电力设备介损正切值及电容量的高精度测试仪器。仪器为一体化结构，内置介损测试电桥、可变频调压电源、升压变压器和SF_6高稳定度标准电容器。测试高压源由仪器内部的逆变器产生，经变压器升压后用于被试品的测试。频率可变为45Hz或55Hz、55Hz或65Hz，采用数字陷波技术，避开了工频电场对测试的干扰，从根本上解决了强电场干扰下准确测量的难题，同时适用于全部停电后用发电机供电检测的场合。

（三）三相调压器

三相调压器（又称晶闸管电力调整器、可控硅电力调整器或电力调整器）是一种可调的自耦变压器，可作为带动三相负载的无级平滑调节电压设备。其主要工作原理是将四层三端半导体器件，接在电源和负载中间，配上相应的触发控制电路板，就可以调整加到负载上的电压、电流和功率；主要用于各种电加热装置的加热功率调整，既可以“手动”调整，又可以和电动调节仪表、智能调节仪表、PLC以及计算机控制系统配合，实现对加热温度的恒值或程序控制。

第二节　电机学实验

一、三相变压器空载、短路、负载实验

（一）实验目的

（1）通过实验测定三相变压器的参数。
（2）通过负载实验测取三相变压器的运行特性。

（二）实验项目

实验项目：测定变比、空载实验、短路实验、纯电阻负载实验。

（三）实验方法

1.测定变比

实验时，变压器某侧线圈接电源，另一侧线圈开路。被试三相变压器，额定容量U_{N}=380/220V，P_N=2kW，I_N=3.04/5.25A，Y/Y接法。三相变压器绕组示意如图9–1所示。

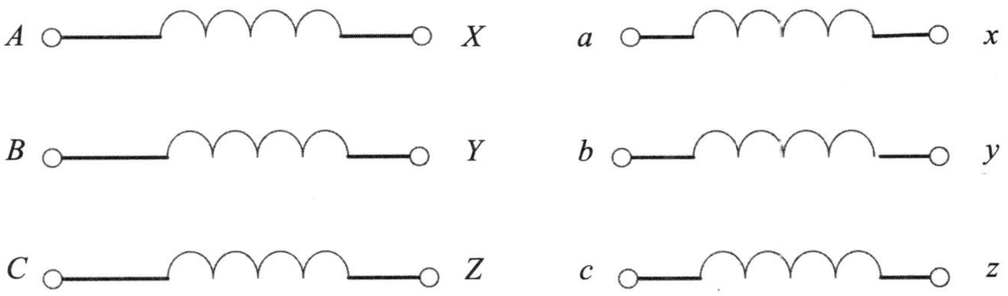

图9–1　三相变压器绕组示意

（1）在三相交流电源断电的条件下，将调压器旋转到底使输出电压为零，并合理选择各仪表量程。

（2）合上交流电源总开关，即按下绿色“闭合”开关调节调压器旋钮，使变压器空载电压$U=U_N$，逐一测取高、低压线圈的线电压U_{AB}、U_{BC}、U_{AC}、U_{ab}、U_{bc}、U_{ac}，记录于表9-1。

表9-1　高、低压线圈的线电压测量值

U（V）		K_1	U（V）		K_2	U（V）		K_3	$K=1/3$（$K_1+K_2+K_3$）
U_{AB}	U_{ab}		U_{BC}	U_{bc}		U_{AC}	U_{ac}		

2.空载实验

实验时，变压器某侧线圈接电源，另一侧线圈开路。根据实验所需测量数据，合理安排电流表、电压表、功率表，特别是功率表接线时需注意电压线圈和电流线圈的同名端，避免接错线。

（1）接通电源前，先将交流电源调到输出电压为零的位置。合上交流电源总开关，即按下绿色“闭合”开关，顺时针调节调压器旋钮，使变压器空载电压$U=1.2U_N$。

（2）然后，逐次降低电源电压，在0.5～1.2U_N的范围；测取变压器的三相线电压、电流和功率，共取4～5组数据，记录于表9-2中。其中，$U=U_N$的点必须测，并在该点附近测的点应密些。

（3）测量数据以后，将交流电源调制为0，断开三相电源，以便为下次实验做好准备（表9-2）。

表9-2　变压器的三相线电压、电流和功率

序号	实验数据									计算数据			
	U_0（V）			I_0（A）			P_{01}（W）	P_{02}（W）	cosj0	U_0（V）	I_0（A）	P_0（W）	cosj0
	U	U	U	U	U	U	I	I	I				
1													
2													
3													
4													
5													

注：计算数据中，电压、电流取实验数据平均值，$P_0=|P_{01}+P_{02}|$，将实验数据和计算数据

中的功率因数进行比较，判断计算和实验数据是否有误。

3.短路实验

实验时，变压器某侧线圈接电源，另一侧线圈短路，其短路导线连接要牢。变压器的短路电压值为（3~15）%U_N，依此范围来选择电压表和功率表电压线圈量程。接通电源前，将交流电压调到输出电压为零的位置，接通电源后，逐渐增大电源电压，使变压器的短路电流IK=1.1I_N。然后逐次降低电源电压，在1.1～0.2I_N的范围，测取变压器的三相输入电压、电流及功率，共取4～5组数据，记录于表9-3中，其中$IK=I_N$点必测。

表9-3　变压器的三相输入电压、电流及功率

<table>
<tr><td rowspan="3">序号</td><td colspan="9">实验数据</td><td colspan="4">计算数据</td></tr>
<tr><td colspan="3">U_k（V）</td><td colspan="3">I_k（A）</td><td>P_{k1}（W）</td><td>P_{k2}（W）</td><td>cosjk</td><td rowspan="2">U_k（V）</td><td rowspan="2">I_k（A）</td><td rowspan="2">P_k（W）</td><td rowspan="2">cosjk</td></tr>
<tr><td>U</td><td>U</td><td>U</td><td>U</td><td>U</td><td>U</td><td>I</td><td>I</td><td>I</td></tr>
<tr><td>1</td><td></td><td></td><td></td><td></td><td></td><td></td><td></td><td></td><td></td><td></td><td></td><td></td><td></td></tr>
<tr><td>2</td><td></td><td></td><td></td><td></td><td></td><td></td><td></td><td></td><td></td><td></td><td></td><td></td><td></td></tr>
<tr><td>3</td><td></td><td></td><td></td><td></td><td></td><td></td><td></td><td></td><td></td><td></td><td></td><td></td><td></td></tr>
<tr><td>4</td><td></td><td></td><td></td><td></td><td></td><td></td><td></td><td></td><td></td><td></td><td></td><td></td><td></td></tr>
<tr><td>5</td><td></td><td></td><td></td><td></td><td></td><td></td><td></td><td></td><td></td><td></td><td></td><td></td><td></td></tr>
</table>

注：计算数据中，电压、电流取实验数据平均值，$P_k=|P_{k1}+P_{k2}|$，将实验数据和计算数据中的功率因数进行比较，判断计算和实验数据是否有误。

4.纯电阻负载实验

实验时，变压器低压线圈接电源，高压线圈经开关S接负载电阻R_L，R_L选用1800Ω的电阻共三只。

（1）将负载电阻R_L调至最大，合上开关S接通电源，调节交流电压，使变压器的输入电压$U=U_N$。

（2）在保持$U=U_N$的条件下，逐次增加负载电流，从空载到额定负载范围内，测取变压器三相输出线电压和相电流，共取5～6组数据，记录于表中，其中负载侧电流为0和额定值两点必测。

（四）注意事项

在三相变压器实验中，应注意对电压表、电流表和功率表的合理布置。做短路实验时操作要快，否则线圈发热会引起电阻变化。

（五）报告要求

1.测变比和空载实验

（1）绘制实验接线图，标出电压电流功率表。

（2）绘制并填写表9-1。

（3）绘制并填写表9-2，将电压、电流、功率和功率因数之间的关系列出公式。

（4）根据空载实验数据作空载特性曲线（U_0-I_0），并计算激磁参数。

2.短路实验

（1）绘制实验接线图，标出电压电流功率表。

（2）绘制并填写表 9-3，将电压、电流、功率和功率因数之间的关系用公式列出来。

（3）计算短路参数，根据空载实验结果绘制T型等效电路。

3.纯电阻负载实验

（1）绘制实验接线图，标出电压电流功率表。

（2）列出计算电压变化率及效率的公式。

（3）绘制效率曲线。

二、三相变压器的联结组

（一）实验目的

（1）通过实验测定三相变压器的极性。

（2）通过实验判别变压器的联结组。

（二）实验方法

1.测定极性

（1）测定相间极性。被试变压器额定容量S_N=2kVA，U_N=380/220V，I_N=3.04/5.25A，Y/Y接法。我们知道当铁芯式三相变压器原绕组各相间极性连接正确时，各相磁通在会合处相加等于零，即$\Phi A+\Phi B+\Phi C=0$磁通全部走铁芯闭路。如果有一相绕组（如A相）极性接反了，此时三相磁通在会合处不等于零，即$-\Phi A+\Phi B+\Phi C\neq 0$合成磁通只能通过空气隙形成回路，磁阻大大增加，激磁电流会超过额定电流很多而烧坏变压器，因此，相间极性绝对不能接错。测定各绕组相间极性的方法如下所述。

首先，用万用表的电阻挡测出高、低线圈12个出线之间的阻值。阻值大为高压绕组，用*ABCXYZ*标记，低压绕组标记用*abcxyz*。

（2）验证原、副方极性验证极性，即验证同名端，国家规定变压器一律采用减极性，同名端同为首端。根据减极性法则，设计实验接线，测取相关数据。提示：将高低压侧末端短接，高压侧加一半额定电压。将相关数据记录在表9-4中。

表9-4　测定相间极性

实验数据								
*A*相			*B*相			*C*相		
U_{AX}	U_{aX}	U_{Aa}	U_{BY}	U_{by}	U_{By}	U_{CZ}	U_{cz}	U_{Cc}
验证			验证			验证		

2.检验联结组

根据测定的同极性端，结合联结组标号标出相应首末端，完成以下实验。注：下图中低压侧的首末端标志与实验平台首末端标志有所不同，需根据联结组标号和同极性端命名。

（1）*Y*，y_0按照图9-2所示接线。*A*、*a*两端点用导线联结，在高压方施加三相对称的额定电压U_N=380V，测出U_{AB}、U_{ab}、U_{Bb}、U_{Cc}及U_{Bc}，将数据记录于表9-5中。

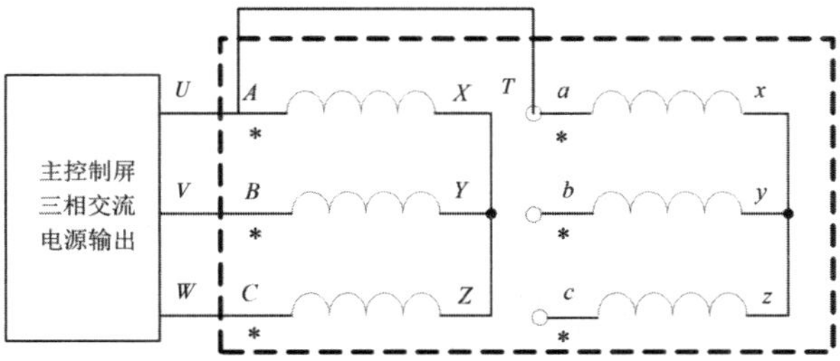

(a) 接线图

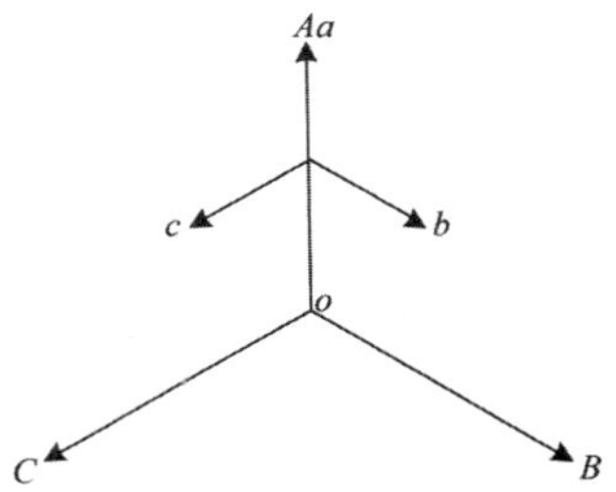

(b) 电动势相量图

图9-2　*Y*，*y*0联结图

表9-5　*Y*，*y*0联结图数据

实验数据					计算数据			
U_{AB}（*V*）	U_{ab}（*V*）	U_{Bb}（*V*）	U_{Cc}（*V*）	U_{Bc}（*V*）	K_L	U_{Bb}（*V*）	U_{Cc}（*V*）	U_{Bc}（*V*）

其中：

$$K_L=\frac{U_{AB}}{U_{ab}} \tag{9-1}$$

根据Y，y_0联结组的电动势相量图可知：

$$U_{Bb}=U_{Cc}=U_{ab}\sqrt{\frac{1}{3}+K_L^2+K_L} \tag{9-2}$$

$$U_{Bc}=U_{ab}\sqrt{\frac{1}{3}+K_L^2} \tag{9-3}$$

若用两式计算出的电压U_{Bb}、U_{Cc}及U_{Bc}的数值与实验测取的数值相同，则表示绕组连接正常，属Y，y_0联结组。

（2）Y，y_6按照图9-3接线。A、x两点用导线相连。按前方法测电压U_{AB}、U_{ab}、U_{Bb}、U_{Cc}及U_{Bc}，将数据记录于表9-6中。

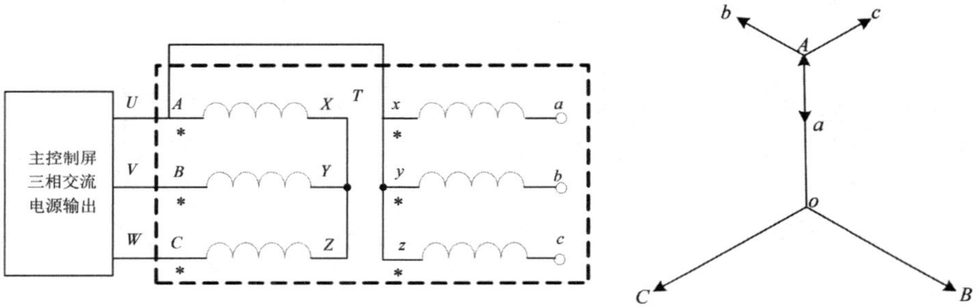

(a) 接线图　　(b) 电动势相量图

图9-3　Y，$y6$联结组

表9-6　Y，$y6$联结组数据

实验数据					计算数据			
U_{AB}（V）	U_{ab}（V）	U_{Bb}（V）	U_{Cc}（V）	U_{Bc}（V）	K_L	U_{Bb}（V）	U_{Cc}（V）	U_{Bc}（V）

其中：

$$K_L=\frac{U_{AB}}{U_{ab}} \tag{9-4}$$

根据Y，y_6联结组的电动势相量图可知：

$$U_{Bb}=U_{Cc}=U_{ab}\sqrt{\frac{1}{3}+K_L^2+K_L} \quad (9-5)$$

$$U_{Bc}=U_{ab}\sqrt{\frac{1}{3}+K_L^2} \quad (9-6)$$

若用两式计算出的电压U_{Bb}、U_{Cc}及U_{Bc}的数值与实验测取的数值相同，则表示绕组连接正常，属Y，y_6联结组。

（3）Y，d_{11}。按照图9-4接线。A、a两点用导线相连。按前方法测电压U_{AB}、U_{ab}、U_{Bb}、U_{Cc}及U_{Bc}，将数据记录于表9-7中。

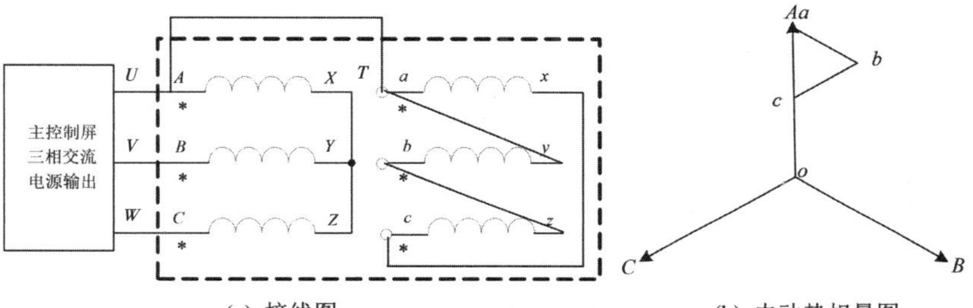

图9-4　Y，d_{11}联结组

表9-7　Y，d_{11}联结组数据

实验数据					计算数据			
U_{AB} (V)	U_{ab} (V)	U_{Bb} (V)	U_{Cc} (V)	U_{Bc} (V)	K_L	U_{Bb} (V)	U_{Cc} (V)	U_{Bc} (V)

其中：

$$K_L=\frac{U_{AB}/\sqrt{3}}{U_{ab}} \quad (9-7)$$

根据Y，y_6联结组的电动势相量图可知：

$$U_{Bb}=U_{Cc}=U_{Bc}=U_{ab}\sqrt{3K_L^2-3K_L+1} \quad (9-8)$$

若用两式计算出的电压U_{Bb}、U_{Cc}及U_{Bc}的数值与实验测取的数值相同，则表示绕组连接正常，属Y，d_{11}联结组。

（4）Y，d_5。按照图9-5接线。A、x两点用导线相连。实验方法同前，高压方施加对称额定电压，测取U_{AB}、U_{ab}、U_{Bb}、U_{Cc}及U_{Bc}，将数据记录于表9-8中。

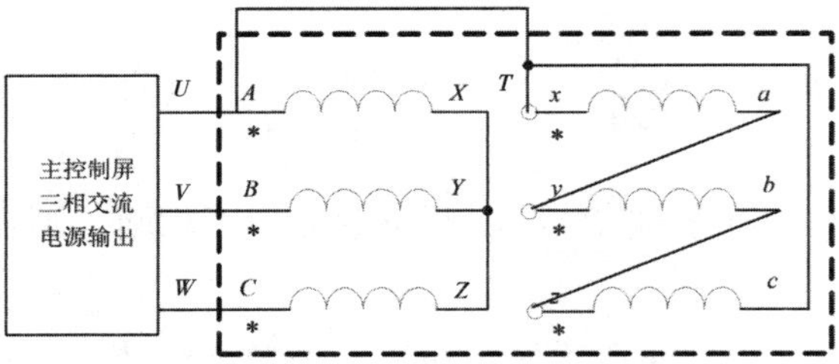

(a) 接线图

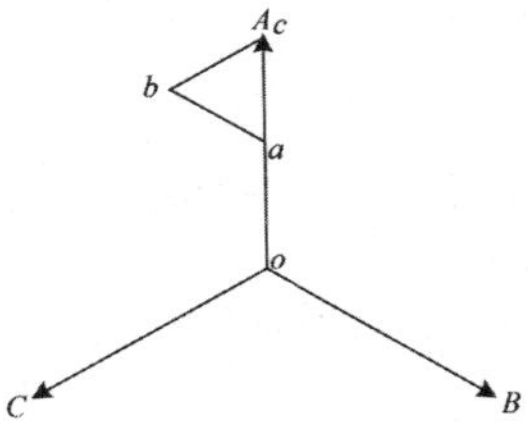

(b) 电动势相量图

图9-5　Y，d_5联结组

表9-8　Y，d_5联结组数据

实验数据					计算数据			
U_{AB}（V）	U_{ab}（V）	U_{Bb}（V）	U_{Cc}（V）	U_{Bc}（V）	K_L	U_{Bb}（V）	U_{Cc}（V）	U_{Bc}（V）

其中：

$$K_L = \frac{U_{AB}/\sqrt{3}}{U_{ab}} \tag{9-9}$$

根据Y，d_5联结组的电动势相量图可知：

$$U_{Bb} = U_{ab}\sqrt{1+3K_L^2} \tag{9-10}$$

$$U_{Cc} = U_{Bc} = \sqrt{3}K_L U_{ab} \tag{9-11}$$

若用两式计算出的电压U_{Bb}、U_{Cc}及U_{Bc}的数值与实验测取的数值相同，则表示绕组连接正常，属Y，d_5联结组。

第三节　电力系统继电保护实验

一、反时限过流保护实验

（一）实验目的

（1）了解GL-24型反时限电流继电器的结构、结线、动作原理及其使用方法，特别要仔细观察其先合后断转换触点的结构及其先合后断的动作程序。

（2）学会组成去分流跳闸的反时限过电流保护，了解其工作原理。

（3）掌握GL-24型继电器的动作电流、返回电流、时限特性的测定方法；了解其反时限动作特性和10倍动作时限的概念。

（二）实验设备

实验设备如表9-9所示。

表9-9　反时限电流保护实验设备

序号	设备名称	单位	数量	备注
1	继电保护实验台	台	1	
2	反时限电流继电器	个	1	
3	毫秒表	个	1	

（三）设备介绍

GL-24型反时限过流继电器具有反时限特性，用于发电机、变压器及输配电系统的继电器保护装置中。在设备过负荷或短路时，能按预定的时限可靠动作，发出信号或切除故障部分。反时限电流继电器的主视图及触点接线图如图9-6所示。

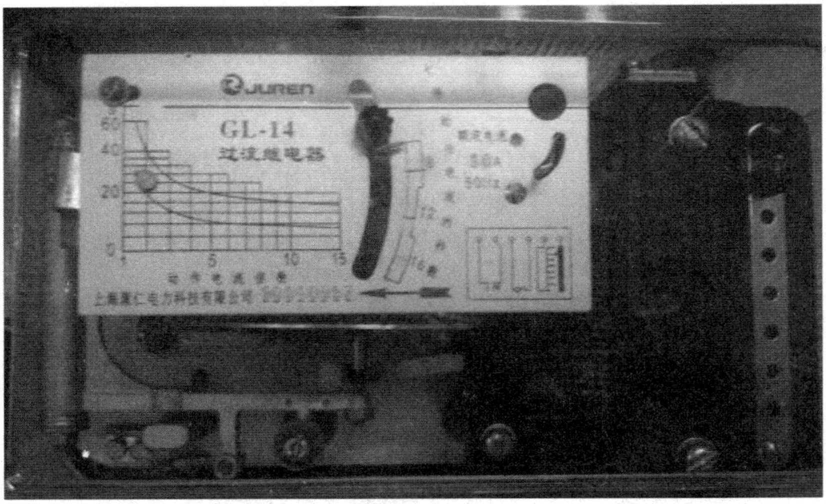

图9-6　反时限电流继电器的主视图

GL-24型电流继电器具有反时限、定时限、速断特性、反时限特性，即动作时限随着流过继电器的动作电流的增大而减小；定时限特性，即当线圈中的电流超过一定数值后，动作时间不再随电流的变化而变化，为一常数；速断特性，即当线圈中的电流超过某个更大数字后，如加入继电器电流大于8倍的动作电流时，其触点瞬时接通。当继电器的线圈通入交流电流时，继电器圆盘开始旋转，小于启动电流时，扇齿与蜗杆没有咬合，继电器不动作。当继电器的线圈电流增大至启动电流时，电磁力矩大于弹簧的反作用力矩框架转动，使扇齿与蜗杆咬合，扇齿上升。此时，继电器的动铁在扇齿顶杆的推动下，被导磁铁吸合，使继电器触点动作。触点之间的距离可以通过时间杆进行调节，电流与动作时间成反比例关系。通入的电流越大，动作时间就越短。当继电器线圈中通入的电流大于瞬时动作电流时，继电器触点瞬时动作。

（四）实验内容及方法

1.启动电流和返回电流

实验步骤如下所述。

（1）了解继电器的结构、接线，特别是要仔细观察其先合后断转换触点的结构和先合后断的动作程序。

（2）按图9–7接线。将调压器2W逆时针旋转至输出电压为“0”位置。整定继电器的额定电流插在4A挡。

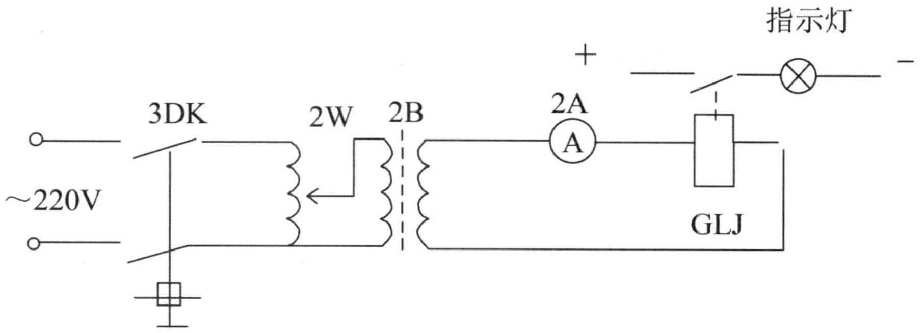

图9-7　反时限过电流保护实验接线

（3）查线路无误后，先合上三相电源开关1DK，再合上单相电源开关3DK。

（4）平滑调节通入继电器的电流，使继电器的扇形齿与螺旋杆啮合，并保持此电流直到继电器触点动作，该电流即为继电器的动作电流，记录数据。

（5）减小电流，扇形齿与螺旋杆分开时的电流为返回电流，记录数据。

（6）调压器2W回零后重复步骤4、5二次，记录三次动作电流，返回电流平均值。

（7）调压器2W回零，打开3DK，将启动电流整定在6A。

（8）重复步骤（3）~（6）。

（9）实验完成后，将调压器输出调为0V，断开所有电源开关。

（10）列表记录所测数据，计算返回系数（应大于0.85）。

2.动作电流-时限特性测定

实验电路原理图如图9-8所示。实验步骤如下所述。

（1）按图接线，将电流继电器的常开触点接毫秒表的“停止”，将时间测试专用的小开关*TK*的一副触点接毫秒表的“启动”，另一副触点串入电流回路。启动电流整定在4A，时间标杆放在最小时限。

（2）查线路无误后，将调压器2W逆时针旋转至输出电压为“0”位置。先合上三相电源开关1*DK*，再合上单相电源开关3*DK*。

（3）毫秒表接220V交流电源，毫秒表应有显示，按下清零按钮，毫秒表应能复零。

（4）操作开关*TK*。调单相调压器使电流表的读数为启动值，打开操作开关*TK*，复归毫秒表，快速合上操作开关*TK*，读动作时间（注：此实验要采用突然加电流的方法），按下清零按钮，重复测量三次。取平均值进行记录。

（5）成倍改变通入继电器电流（5A、6A、7A、8A、9A），重复上述实验。

（6）时间标杆放在中间位置，重复上述步骤。

（7）记录所测数据，绘制动作电流与时间特性曲线，与铭牌上曲线比较。

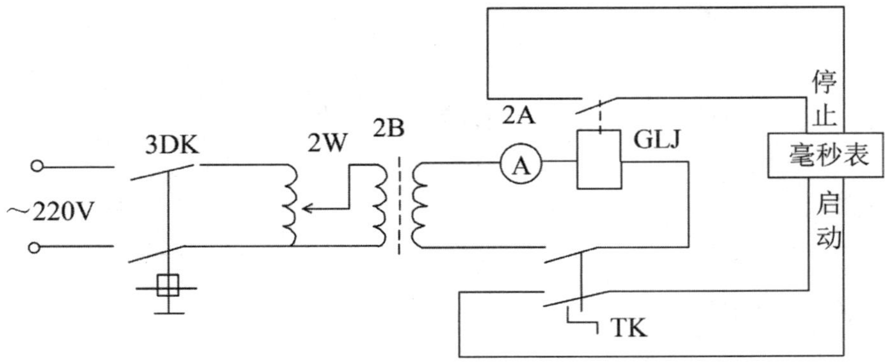

图9-8 反时限电流继电器动作电流-时限特性测定接线

3.速断元件动作电流测定

将上面实验中触点1、2接线改为3、4，实验步骤如下所述。

（1）速断整定4A，延时整定调至最大整定值，将转盘卡死，防止转盘转动使触点闭合。整定速断动作电流倍数分别为2倍和4倍，应对准刻度线的中心位置。将电流继电器的常开触点接毫秒表的“停止”，将时间测试专用的小开关*TK*的一副触点接毫秒表的“启动”，另一副触点串入电流回路。

（2）查线路无误后，将调压器2W逆时针旋转至输出电压为“0”位置。先合上三相电源开关1*DK*，再合上单相电源开关3*DK*。

（3）毫秒表接220V交流电源，毫秒表应有显示，按下清零按钮，毫秒表应能复零。

（4）合上专用小开关TK，调单相调压器2W至继电器动作，打开操作开关*TK*，待继电器返回后，合上*TK*，观察继电器的动作情况。

（5）速断电流确定方法为：信号指示器（或信号牌）指示动作，即动合触点闭合，其速断元件的动作时间不大于0.8s时的最小工作电流，记录该电流值，应与整定值误差小于5%。

（6）注意通入4倍电流时间要短。

二、微机型110kV输电线路距离保护实验

（一）实验目的

（1）熟悉RCS-941保护中的方向阻抗原理，了解其动作特性。

（2）测量方向阻抗元件的静态$Zpu=f(\varphi)$特性，求取最大灵敏角。

（3）了解方向阻抗元件正序极化量的作用。

（二）实验设备

实验设备如表9–10所示。

表9–10 微机型110kV输电线路距离保护实验设备

序号	设备名称	单位	数量	备注
1	继电保护实验台	台	1	
2	RCS–941A输电线路保护柜	台	1	
3	继电保护测试仪	台	1	

（三）实验内容

1.相间阻抗特性实验实验步骤如下所述。

（1）实验准备。220V直流电压由继电保护实验台提供。接入PRCS941保护屏“ZD”（直流端子排）的“ZD–1”（正极）、“ZD–11（负极）（注意合上1ZK保护装置才能得电）。微机型继电保护测试仪三相电压输出（四根线）“U_A、U_B、U_C、U_N”接入RCS941保护屏“1D”端子排的15、16、17、18（注意合上1ZKK后，保护装置才会有交流电压）。微机型继电保护测试仪三相电流输出（四根线）“I_A、I_B、I_C、I_N”接入RCS941保护屏“1D”端子排的1、3、5、7号端子。将端子排的2、4、6、8号端子短接。继电保护测试仪开关量A（任意一组即可）与保护屏“1D”端子排的118、120号端子相接。

（2）打开RCS–941装置，按“上”键进入“菜单选择”，在“整定定值”菜单中改变定值如下。

①“保护定值”控制字中记录相间阻抗I段定值、正序阻抗角，“投Ⅰ段相间距离”置“1”。

②“压板定值”：“投Ⅰ段相间距离”置“1”；修改定值后输入密码方法为按保护装置上对应的四个按钮“+”“左”“上”“–”。

③硬压板：保护跳闸、投距离保护。

（3）继电保护测试仪设置。选择“状态序列”，如图9–9所示。

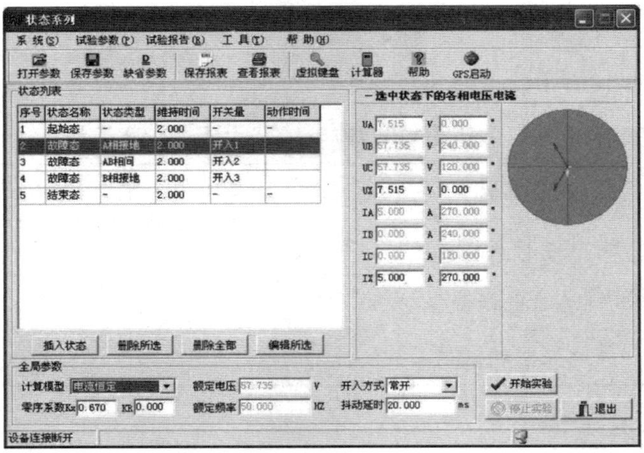

图9-9　GC630“状态序列”菜单

第一个状态为起始态（故障前状态），设为空载状态，即初始电压为正序电压，三相均为57.7V，初始相电流为0，时间15s，躲过TV断线。点击“添加”，第二个状态为故障状态，状态类型为ABC，短路电流设置I=5A，相间阻抗Ⅰ段定值，阻抗倍数0.95，改变阻抗角，测试不同方向的动作阻抗。注意：灵敏角应为正序阻抗角；若0.95倍未动作，可减小阻抗倍数。

（4）开始实验，故障前状态应约15s后，等TV断线灯熄灭，液晶上显示“距离Ⅰ段动作”，如图9-10所示，记录动作时间、动作相；记录下动作电压，停止实验。

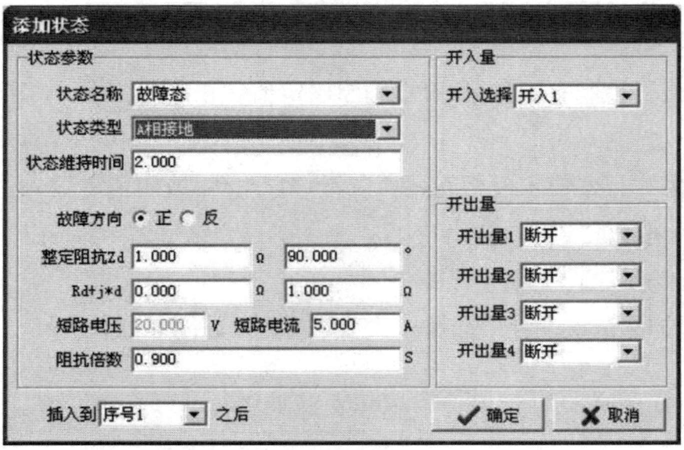

图9-10　故障状态设置

（5）改变阻抗角为70°、90°、110°、130°、150°、170°、50°、30°、10°（相应的动作阻抗值应事先算好），三相短路电流设置I=5A，每个角度的故障状态的电压按0.95倍及1.05倍值各做一次。记录下动作电压（0.95倍阻抗），不动作电压（1.05倍阻抗），也可自己再选择几个角度进行实验，记录入表9-11。

表9-11 阻抗特性实验记录

角度	灵敏角	70°	90°	110°	130°	150°	170°
动作电压							
不动作电压							
角度	50°	30°	10°				
动作电压							
不动作电压							

（6）加故障电流20A，故障电压0V，模拟三相反方向故障，距离保护应不动作。

（7）结束实验，关闭测试仪，打开屏后所有开关，使实验台调压器输出为0V，断开所有电源开关。

2.接地阻抗特性实验

实验步骤如下。

（1）实验准备同相间阻抗特性实验。

（2）打开RCS-941装置，按“上”键进入“菜单选择”，在“整定定值”菜单中改变定值如下：①“保护定值”控制字中记录接地阻抗I段定值、正序阻抗角、零序补偿系数K，“投Ⅰ段接地距离”置“1”。②“压板定值”，“投Ⅰ段接地距离”置“1”；修改定值后输入密码方法为按保护装置上对应的四个按钮“+”“左”“上”“-”。③硬压板，保护跳闸、投距离保护。

（3）继电保护测试仪设置。选择“状态序列”。第一个状态为故障前状态。初始电压为正序电压，三相均为57.7V，初始相电流为1A，时间15s以上。点击“添加”，第二个状态为故障状态，时间1s。改变阻抗角为70°、90°、110°、130°、150°、170°、50°、30°、10°，图9-10故障状态设置短路电流设置I=5A，故障电压U=0.95×（2+k）×I×$ZZD1$（$ZZD1$为距离Ⅰ段阻抗定值，K为零序补偿系数）情况下的单相（设为A相）正方向瞬时故障的各相电压与电流。注意灵敏角应为正序阻抗角。

（4）开始实验，故障前状态约15s后，TV断线灯灭，液晶上显示“距离Ⅰ段动作”，动作时间为10～30ms；记录下动作电压与动作电流值，停止实验。

（5）改变故障状态，三相短路电流设置I=5A，故障电压U=1.05×（2+k）×I×$ZZD1$。开始实验，故障前状态应能使灯保护充电，直至“充电”灯亮；约20s后，保护装置应不动作，停止实验。

（6）改变阻抗角为70°、90°、110°、130°、150°、170°、50°、30°、10°（相应的动作阻抗值应事先算好），三相短路电流设置I=5A，每个角度故障状态的故障电压按0.95倍及1.05倍值各做一次。记录下动作电压（0.95倍阻抗），不动作电压（1.05倍阻抗），也可自己再选择几个角度进行实验。将数据记录入表9-12。

（7）加故障电流20A、故障电压0V，模拟单相反方向故障，距离保护应不动作。

（8）结束实验，关闭测试仪，打开屏后所有开关，使实验台调压器输出为0，断开所有电源开关。

表9-12　阻抗特性实验记录

角度	灵敏角	70°	90°	110°	130°	150°	170°
动作阻抗							
不动作阻抗							
角度	50°	30°	10°				
动作阻抗							
不动作阻抗							

三、微机型变压器差动保护实验

（一）实验目的

（1）通过实验了解RCS-9671C型保护装置中差动元件的工作原理。

（2）测试差动速断保护，比率差动保护（经二次谐波制动），中、低侧过流保护，CT断线判别。

（3）通过实验加深对差动、制动、比率制动系数、谐波制动等概念的理解。

（二）试验设备

试验设备如表9-13所示。

表9-13　微机型变压器差动保护实验设备

序号	设备名称	单位	数量	备注
1	继电保护实验台	台	1	
2	RCS-9671输电线路保护柜	台	1	
3	继电保护测试仪	台	1	

（三）实验内容

1.差动采样值校验

实验步骤如下。

（1）实验准备（建议由教师事先完成）。注意220V直流电压由继电保护实验台提供。接入RRCK96保护屏“ZD”（直流端子排）的“ZD-1”（正极）、“ZD-11”（负极）（注意合上1ZK保护装置才能得电）。微机保护测试仪三相电流输出“I_A，I_N”接1D端子排的1、4号端子；“I_B”接端子排1D的13号端子，将保护屏“1D”第15号端子与第4号端子短接。测试仪开关量A与保护屏“PD”端子排1号端子及“ND”端子的1号相接。

（2）退开所有压板，采用测试仪“交流实验”菜单，本次实验的变压器接线组别为Y，d_{11}型。高压侧容量为31.5MVA，额定电压为110kV，CT变比为200/5（40），低压侧变压器容量为31.5MVA，额定电压为10kV，CT变比为2000/5（400）。得出变压器的高压侧额定电流Ie_1为7.14A，变压器低压侧额定电流Ie_4（对于保护装置的第四侧）为4.12A。

（3）起始动作电流I_{cdqd}取为0.3倍额定电流值，比率制动系数取为0.5，差动速断倍数取为5，保护装置的“二次谐波制动比”K_{xb}为0.15。谐波其他参数采用默认定值。

（4）在第一侧（高压侧I_A）通入Ie_1为7.14A，第四侧置0（低压侧I_B=0）进入“状态显示”→“采样值显示”→“保护CPU”观察采样值DI_A=1.0Ie时，这时输入的额定值正确，若采样值不为1.0Ie，则需改变I_A1的通入值，直到采样值显示为DI_A=1.0Ie，这时所输入的值即为额定电流值。

（5）在第四侧（低压侧IB）通入Ie_4为4.12A，第一侧置0（高压侧I_A=0），进入“状态显示”→“采样值显示”→“保护CPU”观察采样值DI_A=1.0Ie时，这时输入的额定值正确，若采样值不为1.0Ie，则需改变Ie_4的通入值，直到采样值显示为DI_A=1.0Ie，这时所输入的值即为额定电流值。

2.差动速断实验

接线不变，打开RCS-9671装置，按“上”键→菜单选择→装置整定，改变定值如下所述。

（1）“保护定值”中“差动速断”置“1”，修改定值后输入密码为000或001。

（2）“软压板修改”中“差动速断软压板”置“1”，修改定值后输入密码为000或001。定值修改后装置会闭锁，按下红色“复位”键装置重启。

（3）硬压板：投差动保护，差动保护跳高压侧。第一侧电流值不变，在第四侧（IB）通入大小为0.95*Ie1*Isdzd（Ie4为上述所测值，Isdzd为5倍）的电流，差动速断应可靠不动作；在第四侧（IB）通入大小为1.05*Ie*Isdzd（Ie4为上述所测值，Isdzd为5倍）的电流，差动速断应可靠动作，停止实验。

3.比率差动实验“差动速断软压板”

（1）启动电流实验如下所述。

①打开RCS-9671装置，按“上”键→菜单选择→装置整定，改变定值如下：a.“保护定值”中“比率差动”置“1”，修改定值后输入密码为000或001。b.“软压板修改”中“比率差动”置“1”，修改定值后输入密码为000或001。定值修改后装置会闭锁，按下红色“复位”键装置重启。c.硬压板，投差动保护，差动保护跳高压侧。

②接线不变，采用“交流实验”，第一侧电流不变，在第四侧（IB）通入大小为0.95*Ie_1*I_{cdqd}（Ie_4为4.12A，I_{cdqd}为0.3倍）的电流，比率差动应可靠不动作；第四侧（I_B）通入大小为1.05*Ie_4*I_{sdzd}（Ie_4为4.12A，I_{cdqd}为0.3倍）的电流，比率差动应可靠动作，停止实验。

（2）比率差动实验如下所述。

①接线不变，并保证Ia_1与Ia_4反向，Ia_4与Ic_4反向[以Ia_1为基准，Ia_1（0°）、Ia_4（180°）、Ic_4（0°）]。此时差流应为0，鼠标点击“测试”按钮，减小第一侧电流的大小，保持第四侧电流不变，直到比率差动保护动作，记下I_{a1}、I_{a4}的大小，代入计算式。

②测试仪设置：主界面如图9-11所示。

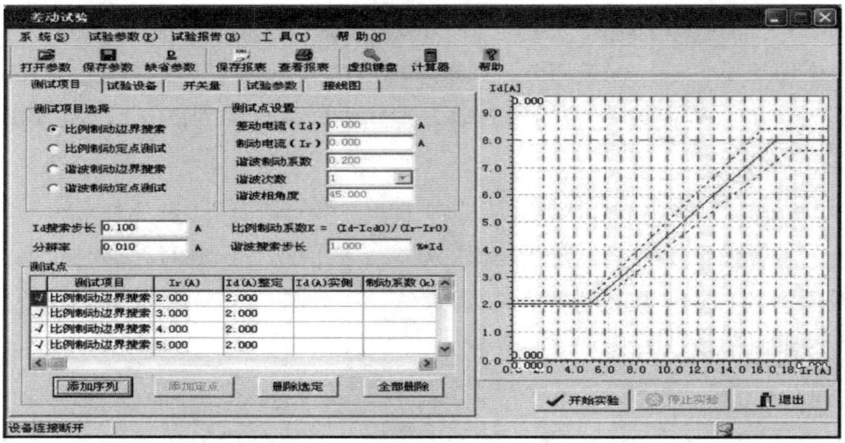

图9-11　比率制动测试主界面

测试仪进入“差动测试”菜单，“项目设置”界面设置。

测试项目设置为“比例制动”。点击按添加（序列）方式。搜索设置单边（由不动到作），单边精度为0.5*A*。

系统参数界面设置。

差动电流取为两侧电流相量差I_h-I_l制动电流定义为（｜I_h｜-｜I_l｜）/*k*、*K*=2。

其中，I_h为高压侧电流向量，｜I_h｜为高压侧电流有效值，I_l为低压侧电流向量，｜I_l｜为低压侧电流有效值。其他采样默认值。

系统参数中参数设置：差动电流门槛值=0.3*Ie_4，速断值=5*Ie_4；比例特性中可设置拐点及斜率，设置两个拐点，第一个拐点值为0.5*Ie_4，斜率为0.5，第二个拐点为3*Ie_4，斜率为1。

平衡设置：一方面可以设置变压器的接线方式，设置高压侧与中压侧与低压侧的平衡系数，另外可以在测试选择中选择要做的哪一侧对哪一侧（高→低、中→低、高→中），接线方式如图9-12、图9-13所示。

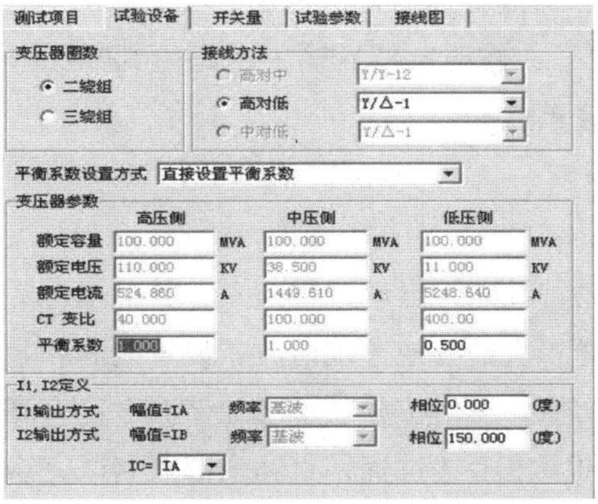

图9-12　实验参数设置界面

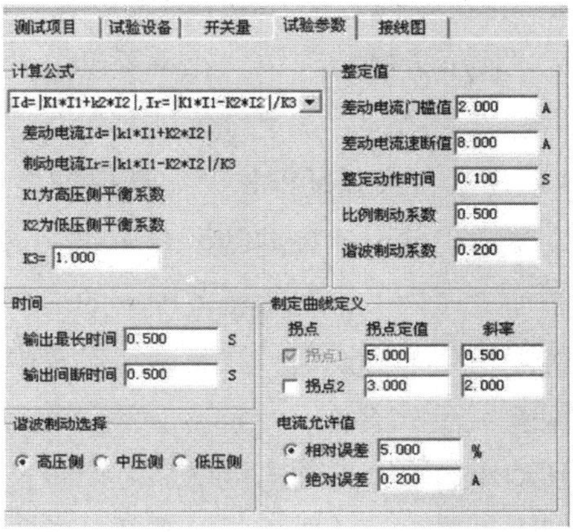

图9-13　平衡系数设置界面

选择直接设置平衡系数，设本次实验的变压器接线组别为Y，d_{11}型。高压侧容量为31.5MVA，额定电压为110kV，CT变比为200/5（40）、低压侧变压器容量为31.5MVA，额定电压为10kV，CT变比为2000/5（400）。

添加（序列）点击“添加（序列）”，将弹出一个对话框，在此菜单中设置制动电流I_z的变化始值、变化终值、变化步长，然后点击点数后面的灰框，自动按步长计算出所设范围内的测试点数；在此菜单中设置动作电流I_d的起点、终点，最后点击菜单中的“确定”，测试项目列表中将列出所设测试点，同时右边图中将自动画出搜索路径。

起始值：开始测试时输出的制动电流I_z的数值，设置为第一个拐点对应值，即0.5倍额定电流值。

终止值：与始值相对应，规定了制动电流I_z的变化范围为15A。

变化步长：相邻测试线之间制动电流I_z的差值，设置为1A。

点数：设定完变化始值、变化终值、变化步长后，自动出现所设范围内的测试点数。

起点：开始测试时输出的动作电流I_d的数值，设置为0。

终点：与起点相对应，规定了动作电流I_d的变化范围，动作电流Id在此范围内变化，设置为15A。

添加（序列）：把所设测试点添加到测试项目列表中，右边图中将自动画出搜索路径。

③开始实验，记录实验数据。停止实验。

（3）谐波制动实验如下所述。

①“I_B”接端子排1D的13号端子，“I_N”接1D端子排的4号端子，将保护屏“1D”第15号端子与第4号端子短接。测试仪开关量A与保护屏“PD”端子排1号端子及“ND”端子的1号相接。

②打开RCS-9671装置，按“上”键→菜单选择→装置整定，改变定值如下所述。

a.“保护定值”中“比率差动”置“1”，修改定值后输入密码为000或001。

b.“软压板修改”中“比率差动”置“1”，修改定值后输入密码为000或001。定值修改后装置会闭锁，按下红色“复位”键装置重启。

c.硬压板：投差动保护，差动保护跳高压侧。

③参数设置与比率差动设置相同。

添加（序列）：对给定范围内的谐波制动特性曲线自动进行搜索，其范围在“添加序列”的浮动菜单中设定，在测试点设置中选择二次谐波或五次谐波、设置谐波和基波之间的角度差。开始实验后，先输出差动电流的初值，然后按分辨率增加谐波含量直到保护动作找到动作边界；差动电流增加一个步长，再重复上述过程，直到全部点测试完毕。

搜索设置——单边为动→不动。精度为0.5%。

起始值：开始测试时输出的差动电流I_d的数值，设为7。

终止值：与始值相对应，规定了差动电流I_d的变化范围，差动电流I_d在此范围内变化，设为15。

变化步长——相邻测试线之间差动电流I_d的差值，设为1。

点数：设定完变化始值、变化终值、变化步长后，自动出现所设范围内的测试点数。

谐波角：谐波与基波之间的夹角，设为0。

起点——开始测试时输出的动作电流I_d的数值0。

终点——与起点相对应，规定了动作电流I_d的变化范围，动作电流I_d在此范围内变化30%。

④开始实验，在第一侧通入A相大小为3倍本侧二次额定值（$3Ie_1$）的电流，若其中二次谐波含量大于整定值，比率差动应不动作；若其中二次谐波含量小于整定值，比率差动应动作。

四、功率方向元件特性实验

（一）实验目的

（1）运用微机型继电保护测试仪测量电流和电压之间相角的方法。

（2）掌握微机保护功率方向元件的动作特性、接线方式及动作特性的实验方法。

（3）研究接入功率方向继电器的电流、电压的极性对功率方向继电器的动作特性的影响。

（二）实验设备

实验设备如表9-14所示。

表9-14 使用设备

序号	设备名称	单位	数量	备注
1	继电保护实验台	台	1	
2	RCS-941A输电线路保护柜	台	1	
3	9681变压器保护柜	台	1	
4	继电保护测试仪	台	1	

（三）变压器后备保护中方向元件

1.复合电压闭锁过电流保护用方向元件

方向元件采用正序电压极化，与电流元件接成按相启动方式。方向元件带有记忆功能以消除近处三相短路时方向元件的死区。装置通过控制字“过流保护方向指向”来控制方向过流保护的方向元件指向。当控制字“过流保护方向指向”整为“0”时，表示方向元件指向变压器，灵敏角为45°；整为“1”时，表示方向元件指向系统，灵敏角为225°。以三圈变高低压侧为例，接入装置的TA极性正极性端应在各自母线侧，Ih为高压侧电流，Il为低压侧电流，各侧电流方向均指向变压器。一般来说，装置作为高后备保护时，方向元件指向变压器，此时控制字“过流保护方向指向”应整为“0”；装置作为低后备保护时，方向元件指向低压侧母线及其出线，控制字“过流保护方向指向”应整为“1”。以上所指的方向均是指TA的正极性端在母线侧的情况，否则以上说明将与实际情况不符。

2.零序功率方向元件

装置通过控制字“零序保护方向指向”来控制零序过流保护的方向元件指向。当控制字“零序保护方向指向”整为“1”时，表示方向元件指向系统，灵敏角为45°；整为“0”时，表示方向元件指向变压器，灵敏角为225°。

（四）实验内容

线路零序电流方向元件

实验步骤如下所述。

（1）实验准备（建议由教师事先完成）。注意 220V 直流电压由继电保护实验台提供。接入 PRC-S941 保护屏“ZD”（直流端子排）的“ZD-1”（正极）、“ZD-11”（负极）（注意合上 1ZK 保护装置才能得电）。微机型继电保护测试仪三相电压输出（四根线）“$U_AU_BU_CU_N$”接入 RCS-941 保护屏“1D”端子排的 15、16、17、18（注意合上 1ZKK 后，保护装置才会有交流电压）。微机型继电保护测试仪三相电流输出（四根线）“$I_AI_BI_CI_N$”接入 RCS-941 保护屏“1D”端子排的 1、3、5、8 号端子。将端子排的 2、4、6、7 号端子短接。继电保护测试仪开关量 A（任意一组即可）与保护屏“1D”端子排的 118、120 号端子相接。

（2）打开RCS-941装置，按“上”键进入“菜单选择”，在“整定定值”菜单中改变定值如下所述。

①“保护定值”控制字中记录零序电流I段定值、零序灵敏角，投 I 段零序方向置“1”，TV断线留零 I 段置“1”。

②“压板定值”：投零序 I 段软压板；修改定值后输入密码方法为按保护装置上对应的四个按钮“+”“左”“上”“-”。

③硬压板：保护跳闸、投零序 I 段。

（3）继电保护测试仪设置。选择“状态系列”菜单。如图9-14所示。

①初始状态：电压为正序电压，三相均为57.7V，初始相电流为0，时间15s。

②故障状态：选择“任意状态”，设置A相电流I_a设为6.3A，相位为0_0，B相电流I_b、C相电流I_c设为0。

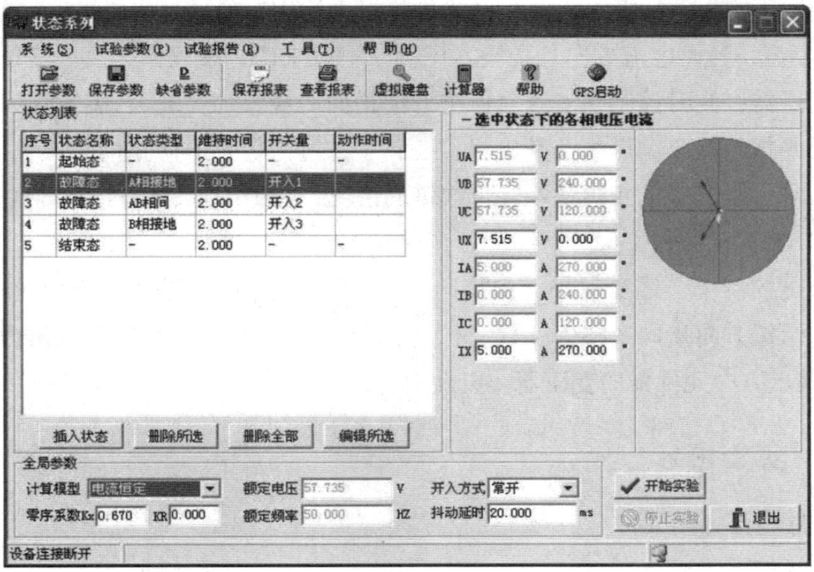

图9-14　GC630“状态系列”菜单

（4）开始实验，空载状态15s，TV断线灯灭后，进入故障状态，手动改变A相电流相位，找出两个动作边界。

（5）改变B相电流I_B设为6.3A，相位为0_0，A相电流I_b、C相电流I_c设为0，重新进行实验，记录的动作边界、灵敏角。

（6）改变C相电流I_C设为6.3A，相位为0，A相电流I_b、B相电流I_c设为0，重新进行实验，记录的动作边界、灵敏角。

（7）结束实验，关闭测试仪，打开屏后所有开关，使实验台调压器输出为0，断开所有电源开关。

（五）变压器功率方向元件

1.复合电压闭锁过电流方向元件

实验步骤如下所述。

（1）实验准备（建议由教师事先完成）。注意220V直流电压由继电保护实验台提供。接入RRCK96保护屏“ZD”（直流端子排）的“ZD-1”（正极）、“ZD-11”（负极）（注意合上1ZK保护装置才能得电）。微机型继电保护测试仪三相电压输出（四根线）“$U_AU_BU_CU_N$”接入保护屏“31D”端子排的12、13、14、15（注意合上31K、31ZKK后，保护装置才会有交流电压）。微机型继电保护测试仪三相电流输出（四根线）“$I_AI_BI_CI_N$”接入图9-14 GC630“状态系列”菜单保护屏“31D”端子排的1、2、3、4号端子。继电保护测试仪开关量A（任意一组即可）与保护屏“PD”端子排的3、“ND”端子排的3号端子相接。

（2）保护柜设置。打开RCS-9681装置，按“上”键→菜单选择→装置整定，改变定值如下：①“过流I段经复合电压闭锁”置“1”，其他II、III、IV、V、VI段维持原状；“过流I段经方向闭锁控制字”置“1”，其他II、III、IV、V、VI段维持原状；“过流保护方向指向”置“1”，“过流保护经其他侧复压闭锁”置“1”。②“软压板修改”中“过流I段”置“1”，修改定值后输入密码为000或001。定值修改后装置会闭锁，按下红色“复位”键装置重启。③硬压板——投复压过流，跳低压侧，跳高压侧。

（3）继电保护测试仪设置采用“交流实验”，界面如图9-15所示。设置电流及其初相位：A相电流I_a设为3.6（过流）A，相位为0_0；其他两相电流设为0A，相位随意。A相电压U_a设为30V，相位为225°；其他两相设为0，相位随意。手动改变A相电压相位，找到两个动作边界。

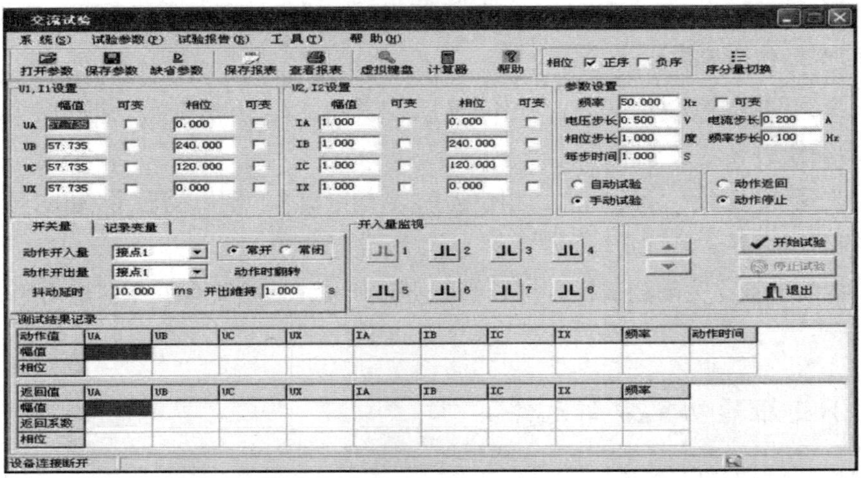

图9-15 GC630“交流实验”菜单

（4）记录两个动作边界，计算灵敏角结束实验。并根据整定值计算测试误差给出合格或不合格的评估。要求误差不大于5%。

（5）改变B相电流I_B设为3.6A，相位为0_0，A相电流I_b、C相电流I_c设为0，重新进行实验，记录的动作边界、灵敏角。

（6）改变C相电流I_C设为3.6A，相位为0_0，A相电流I_b、B相电流I_c设为0，重新进行实验，记录的动作边界、灵敏角。

2.零序电流方向元件

实验步骤如下。

（1）实验准备。220V直流电压由继电保护实验台提供。接入RRCK96保护屏“ZD”（直流端子排）的“ZD-1”（正极）、“ZD-11”（负极）（注意合上1ZK保护装置才能得电）。微机型继电保护测试仪三相电压输出（四根线）“U_A、U_B、U_C、U_N”接入保护屏“31D”端子排的12、13、14、15（注意合上31ZKK后，保护装置才会有交流电压）。微机型继电保护测试仪第四路电压输出“U_X”接入保护屏“31D”端子排的17号端子。微机型继电保护测试仪单相电流输出（两根线）“I_A、I_N”接入RRCK96保护屏“1D”端子排的8、9号端子。继电保护测试仪开关量A（任意一组即可）与保护屏“PD”端子排的“ND”端子排的3号端子相接。

（2）打开RCS-9681装置，进入“保护定值”菜单，改变定值如下：整定定值中“零序过流Ⅰ段-时限投入”控制字置“1”，其他段维持原状；“零序过流Ⅰ段-时限经方向闭锁”置“1”，其他段维持原状；“零序保护方向指向”置“1”；“过流保护经其他侧复压闭锁”置“1”，本测“PT”置“1”。投入“接地保护”硬压板（31LP2）、“本册PT退出”（31LP4）、“跳高压测”（31LP6）、“跳低压侧”（31LP8）；零序过流I段电流定值设为5A；时间为0.5s；修改定值后输入密码000或001。

（3）测试仪设置同线路零序方向元件测试，注意“U_A、U_B、U_C、U_N”按正常运行状态设置。

（4）开始实验，做好相应记录。

（5）“零序保护方向指向”置“0”，重新进行实验，做好相应记录。

（6）结束实验，关闭测试仪，打开屏后所有开关，使实验台调压器输出为0，断开所有电源开关。

第四节　电力系统自动装置实验

一、微机型110kV输电线路三相一次重合闸及低周减载装置实验

（一）实验目的

（1）了解电力系统对自动重合闸的基本要求。

（2）掌握三相一次自动重合闸装置的实现方法。

（3）理解三相一次自动重合闸装置的工作原理。

（4）了解低周减载装置的工作原理。

（二）试验设备

试验设备如表9-15所示。

表9-15　试验设备

序号	设备名称	单位	数量	备注
1	继电保护实验台	台	1	
2	RCS-941 输电线路保护柜	台	1	
3	继电保护测试仪	台	1	

（三）基本原理

1.输电线路三相自动重合闸原理

（1）基本要求。电力系统的输电线路特别是架空线路最容易发生故障，为提高输电线路运行的可靠性，在输电线路中广泛采用自动重合闸装置（简称“ARC”）。ARC装置应满足下列基本要求。

①自动重合闸装置可按控制开关位置与断路器位置不对应的原理启动，对综合重合闸装置，宜实现由保护同时启动的方式。

②用控制开关或通过遥控装置将断路器断开，或将断路器投于故障线路上，而随即由保护将其断开时，自动重合闸装置均不应动作。

③在任何情况下（包括装置本身的元件损坏，以及继电器触点粘住或拒动），自动重合闸装置的动作次数应符合预先的规定（如一次重合闸只应动作一次）。

④自动重合闸装置动作后，应自动复归。

⑤自动重合闸装置应能在重合闸后，加速继电保护的动作。必要时，可在重合闸前加速其动作。

⑥自动重合闸装置应具有接收外来闭锁信号的功能。特别是当断路器处于不允许实现重合闸的不正常状态（如断路器未储能）时，或当系统频率降低到按频率自动减负荷装置动作将断路器跳开时，能自动地将ARC闭锁。

（2）RCS-941保护装置中的重合闸逻辑。本装置重合闸逻辑，相关说明如下所述。

①本装置为三相一次重合闸方式，可根据故障的严重程度引入闭锁重合闸的方式。

②三相电流全部消失时跳闸固定动作。

③重合闸退出指定值中重合闸投入控制字置“0”。

④重合闸充电在正常运行时进行，重合闸投入、无TWJ、无控制回路断线、无TV断线或虽有TV断线但控制字“TV断线闭锁重合闸”置“0”，经10s后充电完成。重合闸由独立的重合闸启动元件来启动。当保护跳闸后或开关偷跳均可启动重合闸。

⑤重合方式可选用检线路无压母线有压重合闸、检母线无压线路有压重合闸、检线路无压母线无压重合闸、检同期重合闸，也可选用不检而直接重合闸方式。检线路无压母线有压时，检查线路电压小于30V且无线路电压断线，同时三相母线电压均大于40V时，检线路无压母线有压条件满足，而不管线路电压用的是相电压还是相间电压；检母线无压线路有压时，检查三相母线电压均小于30V且无母线TV断线，同时线路电压大于40V时，检母线无压线路有压条件满足；检线路无压母线无压时，检查三相母线电压均小于30V且无母线TV断线，同时线路电压小于30V且无线路电压断线时，检线路无压母线无压条件满足；检同期时，检查线路电压和三相母线电压均大于40V且线路电压和母线电压间的相位

在整定范围内时，检同期条件满足。正常运行时，测量Ux与U_A之间的相位差与定值中的固定角度。

⑥差定值比较，若两者的角度差大于10°，则经500ms报“角差整定异常”告警。

⑦重合闸条件满足后，经整定的重合闸延时，发重合闸脉冲为150ms。

2.低周减载原理

低周减载又称为自动按频率减负荷，是保证系统稳定的重要措施之一。当电力系统出现严重的有功功率缺额时，通过切除一定的非重要负荷来减轻有功缺额的程度，使系统的频率保持在事故允许限额之内，保证重要负荷的可靠供电。RCS-941保护装置的低周减载动作逻辑是：当三相均有流，系统频率低于整定值，且无低电压闭锁和滑差闭锁时，经整定延时，低周保护动作，低电压以相间电压为判据。

（四）实验内容

1.单侧电源三相重合闸实验（直接重合）

实验步骤如下所述。

（1）实验准备。

220V直流电压由继电保护实验台提供。接入PRCS941保护屏“ZD”（直流端子排）的“ZD-1”（正极）、“ZD-11”（负极）（注意合上1ZK保护装置才能得电，合上2ZK模拟断路器才能得电）。微机型继电保护测试仪四路电压输出（五根线）“U_A、U_B、U_C、U_Z”接入RCS941保护屏“1D”端子排的15、16、17、20、18（注意合上1ZKK后，保护装置才会有A、B、C三相交流电压代表母线电压，Uz代表线路电压）。微机型继电保护测试仪三相电流输出（四根线）“I_A、I_B、I_C、I_N”接入RCS941保护屏“1D”端子排的1、3、5、7号端子。将端子排的2、4、6、8号端子短接。继电保护测试仪开关量A与保护屏“1D”端子排的118、120号端子相接（保护装置跳闸信号），开关D与保护屏“1D”端子排的118、121号端子相接（保护装置合闸信号），打开RCS-941装置，合上相应的模拟断路器（DC）。

（2）打开RCS-941装置，按“上”键进入“菜单选择”，在“整定定值”菜单中改变定值如下：

①“保护定值”控制字中记录相间阻抗I段定值、正序阻抗角、重合闸时间，“投I段相间距离”置“1”，“投重合闸”置“1”，“投重合闸不检”置“1”。

②“压板定值”。“投I段相间距离”置“1”；修改定值后输入密码方法为按保护装置上对应的四个按钮“+”“左”“上”“-”。

③硬压板。保护跳闸，投距离保护，投重合闸。

（3）测试仪设置，可利用“状态系列”单元进行测试。其界面如图9-16所示。

第一个状态（起始态）：故障前状态，空载状态即初始电压为正序电压，三相均为

57.7V，初始相电流为0，时间为15s以上，躲过TV断线。

第二个状态：点击“添加”，显示如图9-17界面，故障状态（ABC），短路电流设置I=5A，相间阻抗I段定值，阻抗倍数0.95，时间为1s。注意：灵敏角应为正序阻抗角。

第三个状态（结束态）：故障后状态，时间为1s。

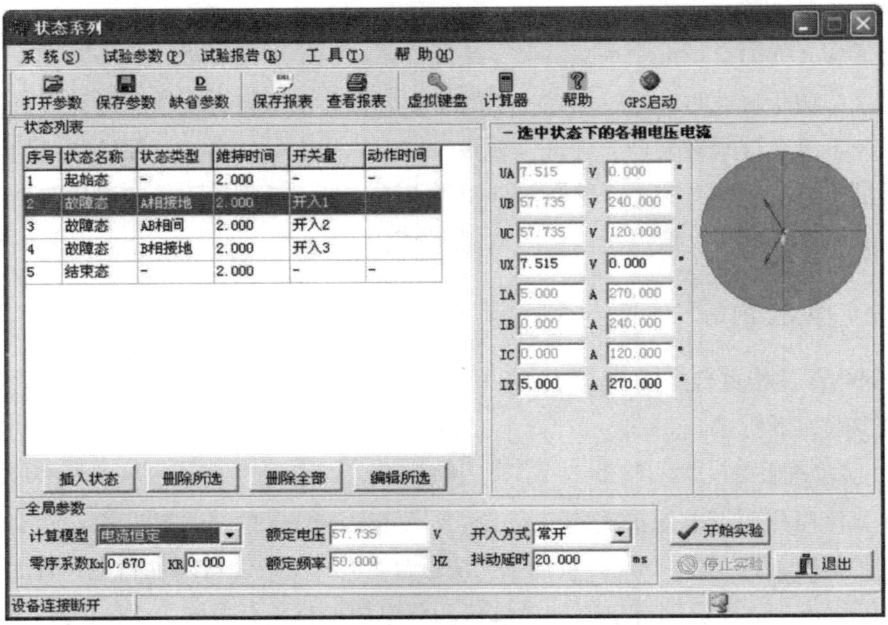

图9-16　GC630测试仪“状态系列”主界面

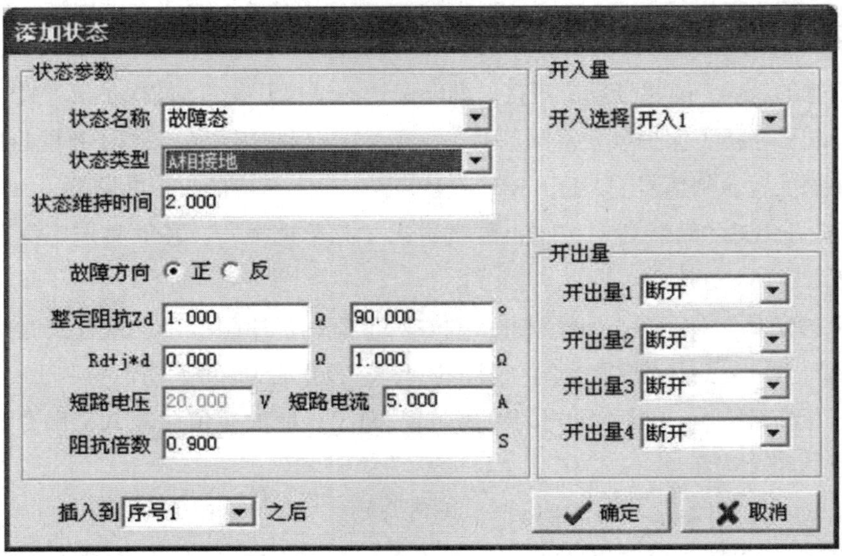

图9-17　GC630故障状态设置主界面

（4）开始实验，故障前状态应能使灯保护充电，直至“充电”灯亮；约15s后，装置面板上跳闸灯亮，紧接着重合闸灯亮，液晶上显示“距离Ⅰ段动作”“重合闸动作”等信息，记录动作时间、重合闸时间，停止实验。

2.双侧电源三相重合闸实验（检无压）

假设本侧为检无压侧，检查线路或母线的相电压小于30V时，检无压条件满足，实验步骤如下所述。

（1）实验接线不变，打开RCS941装置，按“上”键进入“菜单选择”，在“整定定值”菜单中改变定值如下：

①“保护定值”控制字中记录相间阻抗I段定值、正序阻抗角，检母线无压定值（30V），检线路无压定值（30V），“投Ⅰ段相间距离”置“1”，“投重合闸”置“1”，“检线无压母有压”置“1”。

②“压板定值”。“投Ⅰ段相间距离”置“1”，“投重合闸”置“1”；修改定值后输入密码方法为按保护装置上对应的四个按钮“+”“左”“上”“–”。

③硬压板：保护跳闸，投距离保护，投重合闸。

（2）测试仪设置，与上一部分实验类似故障前状态：$U_A=U_B=U_C=U_X=57.735V$，$I_a=I_b=I_c=0$，时间15s以上。

故障状态：ABCG，短路电流设置I=5A，相间阻抗I段定值，阻抗倍数0.95，时间为1s，$U_X=57.735V$。注意：灵敏角应为正序阻抗角。故障后状态：$U_A=U_B=U_C=57.735$，$U_X=31$，$I_a=I_b=I_c=0$，时间为1s。

（3）开始实验，故障前状态应能使灯保护充电，直至“充电”灯亮；约20s后，装置面板上跳闸灯亮，但重合闸灯不亮，液晶上显示“距离Ⅰ段动作”等信息，记录动作时间，停止实验。

（4）改变设置$U_z=29V$，重新开始实验，线路电压小于定值，重合闸应能动作。故障前状态应能使灯保护充电，直至“充电”灯亮；约15s后，装置面板上跳闸灯亮，紧接着重合闸灯亮，液晶上显示“距离Ⅰ段动作”“重合闸动作”等信息，记录动作时间、重合闸时间，停止实验。

3.双侧电源三相重合闸实验（检同期）

实验步骤如下所述。

（1）实验接线不变，打开RCS–941装置，按“上”键进入“菜单选择”，在“整定定值”菜单中改变定值如下。

①“保护定值”控制字中记录相间阻抗I段定值、正序阻抗角、同期合闸角定值，“投Ⅰ段相间距离”置“1”，“投重合闸”置“1”，“检线无压母有压”置“1”。

②“压板定值”。“投Ⅰ段相间距离”置“1”；修改定值后输入密码方法为按保护

装置上对应的四个按钮"+""左""上""-"。

③硬压板。保护跳闸，投距离保护，投重合闸。

（2）测试仪设置，与上一部分实验类似故障前状态：$U_A=U_B=U_C=U_X=57.735V$，$I_a=I_b=I_c=0A$，时间为15s以上；故障状态：ABCG，短路电流设置$I=5A$，相间阻抗I段定值，阻抗倍数0.95，时间为1s，$U_X=57.735V$。注意：灵敏角应为正序阻抗角。故障后状态：$U_A=U_B=U_C=U_X=57.735$，U_X相位为31°，$I_a=I_b=I_c=0$，时间1s。

（3）开始实验，故障前状态应能使等保护充电，直至"充电"灯亮；约20s后，由于线路抽取电压角度大于定值，所以保护动作，重合闸应不动作，装置面板上跳闸灯亮，但重合闸灯不亮，液晶上显示"距离Ⅰ段动作"等信息，记录动作时间，停止实验。

（4）其他参数不变，将"U_x"的角度改为29°，重新开始实验，重合闸应能动作。故障前状态应能使等保护充电，直至"充电"灯亮；约15s后，装置面板上跳闸灯亮，紧接着重合闸灯亮，液晶上显示"距离Ⅰ段动作""重合闸动作"等信息，记录动作时间、重合闸时间，停止实验。

4.低周减载动作值实验

（1）实验接线不变，打开RCS-941装置，按"上"键进入"菜单选择"，在"整定定值"菜单中改变定值如下。

①"保护定值"控制字中记录低周定值、滑差闭锁定值，"投低周保护"置"1"。

②"压板定值"——投低周保护。

③硬压板——投保护跳闸，低周减载。

（2）测试仪可利用"频率实验"单元进行测试。其主界面如图9-18所示。

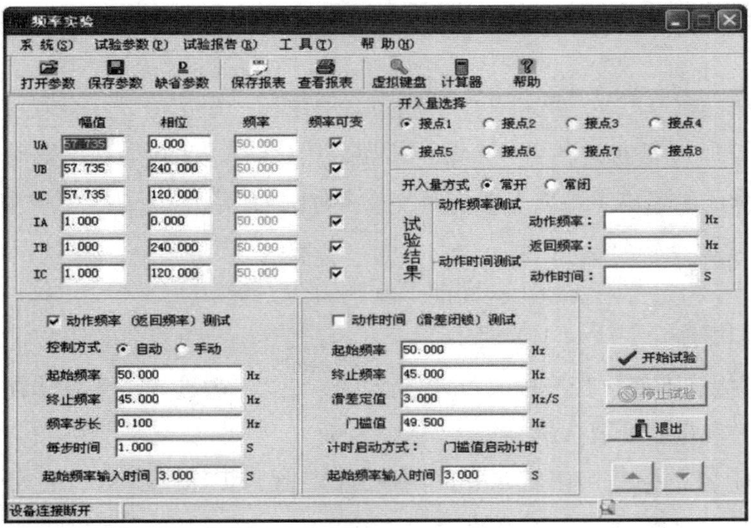

图9-18 GC630测试仪"频率实验"主界面

①选择“动作频率（返回频率）测试”，起始频率：一般取保护的额定频率（50Hz）。

②终止值：取能使保护可靠动作的频率。

③dF/dT：变化步长取能满足测试精度的值，一般取0.1Hz/s，df/dt取小于保护“dF/dT闭锁”的值。

④电压、电流采用默认值。

（3）开始实验，等TV断线恢复，模拟系统频率平滑降低至低周保护低频定值（误差不超过0.03Hz），装置面板上相应跳闸灯亮，液晶上显示“低周动作”，记录下低周减载动作频，停止实验。

5.低周减载滑差闭锁实验

（1）实验接线不变，打开RCS-941装置，按“上”键进入“菜单选择”，在“整定定值”菜单中改变定值如下所述。

①“保护定值”控制字中记录低周定值、滑差闭锁定值，“低周保护滑差闭锁”置“1”。

②“压板定值”：低周保护滑差闭锁。

③硬压板：投保护跳闸，低周保护滑差闭锁。

（2）测试仪可利用“频率实验”单元进行测试。选择“动作时间（滑差闭锁）测试”，如图9-19所示。电压、电流采用默认值，频率可变；起始频率、终止频率可采用默认值，输入不同的滑差定值。

（3）开始实验，模拟正常系统状态，当实验所加滑差小于低周滑差闭锁定值时，保护开放低周保护，当实验所加滑差大于低周滑差闭锁定值时，保护应可靠闭锁低周保护。记录下滑差动作值。

（4）结束实验，关闭测试仪，打开屏后所有开关，使实验台调压器输出为0V，断开所有电源开关。

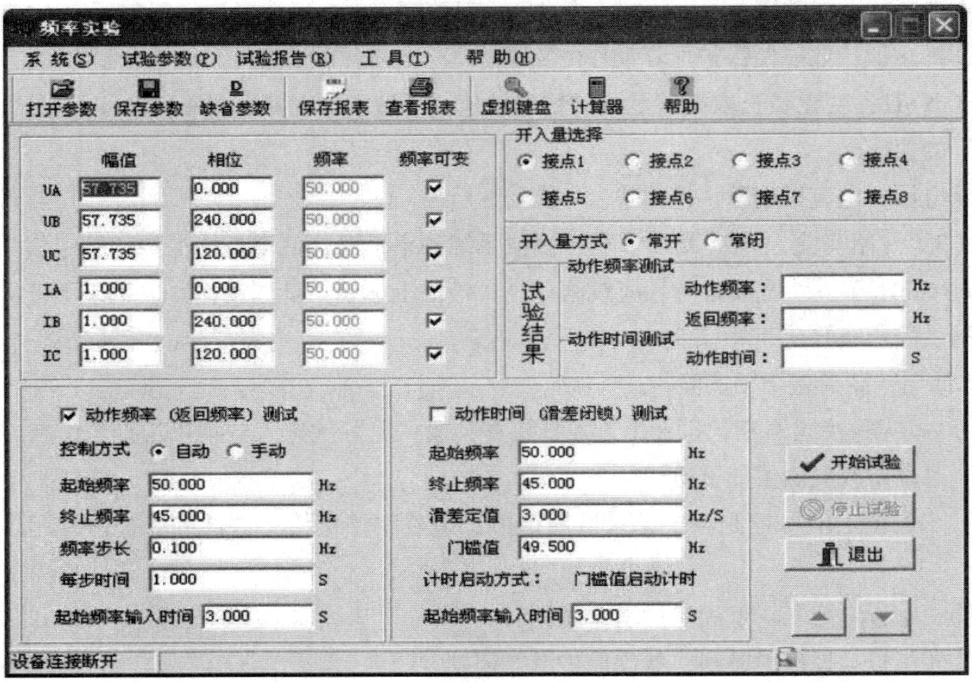

图9-19　频率、低周保护（*dF*/*dT*闭锁）设置界面

二、微机型备用电源自投装置实验

（一）实验目的

（1）了解电力系统对备用电源自动装置的基本要求。

（2）掌握备用电源自动装置的实现方法。

（3）理解备用电源和备用设备投入的工作原理。

（二）实验设备

实验设备如表9-16所示。

表9-16　实验设备

序号	设备名称	单位	数量	备注
1	继电保护实验台	台	1	
2	RCS-9651自动装置柜	台	1	
3	继电保护测试仪	台	1	

（三）基本原理

单母线分段或桥断路器的接线方式如图9-20所示，图中母线I二次电压由$TV1$获得；母线II二次电压由$TV2$获得；线路L_1二次电压由$TV3$获得；线路L_2二次电压由$TV4$获得；流过线路L_1、L_2、母联的二次电流分别由$TA1$、$TA2$、$TA3$获得。L_1及L_2均是工作电源正常运行时工作母线分段运行，进线1开关$QF1$合闸，给母线1供电，进线2开关$QF2$合闸，给母线2供电，分段开关$QF3$分闸，两端母线互为备用。当I母（或II母）失电时，$QF1$（或$QF2$）分闸，$QF3$合闸，迅速恢复对用户供电。这种母线I或母线II既是工作电源又起备用的方式称为暗备用方式。

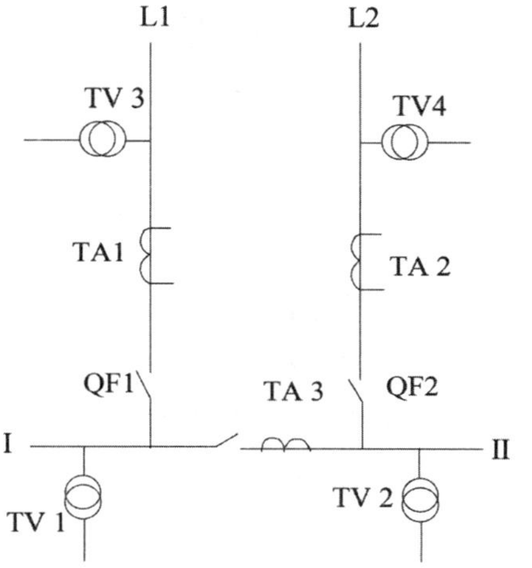

图9-20　母线分段的备用方式

实际运行中，对于图9-21所示的系统，有以下的备用电源工作方式。

方式1——$QF3$合闸，母线I、II并列为一条母线，由L_1供电，$QF2$断开，如I、II母失电，则跳开$QF1$后，$QF2$自动合上，母线I、II由L_2供电。

方式2——$QF3$合闸，母线I、II并列为一条母线，由L_2供电，$QF1$断开，如I、II母失电，则跳开$QF2$后，$QF1$自动合上，母线I、II由L_1供电。

方式3——母线Ⅰ、II分列运行，分别为L_1线、L_2线供电，如I母失电，则跳开$QF1$后，$QF3$自动合上，母线I由L_2供电。

方式4——母线I、II分列运行，分别为L_1线、L_2线供电，如II母失电，则跳开$QF2$后，$QF3$自动合上，母线I由L_1供电。对AAT的要求是。

（1）工作电源断开后，备用电源才允许投入。以防备用电源投入故障元件。

（2）备自投只允许动作一次。当工作母线发生永久故障时，AAT动作，因故障仍存在，继电保护加速动作将备用电源断开，不允许AAT再次动作，以免造成不必要的冲击。

为此，AAT在动作前应有足够的准备时间（类似于重合闸的充电时间），通常为10～15s。

（3）AAT的动作时间以尽可能短为原则，停电时间短对用户有利，但对电动机可能造成冲击。运行实践证明，在有高压大容量电动机的情况下，AAT的时间以1~1.5s为宜，低电压场合可减小到0.5s。

（4）手动跳开工作电源时，备自投不应动作。

（5）应有切换备自投工作方式及闭锁备自投装置的功能。

（6）备用电源不满足有压条件，备用电源自投装置不应动作。电力系统故障有可能使工作母线、备用母线同时失电，此时AAT不应动作，以免负荷由于AAT动作而转移。特别是对一个备用电源对多段工作母线备用的情况，如此时AAT动作造成所有工作母线上的负荷全部转移到备用电源上，易引起备用电源过负荷。

工作母线失压时还必须检查工作电源为无流状态，才能启动备自投，以防止TV二次三相断线造成误动。

本实验采用RCS-9651C型备用电源自投保护测控装置可实现各电压等级、不同主接线方式（内桥、单母线、单母线分段及其他扩展方式）的备用电源自投逻辑和分段（桥）开关的过流保护和测控功能。其备自投逻辑为分段（或桥）断路器和进线（或双圈/三圈变压器）两种电气元件的备用电源自投功能，包括四种备自投方式。方式1和方式2：对应1#和2#进线（或变压器）互为明备用的两种动作方式。方式3和方式4：对应通过分段（或桥）断路器实现Ⅱ母和Ⅰ母互为暗备用的两种动作方式（图9-21）。

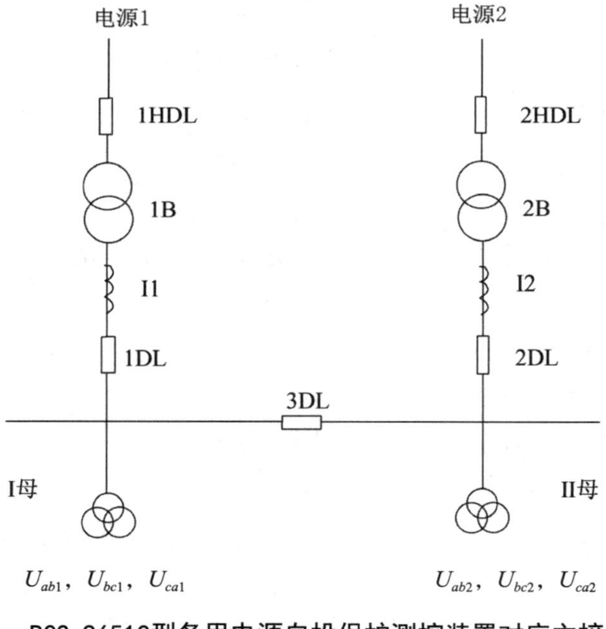

图9-21　RCS-9651C型备用电源自投保护测控装置对应主接线方式

（四）实验内容

1.备自投方式1

实验步骤如下。

（1）实验准备（建议由教师事先完成）。注意220V直流电压由继电保护实验台提供。接入RRCK96保护屏“ZD”（直流端子排）的“ZD-1”（正极）、“ZD-11”（负极）（注意合上51K保护装置才能得电，还要通过2K、21K、22K给模拟断路器供给直流电）。微机型继电保护测试仪三相电压输出（四根线）“U_A、U_B”接入保护屏“51U_D”端子排的1、3号端子，“U_C、U_Z”接入保护屏“51D”端子排的4、6号端子，将“51U_D”端子排的2、5号端子短接，接回测试仪的“U_N”（注意合上51ZKK、52ZKK后，保护装置才会有交流电压）。

（2）打开RCS-9651装置，按“上”键进入“菜单选择”，在“装置整定”菜单中改变如下定值。

①“保护定值”：“自投方式1”置“1”。

②“软压板修改”：“备自投投入软压板”置“1”，“自投方式 1 软压板”置“1”；修改定值后输入密码为 000 或 001。定值修改后装置会闭锁，按下红色“复位”键装置重启。

③硬压板：进线1合，进线2合，进线1跳，进线2跳。

（3）开始实验，操作模拟断路器（DC），进线1开关合位，进线2开关分位。

（4）通过测试仪“交流实验”菜单加两段母线三相正常电压，设置A、C两相电压幅值为100V，相位均为0°；设置B、Z两相电压幅值均为100V，相位均为60°，确认没有外部闭锁自投开入量。经备自投充电延时，面板显示自投方式1充电标志充满。

（5）断开51ZKK、52ZKK即两段母线三相电压，或将A、B两相及C、Z两相电压降至“无压定值”以下（断开测试仪的功放电源或停止测试），确认进线1电流无输入，装置面板上跳闸灯点亮，跳电源1出口继电器闭合，液晶上显示“自投跳电源1”动作，“自投合电源2-1”动作。

（6）记录动作过程，停止实验。

2.备自投方式2

实验步骤如下。

（1）实验准备同上。

（2）打开RCS-9651装置，按“上”键进入“菜单选择”，在“装置整定”菜单中改变如下定值。

①“保护定值”：“自投方式2”置“1”。

②“软压板修改”：“备自投投入软压板”置“1”，“自投方式 2 软压板”置“1”；

修改定值后输入密码为000或001。定值修改后装置会闭锁，按下红色“复位”键装置重启。

③硬压板：进线1合，进线2合，进线1跳，进线2跳。

（3）开始实验，操作模拟断路器（DC），进线1开关分位，进线2开关合位。

（4）通过测试仪“交流实验”菜单加两段母线三相正常电压，设置A、C两相电压幅值为100V，相位均为0_0；设置B、Z两相电压幅值均为100V，相位均为60_0，确认没有外部闭锁自投开入量。经备自投充电延时，面板显示“自投方式2”充电标志充满。

（5）断开51ZKK、52ZKK即两段母线三相电压，或将A、B两相及C、Z两相电压降至“无压定值”以下（断开测试仪的功放电源或停止测试），确认进线2装置面板上跳闸灯点亮，跳电源2出口继电器闭合，液晶上显示“自投跳电源2”动作，“自投合电源1–1”动作。

（6）记录动作过程，停止实验。

3.备自投方式3

实验步骤如下。

（1）实验准备同上。

（2）打开RCS–9651装置，进入“保护定值”菜单，整定定值控制字中“自投方式3”置“1”，相应“软压板”状态置“1”，“备自投总投退软压板”状态置1。

（3）开始实验，操作模拟断路器，进线1开关、进线2开关手合位置（HWJ、KKJ为1），分段开关分位，加两段母线三相正常电压（大于“有压定值”），确认没有外部闭锁自投开入，经备自投充电延时，面板显示“自投方式3”充电标志充满。

（4）通过测试仪“手动实验”菜单加两段母线三相正常电压，设置A、C两相电压幅值为100V，相位均为0_0；设置C、Z两相电压幅值均为100V，相位均为60_0，确认没有外部闭锁自投开入量。经备自投充电延时，面板显示“自投方式3”充电标志充满。

（5）断开51ZKK即I段母线三相电压，或将A、B两相电压降至“无压定值”以下，确认进线1电流无输入，装置面板上跳闸灯点亮，跳电源1出口继电器闭合，液晶上显示“自投跳电源1”动作；在“开关拒跳放电延时”之前，进线1开关跳开（TWJ1变为1），经方式3、4合闸延时，装置面板上合闸灯点亮，合分段出口继电器闭合，液晶上显示“自投合分段”动作。

（6）记录动作过程，停止实验。

4.备自投方式4

实验步骤如下。

（1）实验准备同上。

（2）打开RCS–9651装置，进入“保护定值”菜单，整定定值控制字中“自投方式4”置“1”，相应“软压板”状态置“1”，“备自投总投退软压板”状态置1。

（3）开始实验，操作模拟断路器，进线1开关、进线2开关手合位置（HWJ、KKJ为1），分段开关分位，加两段母线三相正常电压（大于“有压定值”），确认没有外部闭锁自投开入，经备自投充电延时，面板显示“自投方式4”充电标志充满。

（4）通过测试仪“手动实验”菜单加两段母线三相正常电压，设置A、C两相电压幅值为100V，相位均为0_0；设置C、Z两相电压幅值均为100V，相位均为60_0，确认没有外部闭锁自投开入量。经备自投充电延时，面板显示“自投方式3”充电标志充满。

（5）断开52ZKK，即II段母线三相电压，或将C、Z两相电压降至“无压定值”以下，确认进线2电流无输入，装置面板上跳闸灯点亮，跳电源1出口继电器闭合，液晶上显示“自投跳电源2”动作；在“开关拒跳放电延时”之前，进线2开关跳开（TWJ1变为1），经方式3、4合闸延时，装置面板上合闸灯点亮，合分段出口继电器闭合，液晶上显示“自投合分段”动作。

（6）记录动作过程，停止实验。

第五节　电工测量实验

一、电工仪表的基本误差和电路叠加性、替代性研究

（一）实验目的

（1）熟悉直流电压表、直流电流表、万用表的使用。

（2）熟悉电工仪表的准确度等级和基本误差的计算方法。

（3）熟悉测量结果的有效数字表示方法。

（4）加深对叠加定理和替代定理的理解。

（5）验证叠加定理只适用于线性电路，而替代定理则对线性电路和非线性电路均适用。

（二）实验原理与说明

1.直接测量直流电压、直流电流、中值电阻

将电源或电阻箱的指示数值作为真值，计算仪表测量值的误差，从而认识仪表的基本误差与仪表准确度等级的关系。

2.叠加定理

在多个电源共同作用的线性电路中，它们在任意一个支路中所产生的电压和电流响应，等于各个电源分别单独作用时在该支路所产生的电压和电流响应的代数和。当某个电源单独作用时，将其余电源均以零值代替，即将电压源以短路代替，电流源以开路代替。

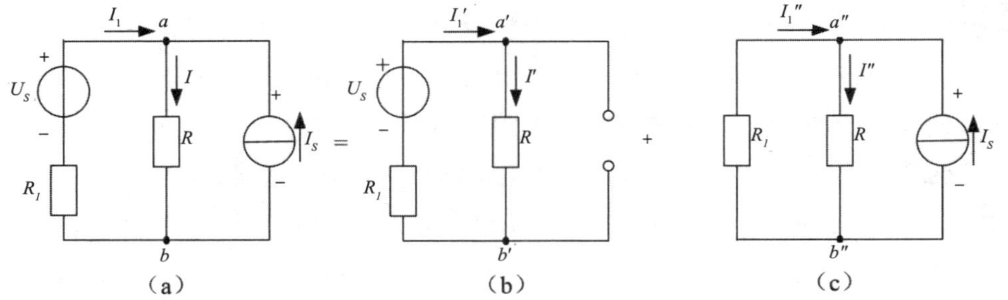

图9-22 叠加定理

如图9-22（a）所示，电源共同作用时在R支路上产生的电流为I，图9-22（b）为电压源单独作用的电路，在R支路上产生的电流为I'，图9-22（c）为电流源单独作用的电路，在R支路上产生的电流为I''，则根据叠加定理有$I=I'+I''$。注意：叠加定理只适用于线性电路，对非线性电路是不适用的。

3.替代定理

若电路中某支路的电压为U、电流为I，则此支路可用$U_S=U$的电压源或$I_S=I$的电流源代替，替代前后，电路中各支路电压、电流不变。

（三）实验内容

1.直流电压的测量及仪表的基本误差计算

将直流稳压源的输出逐一调至表9-17中各电压值，用万用表直流电压挡逐次测量各电压，将测量结果填入表9-17中；以直流稳压源电压读数作为理论值，计算万用表测量结果的绝对误差，与最大绝对误差比较大小。

表9-17 直流电压的测量结果

直流稳压源电压	1V	5V	9V	5V	15V	30V
万用表读数	10V量程，最大绝对误差			50V量程，最大绝对误差		
绝对误差						

注：所有测量数据都必须用有效数字表示。

2.直流电流的测量及仪表的基本误差计算

将直流稳流源的输出逐一调至表9-18中各电流值，分别用直流电流表、万用表直流电流挡逐次测量各电流，将测量结果填入表9-18中；以直流稳流源电流读数作为理论值，分别计算直流电流表、万用表测量结果的绝对误差，与最大绝对误差比较大小。

表9-18　直流电流的测量结果

直流稳流源电流		0.60A	1.00A	1.80A
直流电流表（2A量程），最大绝对误差	读数			
	绝对误差			
万用表（5A量程），最大绝对误差	读数			
	绝对误差			

注：所有测量数据都必须用有效数字表示。

3.中值电阻的测量及仪表的基本误差计算

将可调电阻箱的阻值逐一调至表9-19中各电阻值，用万用表欧姆挡（×1）逐次测量这三个电阻，将测量结果填入表9-19中，计算相对误差。注意在测量前先调零。

表9-19　电阻的测量结果

电阻箱的电阻值	15Ω	45Ω	100Ω
万用表读数			
相对误差			

注：所有测量数据都必须用有效数字表示。

4.接线

按图9-23接线，稳压二极管（型号：1N4734A）接入电路时的极性如图9-23所示，它处于反向工作状态，其稳定电压为5.5～6.5V。测量电压源单独作用及共同作用时的各支路电流I_1、I_2、I和电压U_{ab}。将测量数据记录在表9-20中。

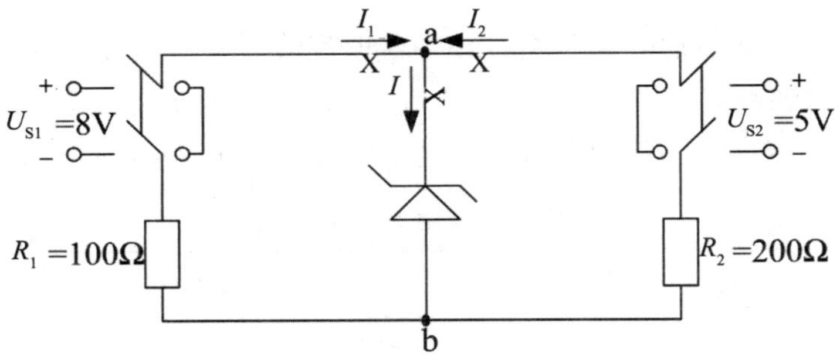

图9-23　实验接线图

表9-20　稳压二极管

电阻箱的电阻值	I_1（mA）	I_2（mA）	I（mA）	U_{ab}（V）
U_{s1}单独作用				
U_{s2}单独作用				
U_{s1}、U_{s2}共同作用				

5.计算在电压源共同作用时替代稳压二极管的电阻值

根据表 9–18 的测量值计算在电压源共同作用时替代稳压二极管的电阻值（$R=U_{ab}/I$），并在电阻箱上取此值，替代稳压二极管接入电路，电路如图 9–24 所示。测量电压源单独作用及共同作用时的各支路电流 I_1、I_2、I 和电压 U_{ab}。将测量数据记录在表 9–21 中，并验证叠加定理。

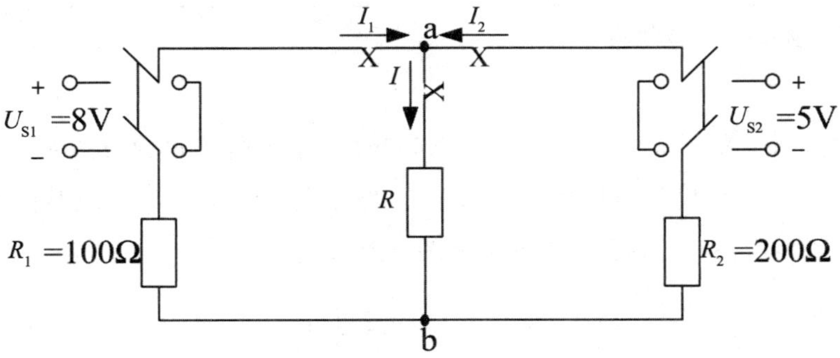

图9-24　实验接线图

表9-21　线性电阻

电阻箱的电阻值	I_1（mA）	I_2（mA）	I（mA）	U_{ab}（V）
U_{s1}单独作用				
U_{s2}单独作用				
U_{s1}、U_{s2}共同作用				

注：所有测量数据都必须用有效数字表示。

（四）实验报告

（1）列出测量数据表格并记录；根据电阻箱的铭牌，写出各电阻的绝对误差；说明应用万用表测量电阻时，电阻倍数如何选择。

（2）依据实测数据验证叠加定理，并验证叠加定理不适用于非线性电路。

（3）验证替代定理并说明其适用情况。

（4）将测量结果与理论值比较，分析产生误差的主要原因。

（5）计算表9-21中I_1+I_2的结果，并与I的测量结果比较；如果不相等，说明原因。

（五）实验设备

实验设备如表9-22所示。

表9-22　实验设备

序号	仪表设备名称	数量	备注
1	直流电源	1	
2	100Ω、200Ω、稳压二极管	1	
3	可调电阻箱（ZX38A/10型）	1	
4	交直流电流表（D26-A）	1	
5	电流插座	3	
6	电流插头	1	
7	双刀双投开关	2	
8	万用表（MF47）	1	
9	直流毫安表	1	

二、有源一端口的等效电路和测量误差的分析

（一）实验目的

（1）用实验法得到有源一端口网络的等效电路。

（2）加深对等效概念的理解。

（3）验证最大功率传输定理。

（4）分析测量误差产生的原因并估算。

（二）实验原理与说明

1.定理

戴维南定理指出：任何一个线性有源二端网络，对其外部而言，都可以用一个电压源和电阻相串联的支路等效代替。其中，电压源的电压为有源二端网络开路时的开路电压U_{oc}，电阻为原网络除源后的等效电阻R_{eq}。

诺顿定理指出：任何一个线性有源二端网络，对其外部而言，都可以用一个电流源和电阻相并联的支路等效代替。其中，电流源的电流为有源二端网络短路时的短路电流I_{sc}，电阻为原网络除源后的等效电阻R_{eq}。

2.开路电压的测量

当有源二端网络的等效电阻R_{eq}与电压表的内阻相比可以忽略不计时，可以用电压表直接测量有源二端网络的开路电压U_{oc}。

3.短路电流的测量

当电流表的内阻与有源二端网络的等效电阻R_{eq}相比可以忽略不计时，可以用电流表直接测量有源二端网络的短路电流I_{sc}。

4.等效电阻的测量

（1）开路电压、短路电流法：分别测量有源二端网络的开路电压U_{oc}和短路电流I_{sc}，则等效电阻$R_{eq}=U_{oc}/I_{sc}$。

（2）将有源二端网络内的所有独立电源除去，使被测网络成为无源二端网络，直接用万用表欧姆挡测量R_{eq}。

（3）外加电压法：将有源二端网络内的所有独立电源除去，使被测网络成为无源二端网络，然后在端口上加一个电压源U，测量流入网络的电流I（或在端口上加一个电流源I，测量网络的端电压U），则等效电阻$R_{eq}=U/I$。

（三）实验内容

1.测定有源一端口网络的伏安特性（等效前）

将R_{eq}填入表格，改变R_L值，从开路到短路，测定端点数据U、I记录于表9-23（等效前）。

表9-23　有源一端口网络的伏安特性（等效前）

R（Ω）	∞	500	200				Req				70	50	20	0
U（ ）	Uoc=													
I（ ）														Isc=
P（ ）														

注：（1）为了使绘制负载的P（I）曲线准确平滑，应在负载R_L获得最大功率时，在附近适当多测几点；

（2）所有测量数据都必须用有效数字表示。

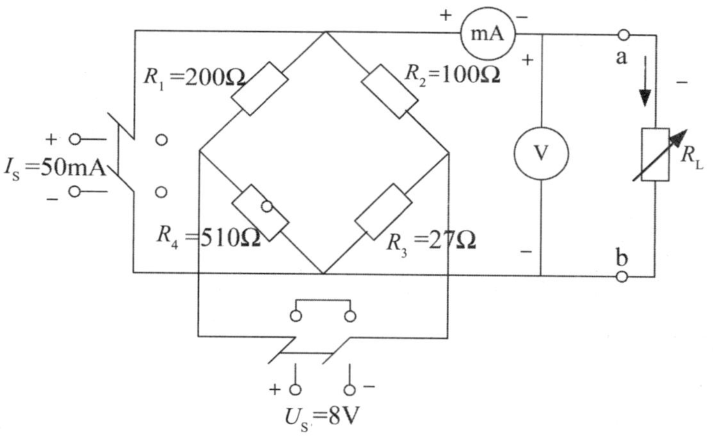

图9-25　有源二端网络伏安特性

2.直接测定有源二端网络的等效电阻

将图9-26中的网络除源，即电流源视为开路，电压源视为短路，构成图9-26电路，用万用表欧姆挡直接测量该无源二端网络的电阻，即为图9-25有源二端网络的等效电阻。

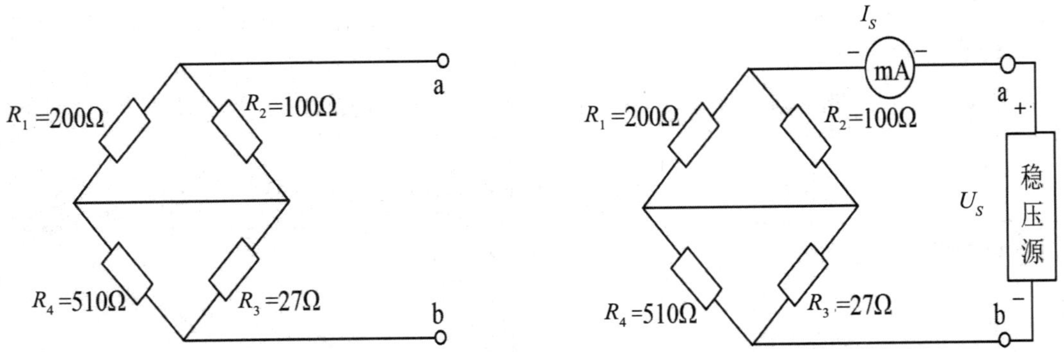

图9-26　无源二端网络

3.用伏安法测定有源二端网络的等效电阻

在图9-26的端口处，即ab两端外加电压U_s，如图9-27所示，测量相应的电压U_s和电流I_s，则$R_{eq}=U_s/I_s$。

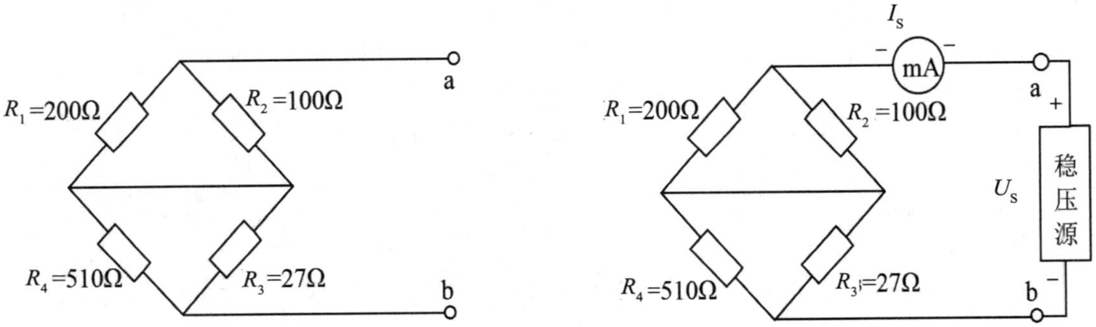

图9-27　有源二端网络伏安特性（外加电压法）

4.验证戴维南定理（等效后）

根据测得的开路电压U_{oc}及等效电阻R_{eq}，构成戴维南等效电路，如图9-28所示，将所测数据填入表9-24（等效后）。

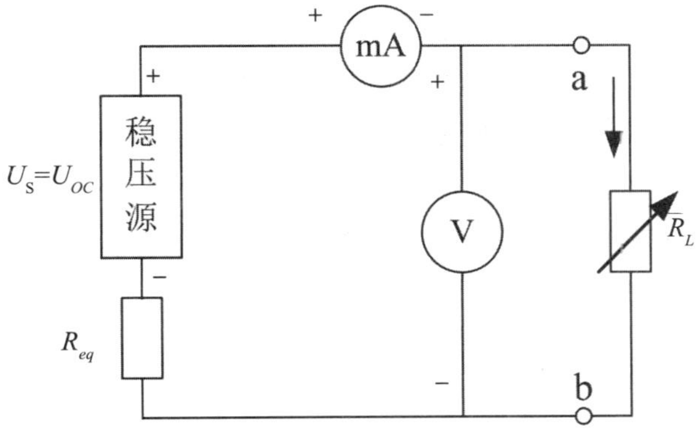

图9-28　验证戴维南定理

表9-24　验证戴维南定理（等效后）

R（Ω）	∞	500	200				R_{eq}				70	50	20	0
U（ ）	U_{oc}=													
I（ ）														I_{sc}=
P（ ）														

注：所有测量数据都必须用有效数字表示。

5.验证诺顿定理（等效后）

根据测得的短路电流I_{sc}及等效电阻R_{eq}，构成诺顿等效电路，如图9-29所示，将所测数据填入表9-25（等效后）。

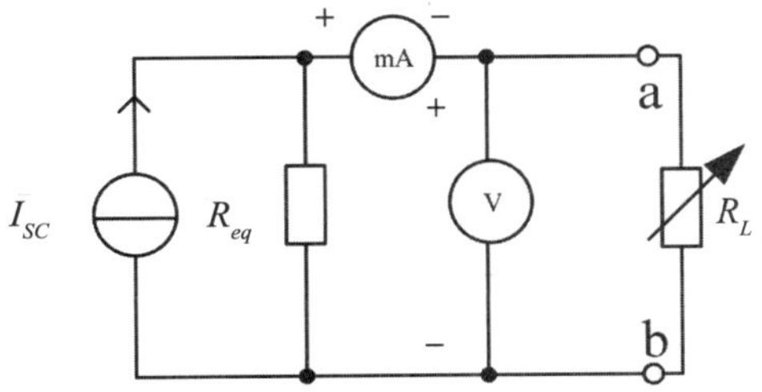

图9-29　验证诺顿定理

表9-25　验证诺顿定理（等效后）

R（Ω）	∞	500	200				R_{eq}				70	50	20	0
U（ ）	U_{oc}=													
I（ ）														I_{sc}=
P（ ）														

注：所有测量数据都必须用有效数字表示。

（四）实验报告要求

（1）列出测量数据表格，记录并完成表中计算。

（2）分析采用开路电压、短路电流法间接测量R_{eq}时，采用直接测量R_{eq}时，采用伏安法测量R_{eq}时，误差产生的原因。

（3）绘制等效前后电路的伏安特性曲线U（I）和功率特性曲线P（I），并进行对比，验证戴维南定理、诺顿定理和最大功率传输定理。

（五）实验设备

实验设备如表9-26所示。

表9-26　实验设备

序号	仪表设备名称	数量	备注
1	直流电源	1	
2	可调电阻箱	2	
3	27Ω、100Ω等电阻网络	1	
4	万用表（MF47）	1	
5	直流毫安表	1	
6	双刀双投开关	2	

三、交流电表的使用及电路功率因数的提高

（一）实验目的

（1）掌握交流电压表、交流电流表的使用方法。

（2）掌握功率表的接线和使用方法。

（3）了解日光灯的结构和工作原理。

（4）掌握电路提高功率因数的方法，观察改变与感性负载并联的电容值对电路电流及功率因数的影响，了解提高功率因数的意义。

（5）观察复联电路中，负载端电压可能出现电压升高的现象。

（二）实验原理与说明

（1）发电机或变压器把电能经输电线传输给负载的电路，可由图9-30所示的线路图示意，在工频交流电时，当输电线路不长，电压不高，线路阻抗Z_L可以看成电阻R_L和感抗X_L相串联的结果。若输电线的始端（供电端）电压为U_1，终端（负载端）电压为U_2，负载

阻抗和负载功率分别为$Z_2=R_2+jX_2$和P_2，负载功率因素为$\cos\varphi_2$，则：

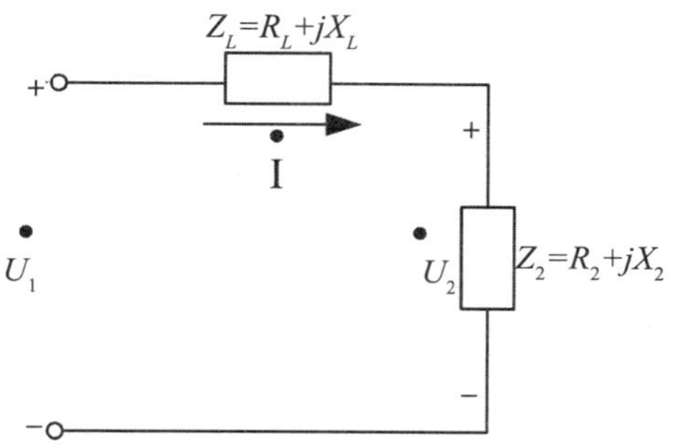

图9-30　输电线路示意

线路上的电流为：

$$I=\frac{P_2}{U_2\cos\varphi_2} \tag{9-12}$$

线路上的压降为：

$$\Delta U=U_1-U_2 \tag{9-13}$$

线路上的功率损失为：

$$\Delta P=P_1-P_2=I^2R \tag{9-14}$$

式中，P_1为输电线路始端测得的功率。

（2）在工业及生活用电中，一般感性负载比较多，如电动机、日光灯等，其功率因数较低。当负载的端电压一定时，功率因数越低，输电线上的电流越大，导线上的压降越大，由此导致电能损耗增加，传输效率低，发电设备上的能量不能充分利用，从经济效益来说是一个损失。因此应设法提高电路的功率因数。通常是在负载端并联电容器，这样电容器的容性无功就补偿负载所需的感性无功，使电路的功率因数得到提高，而负载的工作条件并未发生改变。线路上的总电流减小、线路压降减小、线路损耗降低，因此提高了电源设备的利用率和传输效率。

（三）实验内容

1.了解日光灯的基本数据

（1）按图9-31接线，日光灯部分实际由两个日光灯并联而成。

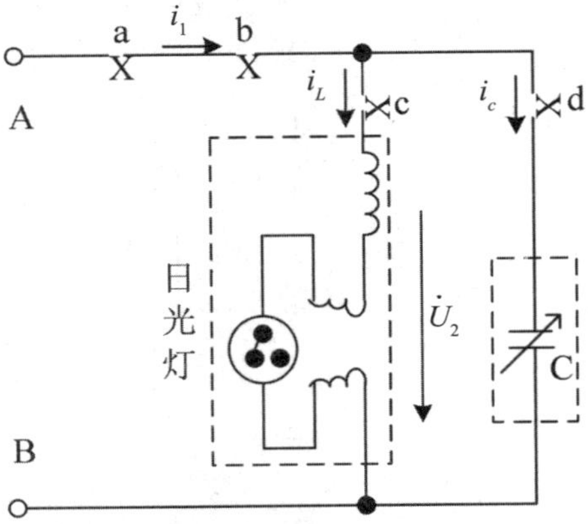

图9-31　功率因数的提高

（2）本实验先不接入电容。

（3）灯管、镇流器、起辉器要按虚线框中示意接好，组成日光灯电路，将日光灯电路接通电源，调节调压器逐渐将输出电压调到额定电压，灯管亮，表示进入正常工作状态。

（4）观察日光灯的启动情况，调节调压器的输出电压为220V，观察启辉器及日光灯的启动过程。

（5）测量镇流器的电压和灯管的电压：镇流器电压为V_1，灯管的电压为V_2。

2.感性负载与电容器并联

（1）按图9-31接线。

（2）调节负载端电压（U）至220V。

（3）分别在负载端不并电容、并3.5μF电容、并7μF电容、并11μF电容四种情况下，用交流电流表分别测量电路总电流I_1、负载电流I_L、电容电流I_C，用功率表测量负载的功率P_2及电路的功率P_1，将测量数据记入表9-27中。并根据测量结果计算电路的功率因数cosφ。注：在元件箱上若没有该数值电容，则可通过电容的串并联实现。

（4）单相功率表接法（本实验中），如图9-32所示。

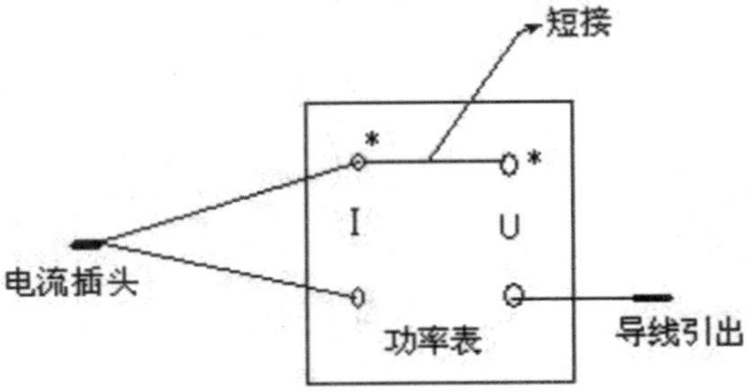

图9-32　功率表的接法

如测量电路的功率P_1，在图9–31电路中，电流插头插在插孔a上，引出导线接在电路的B端位置。

如测量负载的功率P_2，在图9–31电路中，电流插头插在插孔c上，引出导线接在电路的B端位置。

表9–27 感性负载与电容器并联

数据测量		不并电容	并3.5μF电容	并7μF电容	并11μF电容
测量	负载端电压U_2（V）				
	总电流I_1（A）				
	负载电流I_L（A）				
	电容电流I_C（A）				
	总功率P_1（W）				
	负载功率P_2（W）				
计算	功率因数$\cos\varphi$				

3.感性负载与电容器并联后再与线路阻抗串联

（1）在图9–31所示的电路中，端钮a与b之间串入一只空心线圈（用空心线圈来代替线路阻抗），其他接线如图9–31所示。

（2）调节调压器的输出电压使得负载端电压U_2为220V。

（3）分别在负载端不并电容、并3.5μF电容、并7μF电容、并11μF电容四种情况下，用交流电压表分别测量调压器的输出电压U_1、串联空心线圈的电压U_L，用交流电流表测量总电流I_1、电源端总功率P_1、负载端（并联部分）的功率P_2，将测量数据记入表9–28中，并根据测量结果计算电路的功率因数$\cos\varphi$。

表9–28 感性负载与电容并联后再与线路阻抗串联

数据测量		不并电容	并3.5μF电容	并7μF电容	并11μF电容
测量	负载端电压U_2（V）				
	电源端电压U_1（V）				
	线路阻抗电压U_L（V）				
	总电流I_1（A）				
	总功率P_1（W）				
	负载功率P_2（W）				

续表

数据测量		不并电容	并3.5μF电容	并7μF电容	并11μF电容
计算	功率因数cosφ				
	线路功率损耗				
	线路电压损失				

（四）实验设备

实验设备如表9-29所示。

表9-29　实验设备

序号	仪表设备名称	数量	备注
1	交流电源	1	
2	单相调压器	1	
3	交直流电压表（D26-V）	1	
4	交直流电流表（D26-A）	1	
5	交直流功率表（D26-W）	1	
6	空心线圈	1	
7	电容箱	1	
8	电流插头	2	
9	电流插座	4	
10	日关灯排	1	

四、互感电路的研究

（一）实验目的

（1）用直流法和交流法测定互感线圈的同名端。

（2）测定互感系数的方法。

（二）实验原理与说明

1.同名端的测定

两个有磁耦合的线圈如图9-33所示，当电流i_1从1端钮流入、电流i_2从2端钮流入时，若由i_1产生的交链于第2个线圈的互感磁链Ψ_{12}与由i_2产生的自感磁链Ψ_{22}方向一致，则1、2两端为此对偶线圈的同名端，反之则为异名端。同名端取决于两个线圈的实际绕向以及它们之间的相互位置。根据同名端的定义，确定两个互感线圈同名端的实验方法较多，可根据具体条件选择。

（1）直流法。如图9-34所示，在开关K闭合瞬间，线圈2的两端将产生互感电压，直流电压表就会偏转，若电压表指针正偏，则与直流电压源正极相联连的端钮1和与直流电压表正极性相连的端钮2为同名端，若指针反偏，则1与2′为同名端。

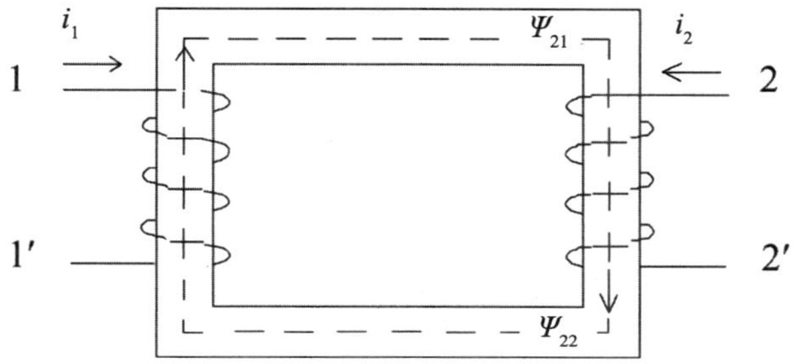

图9-33　原理图

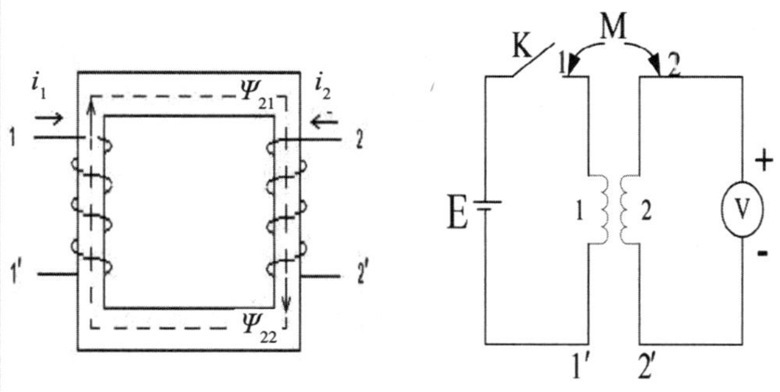

图9-34　直流法测量同名端

（2）交流法。设两个耦合线圈的自感分别为L_1与L_2，电阻忽略不计，它们之间的互感为M。当一个线圈接至正弦交流电源时，则另一个线圈的互感电压也为同频率的正弦量。如图9-35（a）所示，若I_1与U_2的参考方向对同名端一致时，则U_1与U_2几乎同相；反之，则为反相。所以，在两线圈中任选一端用导线连接起来，如图9-35（b）所示。若$U_3=|U_1-U_2|$，则相连两端1′与2′为同名端（1与2也为同名端）；若$U_3=U_1+U_2$，则不相连端1与2′为同名端（1′与2也为同名端）。

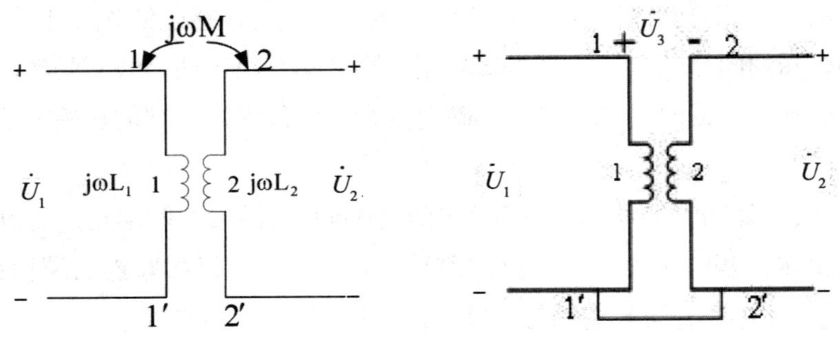

（a）

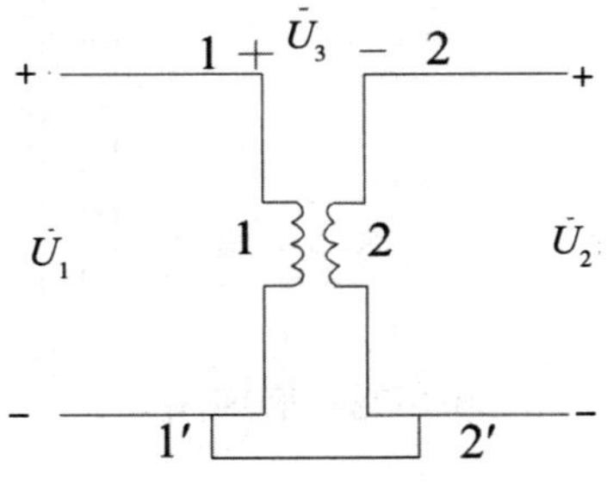

（b）

图9–35　交流法测同名端

2.互感M的测定

（1）互感电压法。如图9–36（a）所示，若电压表内阻足够大，则有：

$$U_2 = \omega M_{21} I_1 \tag{9–15}$$

$$M_{21} = \frac{U_2}{\omega I_1} \tag{9–16}$$

同样，在图9–36（b）中有：

$$M_{12} = \frac{U_1}{\omega I_1} \tag{9–17}$$

则有：

$$M_{12} = M_{21} = M \tag{9–18}$$

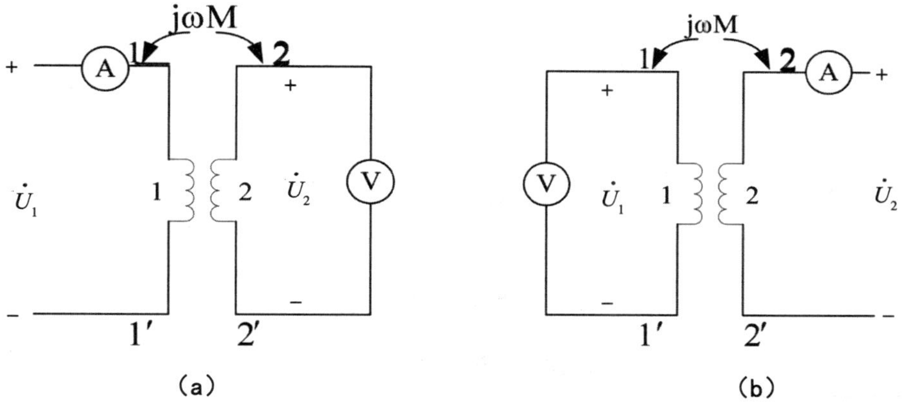

图9-36　互感电压法测M

（2）等效电感法。用三表法（电流表、电压表、功率表）测出两个耦合线圈正向串联和反向串联的等效电感$L_{正}$和$L_{反}$，再分别测出两个线圈的等效电感L_1和L_2，则可得互感系数M和耦合系数K为：

$$M=\frac{L_{正}-L_{反}}{4} \tag{9-19}$$

$$K=\frac{M}{\sqrt{L_1L_2}} \tag{9-20}$$

（三）实验内容

1.两种方法测定耦合线圈的同名端

（1）直流法：按图9-34接线，直流电压源电压为3V，直流电压表用万用表直流电压2.5V挡位，正极接万用表探棒。闭合开关K，若电压表正偏，则1、2位同名端；反之，1、2为同名端。

（2）交流法：按图9-37接线，调节调压器的输出使电流表为0.5A，将测量的数据U_1、U_2、U_3填入表9-30中。

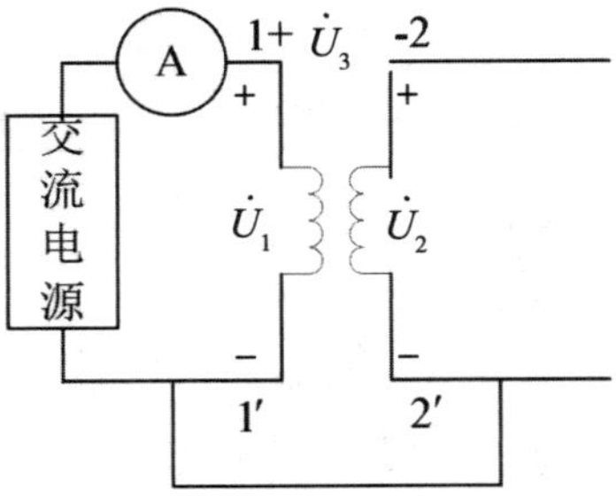

图9-37 交流法测同名端

表9-30 交流法测同名端

测量 数据	U_1	U_2	U_3
U（V）			
计算	U_3=U_1___U_2		
结论	___与___为同名端		

2.互感M及耦合系数的测定

（1）互感电压法。按图9-36接线，保持电流表读数为0.5A，记下U_2。使两线圈接线互换，即线圈1接电压表，线圈2接电流表，测出U_1，数据记录于表9-31。

表9-31 互感电压法测M

接电源线圈	测量值		计算值
线圈1	I_1= 0.5A	U_1=	M_{21}=
线圈2	I_2= 0.5A	U_2=	M_{12}=

（2）等效电感法。如下图9-38所示，保持电流表为0.5A，测出电压表读数U和功率表读数P，数据记录于表9-32中。

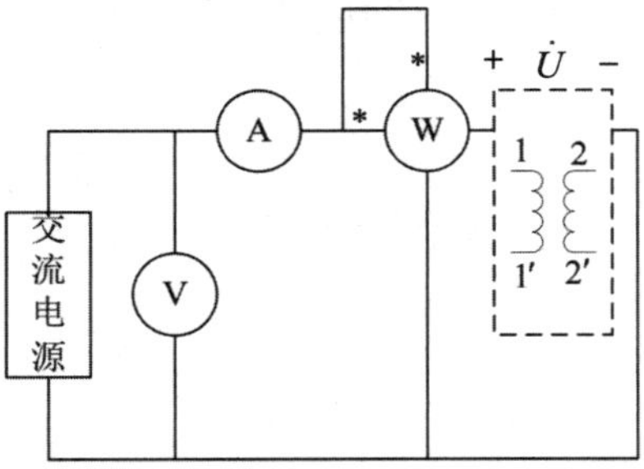

图9-38 等效电感法测量M

需分别测以下四种情况：线圈正向串联、线圈反向串联、线圈1、线圈2的电压表读数U和功率表读数P，记录到表9-32中。

表9-32　等效电感法测M

数据元件	测量值			
	U（V）	I（A）	P（W）	L（H）
线圈正向串联		0.5		$L_{正}$=
线圈反向串联		0.5		$L_{反}$=
线圈1		0.5		L_1=
线圈2		0.5		L_2=

（四）实验设备

实验设备如表9-33所示。

表9-33　实验设备

序号	仪表设备名称	数量	备注
1	交流电源	1	
2	交直流电压表（D26-V）	1	
3	交直流电流表（D26-A）	1	
4	交直流功率表（D26-A）	1	
5	互感线圈	1	
6	万用表（MF47）	1	MF-47
7	直流电源	1	

五、对称三相电路和不对称三相电路

（一）实验目的

（1）掌握三相负载的星形连接和三角形连接的方法，验证三相对称电路中线电压与相电压、线电流与相电流之间的关系。

（2）了解三相四线制供电系统中中线的作用。

（3）观察三相电路中发生短路和断路故障时各相电压和电流的情况。

（二）实验原理与说明

（1）在负载星形联接的三相电路中，通常有三相三线制和三相四线制的连接形式。在三相负载接成星形且有中线时，不论负载是否对称，负载相电压U_P即电源相电压，负载的线电压U_L即电源线电压，所以有$U_L=\sqrt{3}\,U_P$的关系，且有$I_L=I_P$。不同的是，负载对称时，中线电流$I_N=0$；负载不对称时，$I_N\neq 0$。若无中线时，负载对称时，由于中点电压为零，即$U_{N'N}=0$，三相负载相电压保持对称，仍有$U_L=\sqrt{3}\,U_P$的关系；负载不对称时，负载的中点与电源的中点发生中点位移，即$U_{N'N}\neq 0$，故负载相电压不对称。

（2）三相负载接成三角形时，因为线电压等于相电压，即$UL=U_P$，所以，不论负载对称与否，各相电压总是对称的（在忽略线路阻抗时）；不同的是，负载对称时，相电流也对称，线电流也对称，且线电流为相电流的$\sqrt{3}$倍，即$IL=\sqrt{3}\,I_P$；负载不对称时：上述关系不成立。

（三）实验内容

1.了解实际电源的对称性

测量电源的线电压及相电压，并记录于表中。

2.三相负载星形联接

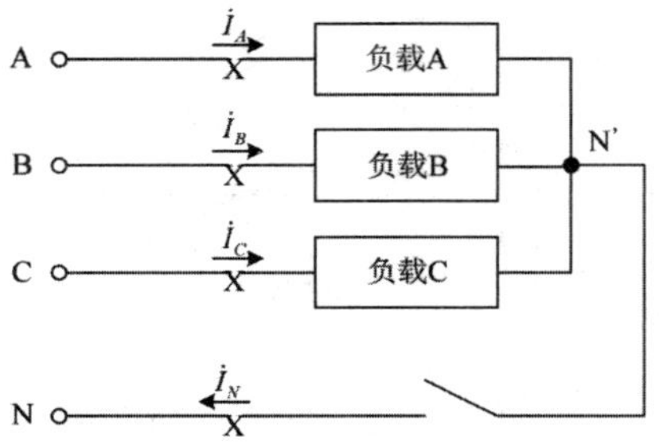

图9-39　三相负载的星形联结

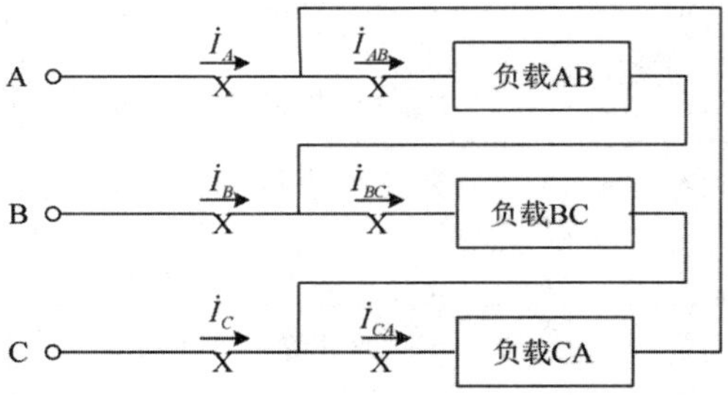

图9-40　三相负载三角形联结

按图9-39正确接线。三相联调将电源线电压调至220V，测量不同情况下三相星形负载的线电压、相电压、线电流、中点电压和中线电流。测量情况为以下四种。

（1）三相负载对称：每相负载为4只25W的灯泡两两串联后并联。

（2）三相负载不对称：A相负载为2只25W的灯泡串联，其余两相不变。

（3）A 相负载断路，其余各相不变。以上三种情况都需考虑有中线和无中线两种情况。

（4）无中线时，A相负载短路。

3.三相负载三角形联结

按图9-40正确接线。三相联调将电源线电压调至220V，测量不同情况下三相三角形负载的线电压、相电压、线电流、相电流。测量情况为以下四种。

（1）三相负载对称：每相负载为4只25W的灯泡两两串联后并联。

（2）三相负载不对称：A相负载为2只25W的灯泡串联，其余两相不变。

（3）AB相负载断路，其余各相不变。

（4）端线A线断路，各相负载恢复对称，此情况下还应测量断开处的电压$U_{A',A}$。

（四）实验报告要求

（1）将测量数据记录于各表中。

（2）用实验数据验证对称三相电路中线量和相量之间的关系。

（3）三相四线制系统中，三相负载对称，若电源A线断路，观察三相负载的电压、电流情况。

（4）用实验数据和观察到的现象，总结三相四线制供电系统中中线的作用。

（5）根据实验数据，作下列情况的相量图：①星形负载无中线不对称及A相断路时的相电压及中点电压的相量图；②星形负载有中线A相断路时的线电流及中线电流的相量图；③星形负载无中线A相短路时的相电流的相量图；④三角形负载不对称时的线电流和相电流的相量图。

（五）实验设备

实验设备如表9–34所示。

表9–34　实验设备

序号	仪表设备名称	数量	备注
1	交流电源	1	
2	三相调压器	1	
3	交直流电压表（D26–V）	1	
4	交直流功率表（D26–A）	1	
5	白炽灯排	3	
6	电流插座	6	
7	电流插头	1	
8	开关		

六、三相电源的相序和电路的功率测量

（一）实验目的

（1）掌握三相交流电路相序的测量方法。

（2）掌握采用“二瓦计”法、“三瓦计”法测量三相电路有功功率的方法及适用场合。

（3）掌握采用“三表跨相法”测量三相电路的无功功率的方法。

（二）实验原理与说明

1.相序指示器

图9-41为相序指示器电路，用来测定三相电源的相序，由一个电容器和两个组白炽灯组成，如果连接电容器的一相是A相，接通电源调到接近额定电压时，白炽灯较亮的一相是B相，较暗的一相是C相。

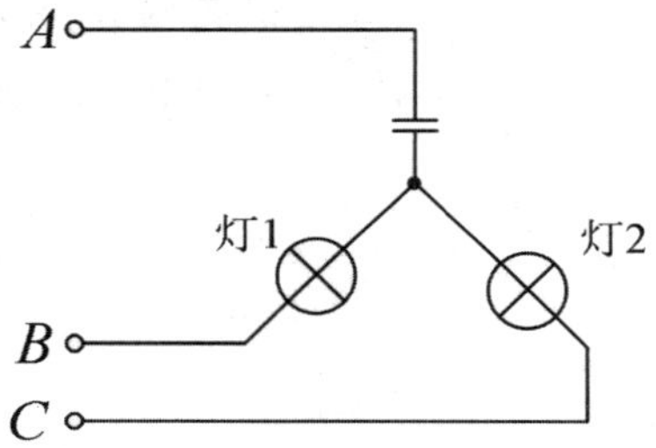

图9-41　相序指示器

2.三相电路的有功功率的测量

（1）三相三线制供电，不论三相负载是否对称，也不论三相负载是星形还是三角形连接，都可以用两只功率表测量三相负载的有功功率，如图9-42所示。两只功率表的电路回路分别串入任意两条线中（图示为A、C线），电压回路的“*”端接在电流回路的“*”端，非“*”端共同接在第二相线上（图示为B线）。两只功率表读数的代数和等于待测的三相功率。

（2）三相四线制供电，负载星形连接，对于三相对称负载，用一只功率表测量某一相的功率即可，若功率表的读数为P_0，则三相总功率$P=3P_0$，称为“一瓦计”法。对于三相不对称负载，用三只功率表测量，如图9-43所示，三个功率表的读数分别为P_1、P_2、P_3，则三相功率等于$P=P_1+P_2+P_3$，称为“三瓦计”法。

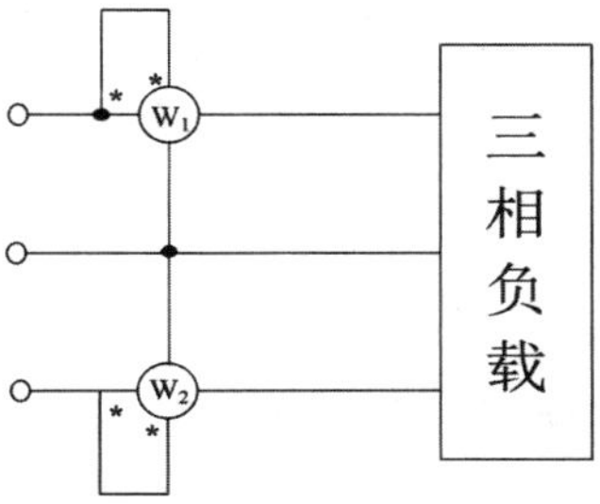

图9-42　二瓦计法测有功功率

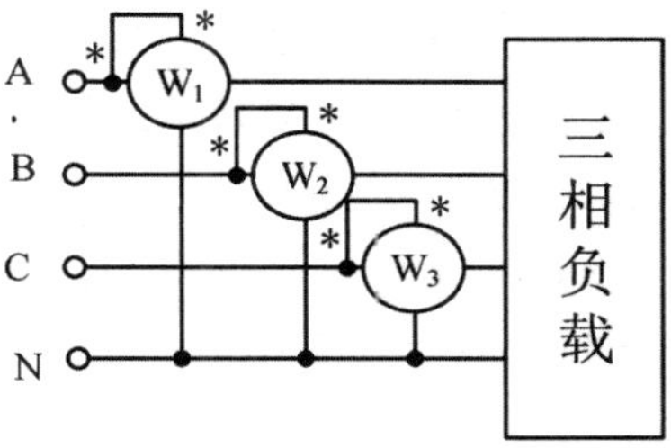

图9-43　三瓦计法测有功功率

3.三相电路无功功率的测量

（1）对称三相电路无功功率的测量。

①一表跨相法：如图9-44所示，即将功率表的电流回路串入任一相线中（如A线），电压回路的“*”端接在按正相序的下一相上（B相），非“*”端接在下一相上（C相），将功率表读数乘$\sqrt{3}$即得出对称三相电路的无功功率Q。

②二表跨相法：接线如图9-45所示，对称三相电路的无功功率为两只功率表的读数之和乘$\sqrt{3}/2$，即$Q=（W_1+W_2）\times\sqrt{3}/2$。

③用测量有功功率的二瓦计法计算三相无功功率：按式$Q=\sqrt{3}（W_1-W_2）$算出。

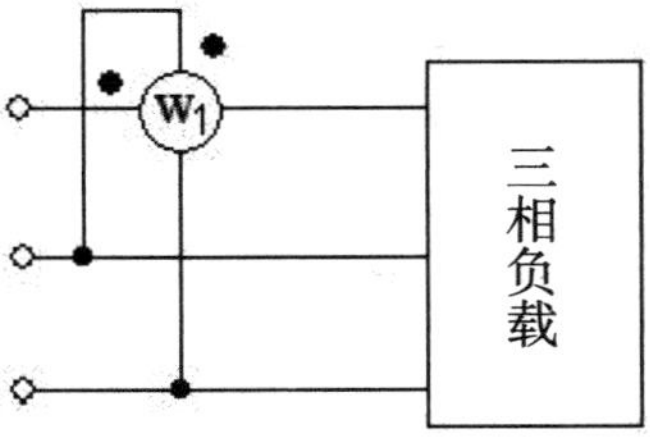

图9-44　一表跨相法测无功功率

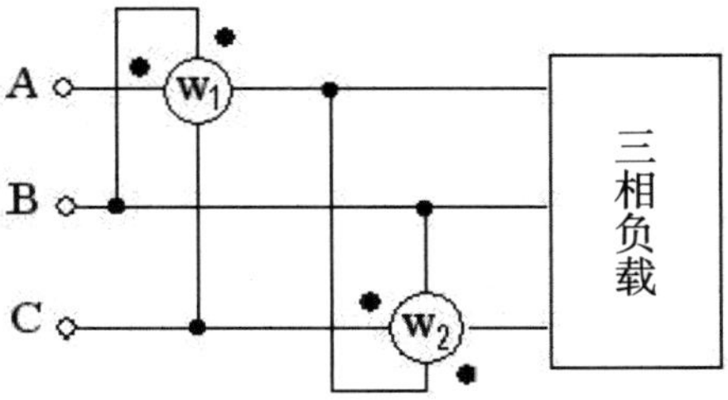

图9-45　二表跨相法测无功功率

（2）不对称三相电路的无功功率测量。

不对称三相电路的无功功率可用三表跨相法来测量，如图9-46所示。三相电路的无功功率可由$Q=（W_1+W_2+W_3）/\sqrt{3}$算出。三表跨相法也可适用于三相四线制电路。

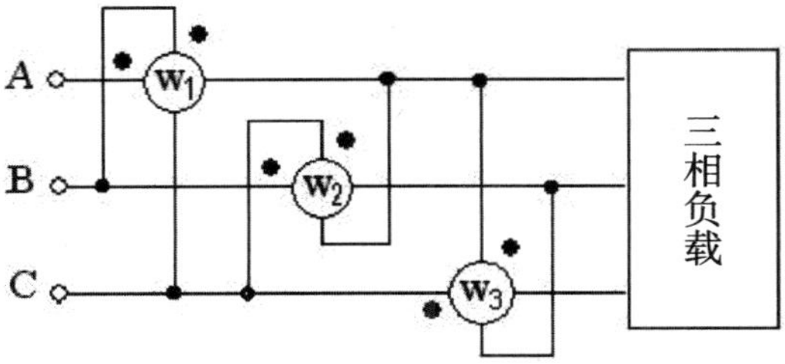

图9-46　三表跨相法测无功功率

（三）实验内容

1.三相三线制供电，测量负载的有功功率和无功功率

（1）负载星形连接。

①将负载做星形连接，按图9-47所示的电路正确接线，中线开关打开。接通电源前，三相联调旋钮应置于输出电压为0的位置，接通电源后，调节其输出相电压为120V，并维持不变。

②采用"二瓦计"法测量以下负载情况下三相电路的有功功率，采用三表跨相法测量三相电路的无功功率，将各自对应数据记入表中。

③当三相负载对称时，验证用"二瓦计"法和三表跨相法得出的三相电路无功功率是否相同。要求测量以下三种负载情况。

a.不对称负载：A相负载为3.5μF的电容器，其余两相均为四只25W灯泡两两串联后并联。

b.对称电阻性负载：每相负载为4只25W的灯泡两两串联后并联。

c.对称感性负载：每相负载为20W的镇流器一只。

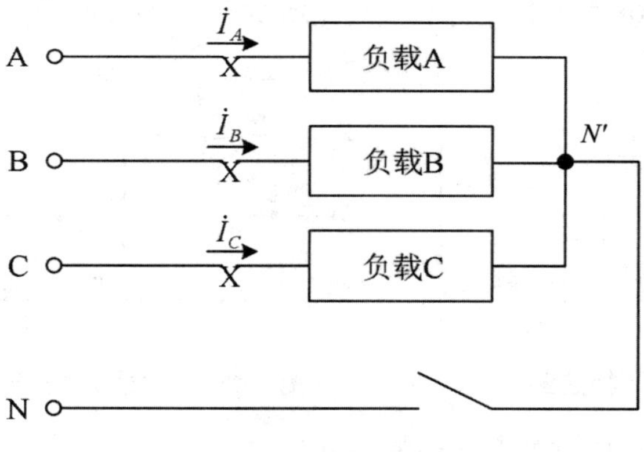

图9-47　星形连接负载

（2）负载三角形连接。

将负载做三角形连接，按图9-48所示的电路正确接线。接通电源前，三相联调旋钮应置于输出电压为0的位置，接通电源后，调节其输出相电压为70V，并维持不变。重复以上实验内容，将各自对应数据记录。

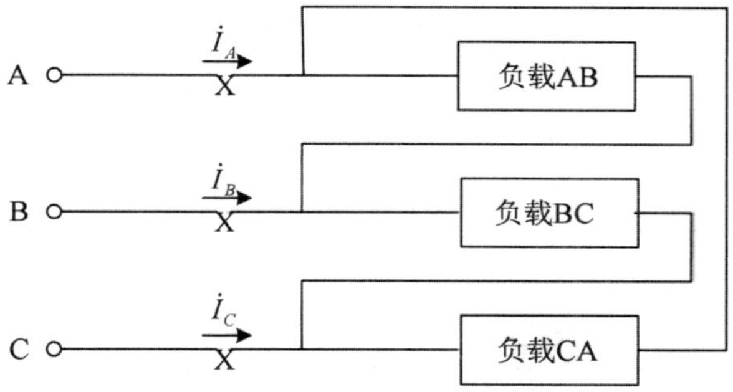

图9-48　三角形连接负载

2.三相四线制供电，测量负载的有功功率和无功功率

（1）按图9-47所示的电路正确接线，中线上的开关闭合。接通电源前，三相联调旋钮应置于输出电压为0的位置，接通电源后，调节其输出相电压为120V，并维持不变。

（2）采用"三瓦计"法测量以上三种负载情况下三相电路的有功功率，采用三表跨相法测量三相电路的无功功率，将各自对应的数据记入表中。

（四）实验报告要求

（1）列出所有实验数据表格。

（2）用实验数据验证对称三相电路中，用式$\sqrt{3}$（P_1-P_2）=Q计算所得与用三表跨相法测得的Q=（W_1+W_2+W_3）/$\sqrt{3}$是一致的。

（五）实验设备

实验设备如表9-35所示。

表9-35　实验设备

序号	仪表设备名称	数量	备注
1	交流电源	1	
2	三相调压器	1	
3	交直流电压表（D26-V）	1	
4	交直流电流表（D26-A）	1	
5	交直流功率表（D26-W）	1	
6	白炽灯排	3	

续表

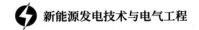

序号	仪表设备名称	数量	备注
7	20W镇流器	3	
8	电容箱	1	
9	电流插座	3	
10	电流插头	1	

（六）注意事项

（1）每次更换负载时，调压器的输出电压应回到零，然后切断电源。

（2）实验过程中避免导线搭在灯泡上。

（3）实验时，负载星形连接时，可依次完成三相三线制、三相四线制情况下的功率测量，避免重复接线。

（4）本实验的电压较高，必须严格遵守安全操作，身体不要接触带电的部分。

参考文献

[1] 孙瑞娟．新能源发电技术与应用[M]．北京：中国水利水电出版社，2020.
[2] 朱永强，赵红月．新能源发电技术[M]．北京：机械工业出版社，2021.
[3] 年珩．新能源发电技术[M]．北京：机械工业出版社，2023.
[4] 李春．新能源与发电技术研究[M]．北京：中国商业出版社，2021.
[5] 焦岳超，卞芳方，刘勇．新能源发电与并网技术研究[M]．哈尔滨：哈尔滨工业大学出版社，2021.
[6] 彭宽平．风力发电技术原理及应用[M]．武汉：华中科技大学出版社，2022.
[7] 陈铁华．风力发电技术[M]．北京：机械工业出版社，2021.
[8] 祝贞国．风电场施工与安装技术研究[M]．长春：吉林科学技术出版社，2023.
[9] 方正．电气工程概论[M]．厦门：厦门大学出版社，2021.
[10] 董志明，雷永锋，曹政钦．电气工程概论[M]．第2版.重庆：重庆大学出版社，2022.
[11] 杨剑锋，李红，闵永智．电力系统自动化[M]．杭州：浙江大学出版社，2018.
[12] 王耀斐，高长友，申红波．电力系统与自动化控制[M]．长春：吉林科学技术出版社，2019.
[13] 李铁楠．城市道路照明工程设计[M]．北京：中国建筑工业出版社，2018.
[14] 谢青海，杜毅，任玲．电气自动化控制技术及其应用研究[M]．哈尔滨：哈尔滨工业大学出版社，2020.
[15] 李伟，田红彬．电机与电气控制技术[M]．北京：科学出版社，2021.
[16] 钱懿．电气控制与PLC技术[M]．北京：电子工业出版社，2021.
[17] 李炎锋．建筑设备自动控制原理[M]．北京：机械工业出版社，2019.
[18] 丑洋．建筑设备[M]．北京：北京理工大学出版社，2018.
[19] 李晓辉，刘伊生．城市照明技术与管理[M]．北京：机械工业出版社，2018.
[20] 荣浩磊．城市照明专项规划设计[M]．北京：中国建筑工业出版社，2018.
[21] 许志刚．PLC控制技术[M]．北京：北京理工大学出版社，2019.
[22] 王晓丽．建筑供配电与照明技术[M]．北京：中国建筑工业出版社，2019.
[23] 唐飞，刘涤尘．电力系统通信工程[M]．武汉：武汉大学出版社，2017.

[24] 赵仲民．电力系统与分析研究[M]．成都：电子科技大学出版社，2017.
[25] 任思璟．电力系统分析[M]．长春：吉林大学出版社，2016.
[26] 陈尹萍．太阳能光伏发电系统及其应用技术研究[M]．北京：中国水利水电出版社，2019.
[27] 钱显毅，张刚兵，钱爱玲，陈先博．新能源及发电技术[M]．镇江：江苏大学出版社，2019.
[28] 连晗．电气自动化控制技术研究[M]．长春：吉林科学技术出版社，2019.
[29] 蔡杏山．电气自动化工程师自学宝典精通篇[M]．北京：机械工业出版社，2020.